普通高等教育材料成形及控制工程专业规划教材

特种塑性成形

主编　李云江
参编　程　钢　林晓娟　袁文生
主审　赵国群

机 械 工 业 出 版 社

本书介绍的几种特种塑性成形是超塑性成形、粉末锻造、液态模锻、金属注射成形、摆动辗压、高能率成形、液压成形、多点成形与橡胶模成形，其中高能率成形包括爆炸成形、电液成形和电磁成形。全书共分8章，主要内容包括每种特种塑性成形的基本概念和基本原理，主要特点和适用范围，材料的选择，工艺规程的制订，模具设计的基本原则以及发展前景。

本书适合高等院校材料成形及控制工程专业、机械工程及自动化专业和模具专业的本科生作教材使用，也可供从事金属材料塑性加工、生产与科研工作的工程技术人员参考。

图书在版编目（CIP）数据

特种塑性成形/李云江主编．—北京：机械工业出版社，2008.8（2025.1重印）

普通高等教育材料成形及控制工程专业规划教材

ISBN 978-7-111-24660-2

Ⅰ.特…　Ⅱ.李…　Ⅲ.金属压力加工-塑性变形-高等学校-教材　Ⅳ.TG301

中国版本图书馆CIP数据核字（2008）第105098号

机械工业出版社（北京市百万庄大街22号　邮政编码100037）
策划编辑：冯春生　责任编辑：严远波　版式设计：霍永明
责任校对：张　媛　封面设计：张　静　责任印制：郜　敏
北京富资园科技发展有限公司印刷
2025年1月第1版第8次印刷
184mm×260mm · 11.25印张 · 275千字
标准书号：ISBN 978-7-111-24660-2
定价：35.00元

电话服务	网络服务
客服电话：010-88361066	机　工　官　网：www.cmpbook.com
010-88379833	机　工　官　博：weibo.com/cmp1952
010-68326294	金　　书　　网：www.golden-book.com
封底无防伪标均为盗版	机工教育服务网：www.cmpedu.com

前　言

随着技术进步和创新速度的加快，材料加工技术越来越朝着高性能、低成本、短流程、近净成形的方向发展，塑性加工新工艺和新设备如雨后春笋般地涌现，如金属注射成形、多点成形、摆动辗压、粉末锻造和超塑性成形等。

目前，这些塑性成形工艺虽然只是在特定领域内应用，但其很有发展前途。它们既是常规工艺的发展，又是对常规工艺的有益补充。人们习惯把这些塑性成形称为特种塑性成形。所谓特种塑性成形，只是相对于常规的或传统的塑性成形而言。从时间上看，特种塑性成形多数是历史较短、发展迅速、应用领域有逐渐扩大趋势的成形方法。

随时间的推移，有些塑性成形工艺可能由“特种”变为“常规”。例如，在20世纪90年代，旋压技术曾经被公认为特种塑性成形，而现在旋压技术已经是一种常规的成形技术了。

把握塑性加工技术的现状和发展前景有助于及时研究、推广和应用高新技术，推动塑性加工技术的持续发展。

本书作者长期从事特种塑性成形的教学，并编写了有关讲义。在认真学习和总结各种有关技术资料、手册、国家标准的基础上编写成《特种塑性成形》一书。其主要特点是以实用为主，同时兼顾前沿技术和最新的研究、应用成果。

参加本书编写工作的是山东建筑大学的李云江、程钢、林晓娟和袁文生。其中林晓娟编写第1章和第2章，李云江编写第3章、第6章和第8章，程钢编写第4章和第5章，袁文生编写第7章。本书由李云江担任主编，并负责全书的统稿及修改。本书由长江学者赵国群教授（山东大学）担任主审。

本书是山东建筑大学2006年度教材建设立项项目。在编写过程中，得到了山东建筑大学教务处的大力支持，也得到了山东建筑大学机电工程学院一些教学专家的具体指导，在此一并表示衷心感谢。

由于本书涉及的知识面较广，需要收集的各种资料也比较多，恐有多处遗漏，加上水平有限，书中难免存在不当和错误之处，恳请读者批评指正。

作　者
于济南

目　　录

第1章 超塑性成形

1.1 金属超塑性概况及成形特点

塑性是金属的重要属性之一，它指的是金属在外力作用下，无损而永久地改变形状的能力。“超塑性”就是超出一般塑性指标的金属特性。在常规成形条件下，一些较难成形的金属材料，如钛合金、铝合金、镁合金、镍合金、合金钢等，成形温度范围比较狭窄，流动性比较差。例如作为衡量塑性优劣的一个重要指标——伸长率δ，一般情况下，黑色金属不大于40%，有色金属也不超过60%（软铝约为50%，而金、银一般也只有80%），即使在高温下，也难以达到100%。这样，在锻造具有薄的腹板或高肋的零件时，毛坯的热量迅速向模具散失，变形抗力很快增加，塑性急剧降低，不仅需要大幅度提高设备吨位，也容易造成锻件开裂等缺陷。因此，人们开始从材料的提纯、冶炼、锻造和热处理中设法改善金属的塑性，但都未能大幅度地提高。据统计，从1928年到1969年，经过40多年的努力，工业用金属材料平均伸长率的提高不超过10%，常规的冶金学对塑性的提高远没有对其他性能（比如强度和韧性等）起到的效果显著。

半个多世纪来，在金属变形的研究中，有人发现某些金属在一定条件下具有大大超过一般塑性的特异性能，这些具有超塑性的金属，其伸长率δ值可超过100%，甚至到百分之几千也不会产生缩颈现象，同时变形抗力很小。例如Bi-44Sn挤压材料在慢速拉伸下伸长率δ可达到1950%。随着研究的深入，人们普遍认为这种特殊的、巨大的延伸特性并不限于某几种合金。对大多数金属材料，包括钢铁等黑色金属以及一般认为难成形的钛合金等，在特定条件下都可使δ值提高几倍，甚至几十倍。例如Ti-6Al-4V板材在常温下的δ值约为10%，加热到700℃时，δ值约为65%，850℃时约90%，即使加热到900℃也只达到110%左右。然而处于超塑性条件下的Ti-6Al-4V，δ值可高达500%以上，甚至1000%以上。金属具有这种特殊的、巨大的延伸的超塑性现象，引起了人们广泛的兴趣和重视。许多国家的科技工作者从金属的超塑性机理、冶金学、力学特性和应用技术等方面，开展了广泛的研究。人们认为开展超塑性的研究对金属学、冶金学、热加工工艺、生产应用等方面将会产生深远的影响。

1.1.1 金属超塑性发展概况

早在1920年，德国W. Rosenhain等人将冷轧后的Zn-Al-Cu（$w_{Zn}=4\%$，$w_{Cu}=7\%$）三元共晶合金的铝板慢速弯曲时，发现这种脆性材料被弯成180°（与板面重合）而未出现裂纹，它和普通晶体材料（如纯铝）大不相同。他们推断这种对负荷速度（形变速度）有密切依赖关系的异常现象，可能是由于加工产生了非晶质。1934年英国C. E. Pearson初次对共晶合金Sn-37Pb、Bi-44Sn的异常延伸进行了详细研究。这种合金的挤压材料很脆，容易破裂，可是C. E. Pearson将其缓慢拉伸，得到了伸长率δ约为2000%的试样（见图1-1）。很奇怪的是这种慢速大延伸的金属，在落地实验中呈脆性断裂，这是一个更大的发现。这种凭常识意想不到的现象，在当时虽然引起了一部分人的强烈反响，但在第二次世界大战时研究却被搁置了。

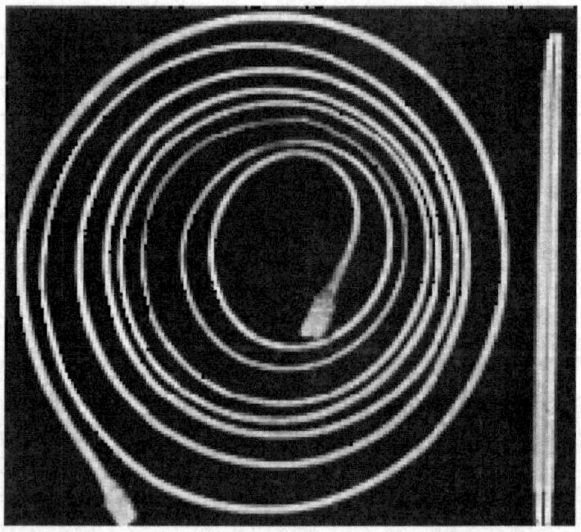

图1-1 Sn-37Pb、Bi-44Sn共晶合金拉伸后现象

第二次世界大战后，前苏联的科学家对金属的异常延伸现象进行了系统研究，用Zn-Al共析合金在高温拉伸试验中得到了异常的伸长率，并应用了“超塑性”这个词汇。1962年美国E. E. Underwood发表了一篇评论解说性文章，从冶金学的角度分析了实现超塑性的可能性、条件及基本原理。人们评价这篇文章是超塑性研究的总结。从此超塑性研究引起了人们越来越大的重视。1964年美国W. A. Backofen对超塑性力学特性进行了分析研究，作出了很大的贡献。他引入了与变形应力有关的应变速率敏感性指数m值，提出了著名的贝可芬方程，并推导出了测定m值的方法。20世纪60年代后，人们主要对超塑性机理作了进一步研究，并加紧了应用研究。美、俄、英、日、德、法、加等国在这方面都投入了相当的力量。超塑性材料最早用于生产实际是在1968年，英国里兰德汽车公司生产了工业用的Zn-22Al共析合金供应市场，并用这种合金超塑性成形制成了小轿车上盖和汽车车门内板，轰动一时。特别引人注意的是，近十几年来金属超塑性已在工业生产领域中获得了应用。一些超塑性的锌合金、铝合金、钛合金等正以其优异的变形性能和材质均匀等特点，在工艺品制造、仪器仪表壳罩件、复杂形状的构件和航空航天部门的零构件生产中崭露头角。例如图1-2为吹塑成形的5083铝合金墙面装饰浮雕。

目前，在我国的超塑性研究领域中，已形成了开发、应用以铝合金、钛合金、铜合金为代表的结构合金超塑性材料的热潮，主要进行了三方面的工作：①研究结构合金获得超塑性

图 1-2　吹塑成形的 5083 铝合金墙面装饰浮雕

的途径；②探索结构合金超塑性成形工艺规范；③解决成形工艺关键，并进入工艺实用，其中很大部分曾在航空航天、仪表、电子、轻工、机械、铁路等各个领域内得到了有效的应用。

1.1.2　超塑性成形的基本特点

到目前为止，还不能给“超塑性”下一个确切的、科学的定义。人们从各种角度粗略地定义为：金属材料在受到拉伸应力时，显示出很大的伸长率而不产生缩颈与断裂现象的性能称为超塑性。通常，有色金属最大伸长率高于 200%，可锻造的黑色金属最大伸长率高于 100%，即可认为是实现了超塑性。实际上，有的超塑材料其超塑伸长率可达到 1000% 以上。也有人用应变速率敏感性指数 m 值（或抗缩颈的能力）的大小来定义超塑性，在 $m \geqslant 0.3$ 时，可认为呈现出超塑性。

根据超塑性的宏观变形特性，可用大变形、无缩颈、小应力、易成形来描述超塑性特点。

1. 大变形

超塑性材料在单向拉伸时 δ 值极高。很多超塑性材料在单向拉伸条件下伸长率可以达到 1000% 以上，Pb-Sn 共晶合金的伸长率最高可达 5500%，铝青铜的伸长率最高可达 8000% 以上，代表了金属材料的最高伸长率。超塑性材料在变形稳定性方面要比普通材料好得多，这样使材料成形性能大大改善，可以使许多形状复杂，一般难以成形的材料（如某些钛合金）的变形成为可能。对人造卫星上使用的钛合金球形燃料箱，其壁厚只有 0.71 ~ 1.5mm，如采用普通的方法几乎无法成形，而用超塑性吹塑成形，不但成形精度和性能好，还可以大大节约成本，见图 1-3。在民用工业方面，一般形状复杂的电子仪器的底座、盖板及其他复杂零件，各种汽车外壳、箱板等，以及形状复杂的工艺制品、家用电器制件等，如用超塑性成形均可一次制成，使生产成本显著降低。

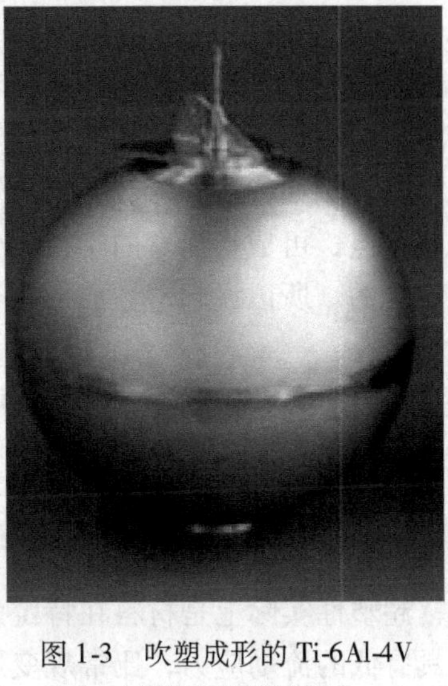

图 1-3　吹塑成形的 Ti-6Al-4V 球形卫星燃料箱

2. 无缩颈

一般金属材料在拉伸变形过程中，当出现早期缩颈后，则由于应力集中效应使缩颈继续发展，导致提前断裂。拉断后的样品具有明显的宏观缩颈。超塑性材料在单向拉伸条件下不像常规塑性材料那样表现出明显的缩颈行为，却类似于粘性物质的流动，变形在整个试样上均匀地产生，没有（或很小）应变硬化效应，这也是能够实现大延伸的原因所在。但变形时对变形速度敏感，有所谓“应变速率硬化效应”，即当变形速度增加时，材料会强化。因此，超塑材料变形时虽有初期缩颈形成，但由于缩颈部位变形速度增加而发生局部强化，而其余未强化部分继续变形，这样使缩颈传播出去，结果获得巨大的宏观均匀的变形。因此可以说，超塑性的无缩颈是指宏观的变形结果，并非真的没有缩颈。产生超塑性变形的试样，断口部位的截面尺寸与均匀部位的相差很小，整个试样的变形梯度缓慢而均匀，对于典型超塑性合金 Zn-22Al 来说，断口部位可达到头发丝那样细的程度，此时断面收缩率 ψ 接近于 100%。因此超塑性材料的变形具有宏观“无缩颈”的特点。

超塑性材料的无缩颈（断面收缩率 $\psi=100\%$）和脆性材料的无缩颈（$\psi\approx 0$）截然不同。设拉伸试样断面积为 A_0，拉断后的最小截面积为 A，拉伸后均匀变形部分的截面积为 A_g，则

脆性材料　$A\approx A_g\approx A_0$，$\psi\approx 0$；

超塑性材料　$A\approx A_g\leqslant A_0$，$\psi\approx 100\%$。

由此可见，超塑性材料表现了很强的抗缩颈能力，无明显的局部缩颈。

3. 小应力

超塑性材料在变形过程中，变形抗力可以很小，因为它具有粘性或半粘性流动的特点。变形抗力可以低到 10MPa 的量级，便于实现甚至像吹塑这样的低压力成形，而且基本上没有加工硬化行为。超塑性成形中通常用流动应力来表示变形抗力的大小，在最佳变形条件下，流动应力要比常规变形小到几分之一乃至几十分之一。例如，Zn-22Al 的流动应力仅为 1.96MPa 或更低，即使超塑性钛合金板料，其流动应力也只有十到几十兆帕。这样，压力加工的设备吨位可大大减小。

4. 易成形

由于超塑性具有以上特点，而且变形过程基本上没有或只有很小的应变硬化现象，所以超塑合金易于压力加工，流动性和填充性极好，可用多种方式进行成形，而且产品质量可大大提高，例如体积成形、板料与管料的气压成形、无模拉拔等。钛板的超塑性成形正是利用这些特点，可成形出弯曲半径 r 小到材料厚度 t 的零件，如用冷成形或普通热成形方法是无法实现的。所以说超塑性成形为金属压力加工技术开辟了一条新的途径。

1.2 超塑性的分类及影响超塑性的因素

1.2.1 超塑性现象与超塑性指标

超塑性实际上是材料在特定条件下的一种特殊状态。材料呈现超塑性状态的特点是：材料具有低的流动应力，比常规变形高一个数量级以上的伸长率，良好的流动性与复制性，晶间滑移变形的比例大幅度提高。超塑性金属曾被称为“像熔融塑料那样的金属”。因此，在

比常规变形低得多的载荷下，可以成形出高质量、高精度的薄壁、薄腹板、高肋的和其他复杂的锻件，并且可以复制出模具上精细的纹路与线条。

超塑性变形与普通金属塑性变形在变形力学特征方面有着本质的差别。在超塑性变形时，由于没有加工硬化（或加工硬化可以忽略不计），其条件应力—应变曲线如图1-4所示；当条件应力 σ_0 达到最大值后，随着变形程度的增加而下降，而变形量则可达到很大的数值。如果换算成真实应力—应变曲线，则如图1-5所示；此时，真实应力几乎不随变形程度的增加而变化。在整个变形过程中，表现出低应力水平、无缩颈的大延伸现象。

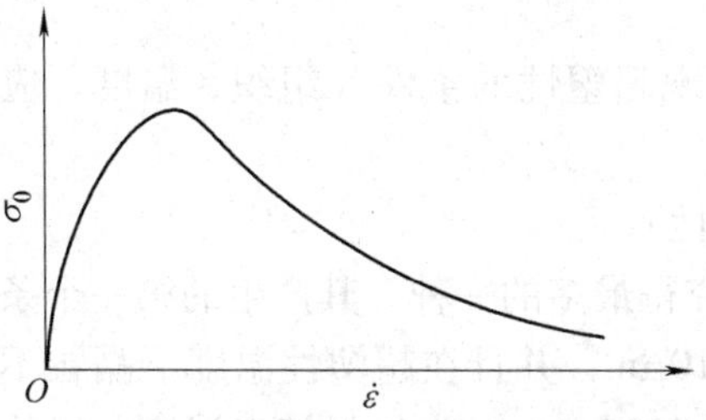

图1-4　超塑性材料的条件应力—应变曲线

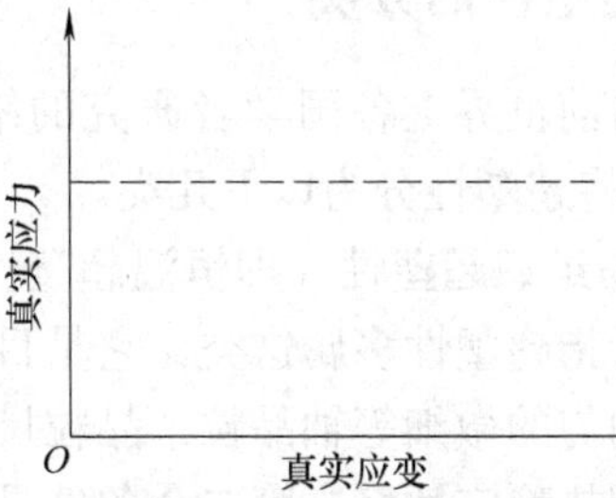

图1-5　超塑性材料的真实应力—应变曲线

超塑性变形的另一个重要力学特征，就是材料流动应力对应变速率的敏感性。描述这种特性最简单也最常用的是著名的贝可芬（Backofen）方程

$$\sigma = K\dot{\varepsilon}^m \tag{1-1}$$

式中　σ——超塑性流动应力；

$\dot{\varepsilon}$——应变速率；

m——应变速率敏感性指数，称为 m 值；

K——材料常数。

实际上，此式常作为描述塑料粘流体一类非牛顿流体的方程。当 $m=1$ 时，式（1-1）即是牛顿粘性流动方程（$K=\mu$ 为粘性系数）。

从物理意义上说，m 值大时，由式（1-1）可知，流动应力会随着应变速率 $\dot{\varepsilon}$ 的增大而急剧增大，此时，如试样某处有局部缩小，则该处的应变速率加大，该处继续变形所需的应力也随之剧增，这就阻止了该处断面的继续减小，促使变形向别处发展而趋于均匀，最终获得了更大的伸长率。对于普通金属 $m=0.02\sim0.2$，对于超塑性金属 $m=0.3\sim1$。m 值越大，伸长率越大。

由此可见，m 值反映了材料抗局部收缩或产生均匀拉伸变形的能力。图1-6为实验所得的Ti及Zr合金的伸长率与 m 值的关系曲线。

从理论上讲，大多数金属材料都可能实现超塑性状态，近来发现某些陶瓷也具有超塑性。衡量是否实现了超塑性的较常用的指标是伸长率与应变速率敏感性指数 m 值。当有色金属最大伸长率大于200%、可锻造的黑色金属最大伸长率大于100%，或 m 值大于等于0.3时，即可认为是实现了超塑性。对于脆性材料，有时采用压缩试

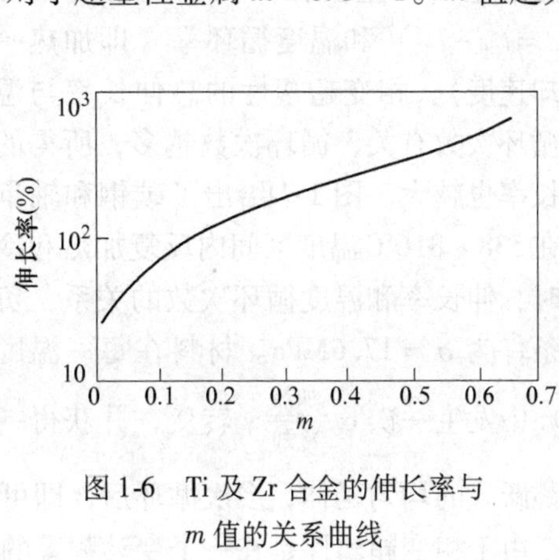

图1-6　Ti及Zr合金的伸长率与 m 值的关系曲线

验，在其呈现出明显的塑性时，即可认为是实现了超塑性。

但是也必须指出，许多试验结果表明，材料的伸长率并不总是由 m 值唯一地确定，试样几何尺寸和晶粒大小对伸长率亦有影响。因此，尽管 m 值可作为衡量超塑性的一个很重要指标，但如果综合考虑 m 值、伸长率 δ 和断面收缩率 ψ 等诸项指标，则会更全面合理些。

m 值的测量方法很多，主要有拉伸速度突变法（贝可芬法）、最大载荷法、斜率法及变截面试样拉伸法等。

1.2.2 超塑性的分类

根据目前世界上各国学者研究的结果，按照实现超塑性的条件（组织、温度、应力状态等），可将超塑性分为以下几类。

1. 微晶组织超塑性（即恒温超塑性或结构超塑性）

一般所指超塑性多属这类，它是目前国内外研究得最多的一种。其产生的第一个条件是材料具有均匀的微细等轴晶粒，晶粒尺寸通常小于10μm，并且在超塑性温度下晶粒不易长大，即所谓热稳定性好；第二个条件是变形温度 $T>0.5T_m$（T_m 为材料熔点温度，以热力学温度表示），并且在变形时保持恒定温度；第三个条件是应变速率 $\dot{\varepsilon}$ 比较低，一般 $\dot{\varepsilon}=10^{-4}\sim10^{-1}$/s。目前已发现共晶型和共析型合金具有超塑性，但也不限于此，而在许多的二相合金中相当一部分呈现超塑性。一般说来，晶粒越细越有利于超塑性变形，但对有些材料来说，例如钛合金，其晶粒尺寸达几十微米时仍有良好的超塑性能。

微晶组织超塑性是目前研究和应用较多的一种，其优点是恒温下易于操作，故大量用于超塑性成形；但也有其缺点，因为晶粒的超细化、等轴化及稳定化要受到材料的限制，并非所有合金都能达到。

2. 相变超塑性（即变温超塑性或动态超塑性）

这类超塑性不要求金属具有超细晶粒组织，但要求具有相变或同素异构转变。在一定的外力作用下，使金属或合金在相变温度附近反复加热和冷却，经过一定的循环次数后，就可以获得很大的伸长率。相变超塑性的主要控制因素是温度幅度（$\Delta t=t_{上}-t_{下}$）和温度循环率（即加热⇌冷却速度）。相变超塑性的总伸长率与温度循环次数有关，循环次数越多，所得的伸长率也越大。图1-7给出了碳钢和轴承钢在538～816℃温度区间内反复加热和冷却时，伸长率和温度循环次数的关系，负荷条件为 $\sigma=17.6$MPa。材料在每一温度循环中发生一次 $\alpha \underset{冷却}{\overset{加热}{\rightleftharpoons}} \gamma$ 转变，并获得一次跳跃式的均匀延伸，多次循环后，即可累积很大的延伸变形量。

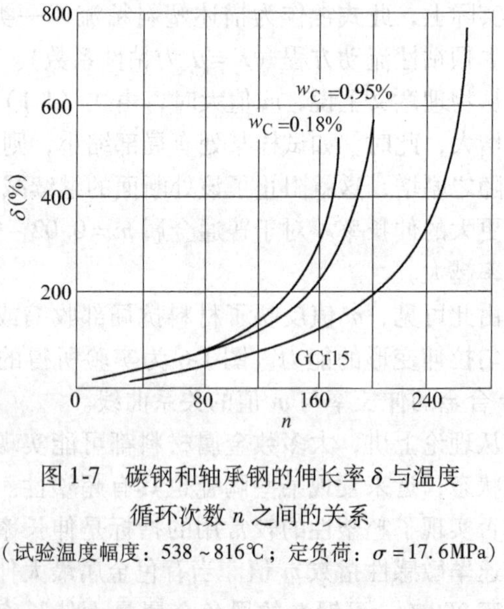

图1-7 碳钢和轴承钢的伸长率 δ 与温度循环次数 n 之间的关系

（试验温度幅度：538～816℃；定负荷：$\sigma=17.6$MPa）

由于相变超塑性是在一个变动频繁的温度范围内，依靠结构的反复变化而引起的，材料的组织不断地从一种状态转变为另一种状态，故又称为动态超塑性。

相变超塑性不同于微晶组织超塑性，它不要求材料进行晶粒的超细化、等轴化和稳定化的预先处理，这是其有利的一面；但是相变超塑性必须给予动态热循环作用，这就构成了操作上的一大缺点，因此较难应用于超塑性成形加工。目前其工业应用主要是在焊接和热处理方面。例如，利用金属在反复加热和冷却的过程中原子发生剧烈运动，具有很强的扩散能力，将两块具有相变或同素异构转变的金属相互接触，施加一个很小的负荷，在经过一定的温度循环次数后，最终可使这两块金属完全粘合。钢与钢、铸铁与铸铁、钢与铸铁都可以利用这种方法进行焊接。至于成形方面目前只用于变形方式很简单的场合，如镦粗、弯曲等。有人曾用铸铁材料利用相变超塑性进行弯曲，经50次温度循环后可弯至45°而不断裂。

目前有关相变超塑性的研究不如微晶组织超塑性那样广泛和深入，对其规律性尚无统一的认识，因此，下面的有关论述都是针对微晶组织超塑性的。

3. 其他超塑性

近年来发现普通非超塑性材料在一定条件下快速变形时，也能显示出超塑性。例如标距25mm的热轧低碳钢棒快速加热到$\alpha+\gamma$两相区，保温5～10s，快速拉伸，其伸长率可达到100%～300%。这种短时间内的超塑性可称为短暂超塑性。短暂超塑性是在再结晶及组织转变时的极不稳定的显微组织状态下生成等轴超细晶粒，并在此短暂时间内快速施加外力才能显示出超塑性。关于短暂超塑性目前研究还不多。

有些材料在消除应力退火过程中，在应力作用下可以得到超塑性。其他的超塑性还有如大块非晶材料的过冷液体超塑性、大晶粒材料中出现的位错超塑性等。此外，国外正在研究的还有升温超塑性等。

1.2.3 影响微晶组织超塑性的主要因素

微晶组织超塑性的实现有赖于晶粒细化、适当的温度和低应变速率三个基本条件。

1. 获得细晶粒的途径及晶粒度的影响

获得细晶粒的途径主要有以下三种：

（1）冶金学方法　主要是添加一些能够促使早期形核，使组织弥散，并在变形过程中稳定晶粒的微量元素。此外，还有快速凝固等方法。

（2）压力加工方法　采用冷、温、热三种不同温度下的轧制或锻造。

（3）热处理方法　包括反复淬火、形变热处理、球化退火等方法。

处理后的组织要求具有晶粒微细、等轴、稳定的特点，晶粒大小应在10μm以下。晶粒尺寸对流动应力、m值、伸长率均有很大影响。图1-8给出了Al-Cu共晶合金520℃拉伸时，晶粒尺寸对流动应力（σ）及m值的影响。由图可见，晶粒越小，则流动应力越低，这与以前所述的晶粒小变形抗力

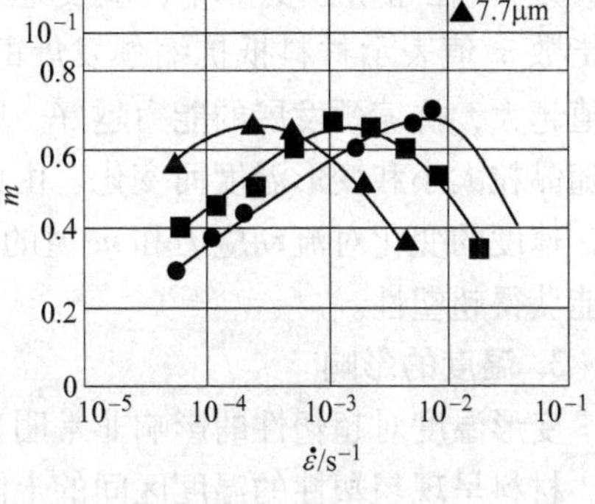

图1-8　Al-Cu共晶合金520℃拉伸时晶粒尺寸对流动应力及m值的影响

大恰好相反；再者，晶粒越小，m 的峰值增大，且移向高应变速率区。这对超塑性成形是有利的，因为它使提高成形加工速度成为可能。

在考虑晶粒大小的同时，晶粒的形态也很重要。例如，在 Pb-Sn 系共晶合金中曾发现，其铸态组织为层片状两相晶粒，而经轧制后形成等轴的两相晶粒，它们的平均晶粒尺寸几乎相同，都约为 2μm，但由于晶粒形态截然不同，在超塑性变形条件下，前者的伸长率只有 50%（$m<0.15$），而后者可达 1600%（$m=0.59$）。可见，要实现超塑性，不但晶粒尺寸要小，而且要求晶粒呈等轴状。通过以上分析不难理解，为什么超塑性材料多为共晶或共析合金，这是因为这类合金有利于获得两相和稳定的超细晶粒组织。但近期的研究表明，在弥散合金和单相合金中也发现有超塑性，可见超塑性材料的范围有扩大的趋势。

2. 应变速率的影响

超塑性变形对应变速率很敏感，只是在一定的速度范围内才能表现出超塑性，并且超塑性流动应力随应变速率的增加而增加。

对式（1-1）$\sigma=K\dot{\varepsilon}^m$ 两边取对数并微分后可得

$$m=\frac{\mathrm{d}\log\sigma}{\mathrm{d}\log\dot{\varepsilon}} \tag{1-2}$$

可根据试验和式（1-2）画出 Al-Mg 共晶合金应变速率 $\dot{\varepsilon}$、流动应力 σ 与 m 值的关系曲线，如图 1-9 所示。σ—$\dot{\varepsilon}$ 的关系曲线是反映超塑性变形力学特征的典型曲线，在对数坐标上呈“S”形，S 曲线的斜率即为 m 值。

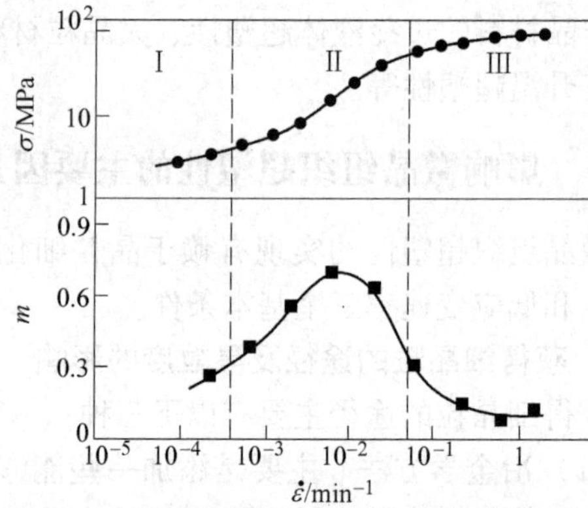

图 1-9　Mg-Al 共晶合金的 σ—$\dot{\varepsilon}$ 曲线与 m—$\dot{\varepsilon}$ 曲线
（变形温度：350℃，晶粒直径：10.6μm）

在图 1-9 中，可将 S 曲线分为三个区，即图中的Ⅰ、Ⅱ、Ⅲ区。Ⅰ区相当于蠕变类型低应变速率区，它是在极慢速率下变形的。σ 值随着 $\dot{\varepsilon}$ 值的增加而缓慢上升，近似于蠕变曲线。Ⅲ区相当于一般塑性加工的高应变速率区，σ 值的变化近似一般拉伸曲线。在Ⅰ、Ⅲ区，m 值均很低。超塑性范围是在Ⅱ区，m 值在该区的变化最大，并随 $\dot{\varepsilon}$ 的增大而急剧增高，达到最大值后又迅速下降，因而出现了峰值（S 曲线在Ⅱ区上斜率最大处）。在超塑性变形中，应变速率敏感性指数 m 值表示材料抵抗缩颈发展的能力，m 值越大，抗缩颈发展的能力越好，则伸长率越大。以上三个速度区间的界限不是很严格，会随晶粒大小和变形温度而变化。由此曲线可以看出，微晶组织超塑性具有高度的速度敏感性，速度的变化对流动应力和 m 值的影响很显著，只有控制在 $\dot{\varepsilon}=10^{-4}\sim10^{-1}\,\mathrm{min}^{-1}$ 范围内，才能获得超塑性。

3. 温度的影响

变形温度对超塑性的影响非常明显，当低于或超过某一温度范围时，就不出现超塑性现象。材料呈现超塑性的温度区间的上限是低于临界温度的一定区域，如 α + β（TC）类钛合金在低于 β 转变点的一个区域内呈现超塑性；下限是 $0.5T_m$。图 1-10 表示了温度变化对锌合金超塑性的影响，由图可见，存在着可获得最大 m 值与伸长率的温度。

需要指出，只有当应变速率和变形温度的综合作用有利于获得最大 m 值时，合金才会表现出最佳的超塑性状态，这可从图 1-11 明显看出。

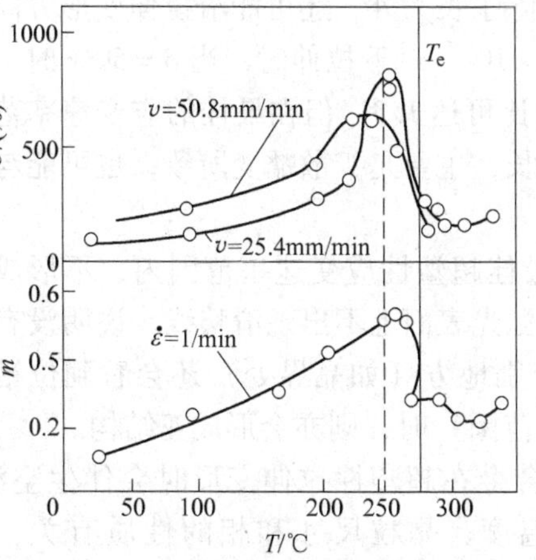

图 1-10 Zn-Al 合金（$w_{Al}=22\%$）的伸长率和 m 值与变形温度的关系

T_e—临界温度 v—拉伸速度

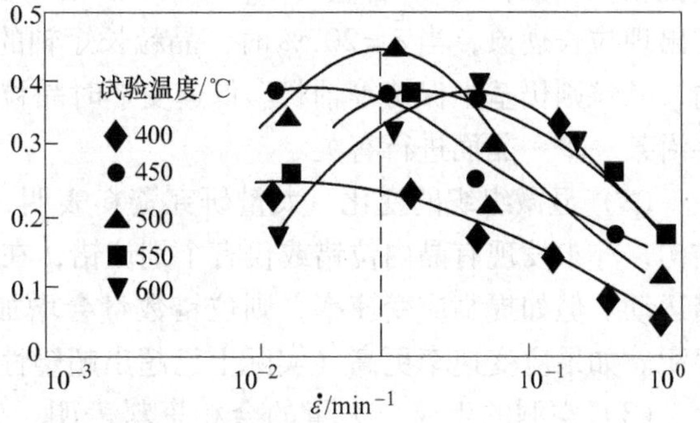

图 1-11 弥散铜（$w_{Cu}=95\%$、$w_{Al}=2.8\%$、$w_{Si}=1.8\%$、$w_{Co}=0.4\%$）应变速率及试验温度对 m 值的影响（平均晶粒尺寸 1μm）

1.3 超塑性变形的微观组织机理

1.3.1 超塑性变形时组织的变化和对力学性能的影响

任何塑性变形都会引起材料的组织和性能的变化，超塑性变形也不例外。了解这些问题，对于研究超塑性变形机理和指导超塑性加工生产均具有重要意义。

1. 组织的变化

（1）晶粒度的变化 许多研究资料表明，超塑性变形时，晶粒会发生长大，但等轴度基本不变。晶粒的长大与变形程度、应变速率和变形温度有关。图 1-12 给出了 Zn-Al 合金（$w_{Al}=22\%$）分别拉伸 100%、200% 和 600% 时，应变速率与晶粒大小的关系曲线（变形温度为 250℃、晶粒的原始直径为 0.5μm）。从图中可以看出，晶粒的大小随应变速率 $\dot{\varepsilon}$ 的降低而增大，但在最佳超塑性应变速率范围内晶粒随速率的降低而增大并不明显；再者，变形程度越大，晶粒长大也越显著。

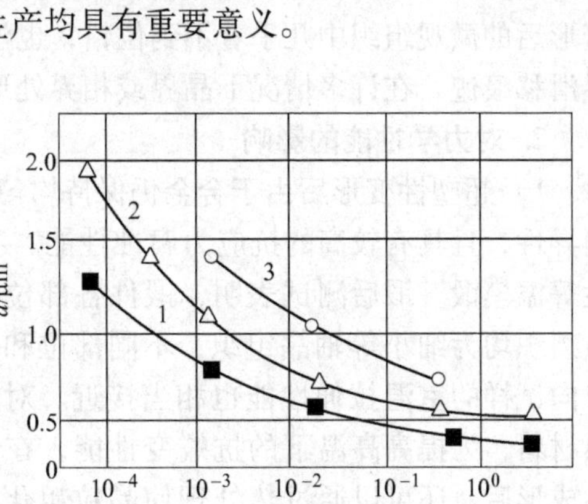

图 1-12 250℃拉伸时应变速率 $\dot{\varepsilon}$ 对 Zn-Al 淬火合金（$w_{Al}=22\%$）晶粒尺寸的影响

1—$\delta=100\%$ 2—$\delta=200\%$ 3—$\delta=600\%$

晶粒长大的真正原因目前还不太清楚，普遍认为，超塑性变形是在持续高温下发生的，且变形使晶格缺陷、空位和位错的浓度、密度增加，从而大大促进了合金中的扩散过程，结果使晶粒长大。但在某些试验中也发现有晶粒细化的相反现象。例如，HPb59-1 黄铜在 620℃下进行压缩变形，结果变形后的晶粒比变形前的细小，而且随着压缩变形程度的增大，晶粒细化越显著。

金属在超塑性变形时，如果应变速率低，则晶粒除了长大外，还可能沿拉伸变形方向上被拉长。例如，Zn-Al 合金（$w_{Al}=0.4\%$）在 $\dot{\varepsilon}=2.5\times10^{-5}s^{-1}$下拉伸时，当 $\delta=50\%$ 时，晶粒出现拉长现象，当 $\delta=200\%$ 时，晶粒长短轴的平均比可达 1.3。但在最佳的应变速率范围内，晶粒则仍基本保持等轴状。低速变形时晶粒被拉长，主要是扩散蠕变所致，也可能与滑移沿某一单一晶面进行有关。

（2）显微组织的变化　大量研究资料表明，在最佳超塑性应变速率范围内，不形成亚结构，亦未发现有晶内位错或仅有个别位错，在试样抛光表面上不出现滑移线，说明没有位错运动。但如提高应变速率，则位错数量会增加，个别地方（如晶界处）还会看到位错的塞积。如果应变速率更高（实际上已超出超塑性变形范围）时，则亦会形成亚结构。

（3）空洞的生成　大量的金相资料表明，许多合金在超塑性拉伸变形时会伴生空洞。空洞不仅与变形程度和应变速率有关，还与变形温度、晶粒尺寸和相的性质有关。在 HPb59-1 黄铜超塑性变形中，发现在相同变形条件下，细晶组织比粗晶组织更易于产生空洞。在研究 Zn-Al 共析合金空洞形成时，发现空洞随应变速率的升高而增多，并观察到空洞沿拉伸变形方向被拉长。至于变形温度的影响，不同的合金，表现不一。

另外，并不是所有合金在超塑性变形时，都会形成空洞；而且，对于超塑性拉伸变形时能产生空洞的合金，在同样的变形程度和应变速率下做压缩试验时，却不产生空洞。

关于空洞形成的原因，有的认为是空位在变形期间向晶界处汇集的结果，也有的认为是超塑性变形时晶界滑移未能充分相互协调所致。

综合上述可知，超塑性变形对合金组织的影响，与一般的热变形是不同的。尽管影响因素很复杂，至今的认识也不完全一致，有些试验结果甚至还互有矛盾，但归纳起来其组织具有如下典型性的特征：在超塑性变形时，晶粒虽有不同程度的长大，但基本上保持等轴状；变形后的微观组织中几乎看不到位错，也没有晶内滑移的痕迹，不形成亚结构；有显著的晶界滑移痕迹，在许多情况下晶界或相界处形成空洞等。

2. 对力学性能的影响

1）超塑性变形后由于合金仍保持均匀细小的等轴晶组织，不存在织构，所以不产生各向异性，且具有较高的抗应力腐蚀性能。我国对钛合金（Ti-6Al-4V）整体涡轮盘进行超塑性等温模锻，锻后测试表明，锻件各部位的显微组织均为细小等轴晶组织，不同部位和不同取向试样的室温拉伸性能也相当接近。对于耐热材料，为提高高温下的抗蠕变性能，在超塑性成形后，还可以通过热处理使晶粒粗化，以达到所需要的晶粒度。

2）超塑性成形时，由于变形温度稳定、变形速度缓慢，所以零件内部不存在弹性畸变能，变形后没有残余应力。

3）对超塑性变形后的 Zn-Al 共析合金，在图 1-13 中所示的条件下进行压缩试验，发现其

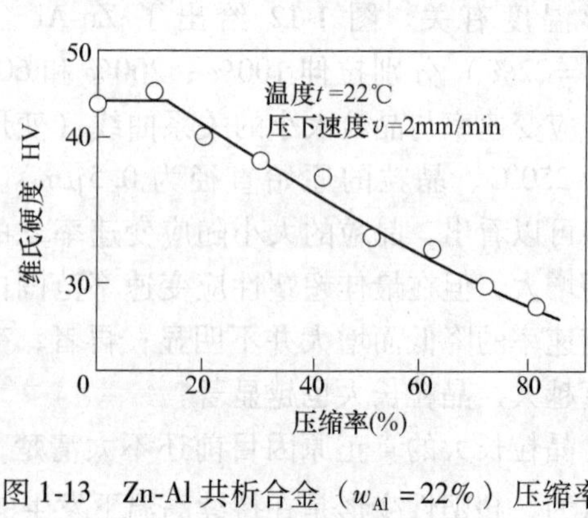

图 1-13　Zn-Al 共析合金（$w_{Al}=22\%$）压缩率与维氏硬度的关系

硬度随压缩率的增加而降低，即存在所谓加工软化现象，而这是一般材料的压缩试验所没有的。

4）高铬高镍超塑性不锈钢经超塑性成形后，形成微细的双相混合组织，显示出很高的抗疲劳强度。

1.3.2　超塑性变形机理

前面曾提到，在超塑性变形时，尽管金属具有超细晶粒组织，但其流动应力却很小，这与通常的晶粒度对变形抗力影响的概念相反，而且流动应力对应变速率很敏感；另外，还分析了超塑性变形时组织变化的一些典型特征。所有这些现象和特征都是一般塑性变形机理所难以解释的。

关于超塑性变形机理，目前还处于研究探讨阶段，尚无统一的认识。有人认为，在超塑性变形过程中，起支配作用的变形机理是晶界滑移；也有人认为，扩散蠕变机理的作用很大；还有人认为，在超塑性变形过程中，伴随有动态回复和动态再结晶。由于超塑性变形过程中，晶粒的大小和形状都没有显著的变化，大量的变形来自晶间滑移，但同时，晶间滑移不可能作为独立的变形机理，还必须有其他的变形机理来相互协调配合。扩散蠕变机理是在应力场的作用下原子（或空位）发生定向转移，引起物质的迁移和晶体的塑性变形；但若此过程单独地进行，必然会引起晶粒沿外力方向伸长，而这与超塑性变形中晶粒仍基本保持等轴状也是相矛盾的。动态再结晶虽然能解释超塑性变形中等轴晶粒的形成，但是，在通常的热塑性变形过程中亦有发生再结晶，却不能获得像超塑性变形那样的大伸长率、低流动应力和表现出对应变速率的高敏感性。所有这些都说明，没有哪一个理论能够完满地解释各种金属材料中所发生的超塑性变形现象。事实上，超塑性变形机理比常规塑性变形机理更为复杂，它包括晶界的滑移和晶粒的转动、扩散蠕变、位错的运动、在特殊情况下还有再结晶等，不可能是单一的变形机理，而是几个机理的综合作用；而且，在不同情况下，可能由不同的机理起着主导作用。

由阿希贝（Ashby）和弗拉尔（Verrall）提出的晶界滑动和扩散蠕变联合机理（简称A-V机理）被认为能较好地解释超塑性变形过程。该理论认为，在晶界滑移的同时伴随有扩散蠕变，对晶界滑移起调节作用的是原子的扩散迁移。图1-14所示为A-V机理的模型。一组晶粒在拉应力作用下，由于晶界滑移和原子扩散（包括晶内扩散和晶界扩散），一方面使晶粒由起始状态演变成图中所示的中间状态，从而使晶界面积和系统的自由能增加；另一方面，随着中间状态向最终状态的转变，晶界面积逐渐减小。这样，外部给予的能量消耗在晶界面积的变化过程中，结果横向晶粒相互靠近、接触，纵向晶粒彼此分离、拉开，而所有

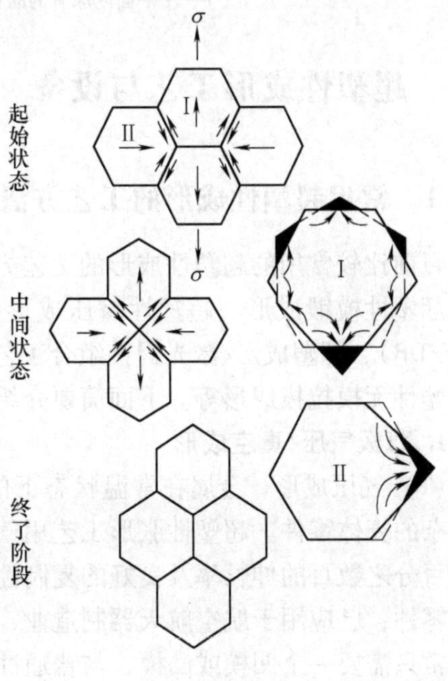

图1-14　晶界滑动和扩散蠕变联合机理模型

晶粒仍保持等轴状原样，只是发生了“转动”换位。

以上讨论的只是一个平面模型的情况，所得的沿应力方向上的拉伸变形量当然很有限。但事实上，这种伴随扩散蠕变的晶间滑移是发生在三维空间内，沿垂直于拉伸轴的所有方向上的相邻晶粒，都会发生同样的过程（见图 1-15），结果就可获得很大的整体伸长变形，也只有这样，才能使试样的圆形断面在变形后仍为圆形。

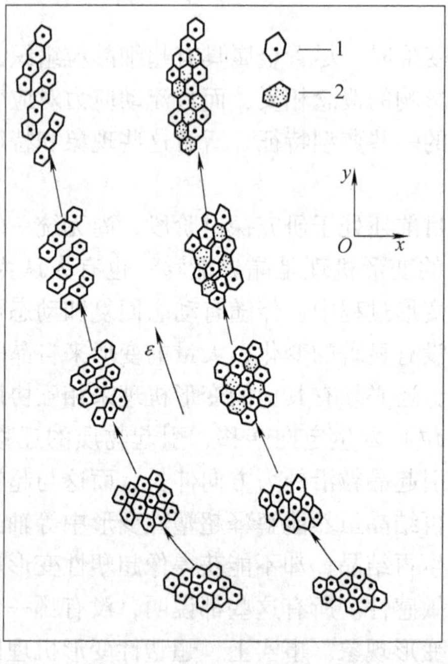

图 1-15 晶粒移动的立体模型

1—xy 平面内原有的晶粒 2—从 z 方向两相邻层移来的晶粒

1.4 超塑性成形工艺与设备

1.4.1 常用超塑性成形的工艺方法

目前比较常用的超塑性成形的工艺方法有薄板气压/真空成形、薄板模压成形、拉深成形、超塑性模锻成形、超塑性挤压成形、超塑性辊压成形、超塑成形/扩散焊接组合工艺（SPF/DB）、超塑成形/激光焊接组合工艺（SPF/LW）、超塑成形/粘接组合工艺（SPF/AB）和超塑性无模拉拔成形等。下面简要介绍几种。

1. 薄板气压/真空成形

（1）气压成形 金属在常温状态下的液压胀形，由于受材料塑性的限制，较难用于成形复杂的壳体零件。超塑性胀形工艺用气体作为加压介质，利用超塑性材料低的流动应力和高达百分之数百的伸长率及良好的复制性，可以形成钛合金、铝合金、锌合金的形状复杂的壳体零件，已应用于航空航天器制造业、机电工业、工艺美术品加工业等许多领域。这种工艺通常只需要一个凹模或凸模，与普通冲压相比可以减少成形工序和工装套数。

图 1-16 为薄板气压成形工装示意图，图 1-17 为薄板气压/真空成形工艺过程，共分四

步：胀形开始、靠模胀形、细节成形及脱模。第一步为自由胀形阶段，整个变形金属缓慢地在小压力下自由凸起，以获得均匀壁厚。第二步为初步成形阶段，已贴模部分因摩擦而停止变形，以后的胀形将因此而出现壁厚不均。在这一阶段，成形件的大轮廓和大圆角已初步形成，最好用较小压力保压一段时间，使悬空部位逐渐贴模，并形成小圆角。第三步为最终定形阶段，在这一阶段里，将对已贴模部分进行校形，对细微的凹凸部分及小圆角进行最后精确贴靠。此阶段的变形量不大，可以给以较大的压力。最后一步为脱模出件。

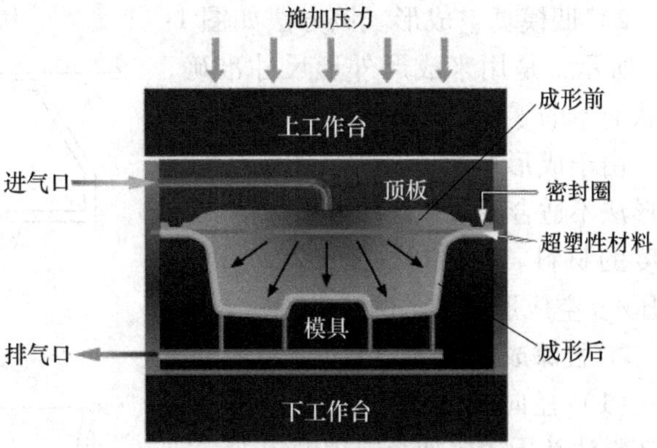

图 1-16　薄板气压成形工装示意图

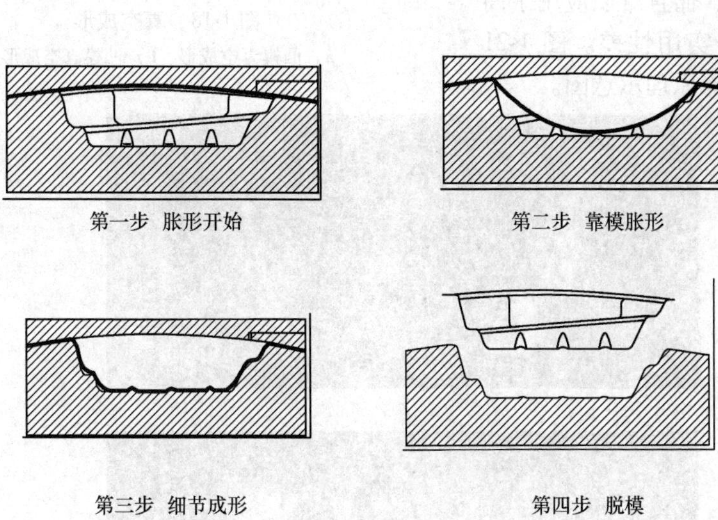

图 1-17　薄板气压/真空成形工艺过程

气压成形零件壁厚不均匀是工艺设计时最关键的问题之一，主要通过下列方法解决：

1）采用不均匀加热方法，使易变薄的部位先处于较低的温度，后产生变形。

2）利用摩擦条件，使易变薄的部位先与模具上的活动部分接触，以增加摩擦，减小变形。

3）反复成形，即先反向自由胀形，再反向加压使坯料与模具贴靠。也可以在非超塑性状态下制作预成形件，再超塑成形。

4）采用变厚度坯料。

（2）真空成形　这是一种利用抽真空使处于超塑性状态下的坯料吸附到模具上的工艺方法，如图 1-18 所示。它又可分为两种：

1）凸模真空成形。该方法如图 1-18a 所示，是用来成形内侧尺寸准确、形状简单的零件。

2）凹模真空成形。该方法如图1-18b所示，是用来成形外形尺寸准确、形状简单的零件。

由于成形压力小于0.1MPa，真空成形法不适合成形板厚尺寸较大的或高强度的材料。图1-19、图1-20为薄板气压/真空成形零件示例。

2. 拉深成形

（1）径向辅助压力拉深　对凸缘上坯料法兰周边施加径向辅助压力，把材料推向中心，这时凸模的作用主要是引导材料流入凹模，拉深筒壁不全部承担成形力，故不易破裂。但径向辅助压力要用高压油施加，而且难以应用于高温状态，故该方法实用性差。图1-21为径向辅助压力拉深原理示意图。

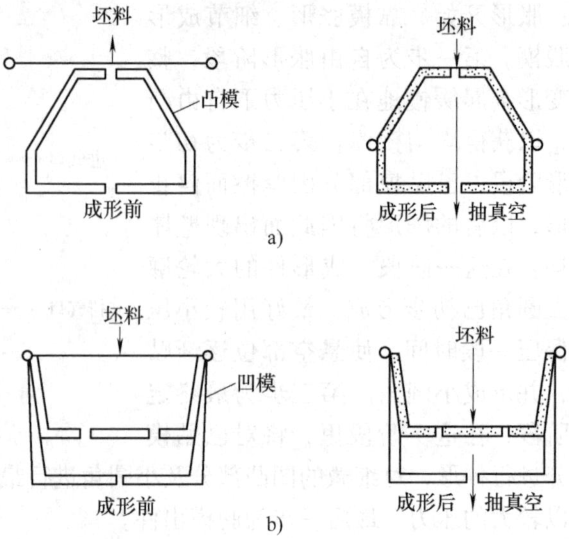

图1-18　真空成形
a）凸模真空成形　b）凹模真空成形

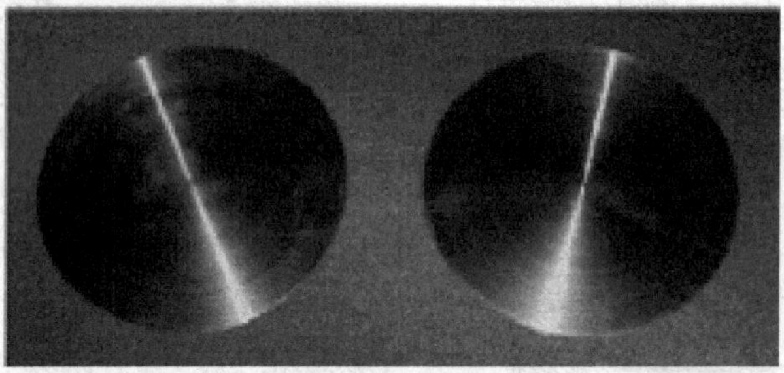

a)

b)

c)

图1-19　薄板气压/真空成形零件示例1

（2）差温拉深　采用温度场控制，使凸缘上坯料部分处于超塑性温度而发生超塑性变

图1-20　薄板气压/真空成形零件示例2

形；而与凸模接触部分的工件材料则由于冷却而强化，不发生变形。

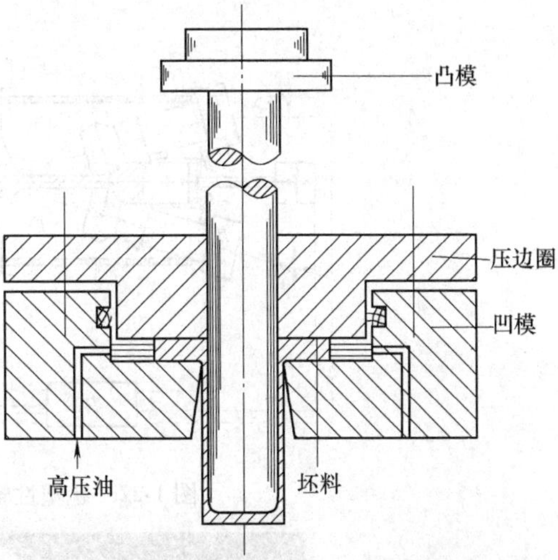

图1-21　径向辅助压力拉深原理示意图

3. 超塑性模锻成形

根据超塑性的存在条件，超塑性模锻是要求坯料在成形过程中保持恒温，即将模具和变形合金加热到同样温度的一种锻造工艺。超塑性模锻工艺过程如下：首先将合金在接近正常再结晶温度下进行热变形（挤压、轧制或锻造等）以获得超细的晶粒组织；然后在超塑温度下，在预热的模具中模锻成所需的形状；最后对锻件进行热处理，以恢复合金的高强度状态。

与普通模锻一样，可分为开式模锻与闭式模锻。

（1）开式模锻　与普通开式模锻比较，模具结构基本相同，但需要增加与模具为一体的加热和保温装置。同时，由于应变速率要求在较低范围内，不能采用锤和热模锻压力机，只能用液压机。在成形方面，具有充模好、变形力低、组织性能好、变形道次少、弹复小的特点。用于铝、镁、钛合金的叶片、翼板等薄腹板带肋件或类似形状复杂零件的模锻。

（2）闭式模锻　闭式模锻在模具结构上不设飞边槽。因而锻造时模腔内的压力也就是静水压力，远高于开式模锻。这样，模膛更容易充满，而且，锻件无飞边，可基本上做到无屑加工，成形件的精度也高。但脱模困难，可用于难成形材料形状复杂零件的成形。

超塑性模锻工艺特点：①扩大了可锻金属材料种类，如过去只能采用铸造成形的镍基合金，也可以进行超塑性模锻成形；②金属填充模膛的性能好，可锻出尺寸精度高、机械加工余量小甚至不用加工的零件；③能获得均匀细小的晶粒组织，零件力学性能均匀一致；④金属的变形抗力小，可充分发挥中、小设备的作用。

4. 超塑性挤压成形

一般冷挤压加工时，坯料变形抗力很高，最高可达35MPa以上，所需挤压设备吨位大，要求模具材料强度、耐磨性均很高，对形状复杂的零件，由于应变硬化，还必须多次挤压及中间退火，故冷挤压加工受到限制。超塑性挤压成形是将毛坯直接放入模具内一起加热到最佳的超塑性温度，保持恒温，以恒定的慢速加载、保压，在封闭的模具中进行压缩成形的工艺。它是利用超塑性合金在变形中的极低变形抗力进行挤压成形，故所使用的模具简单，寿命高，对变形程度大的零件，可一次成形，省去了中间退火程序，工序得到简化。它可成形零件和模具。

5. 超塑性辊压成形

超塑性辊压成形是指转动的工件在多对工作辊的压力作用下成形的工艺。图1-22、图1-23分别是超塑性辊压成形工作原理图及工作示意图。工作辊沿工件的径向移动，使得复杂回转体零件的超塑性辊压成形成为可能。图1-24为超塑性辊压成形件模拟图，图1-25为Ti-6.4Al-2.2Sn-1.9Zr-2Mo-1.1W-0.2Sn合金辊压成形件径向剖面显微组织。

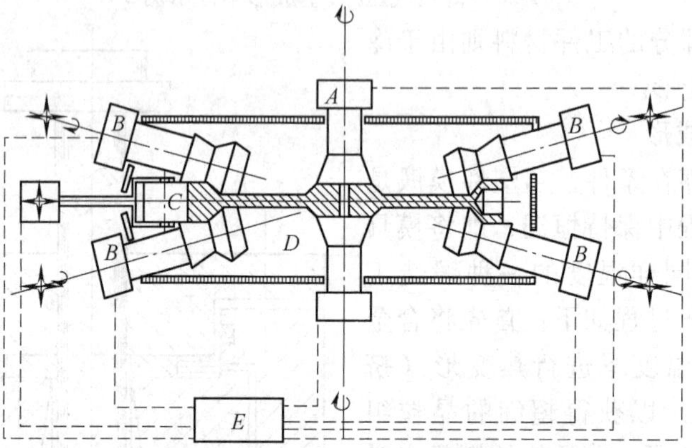

图1-22 超塑性辊压成形工作原理图

图1-23 超塑性辊压成形工作示意图

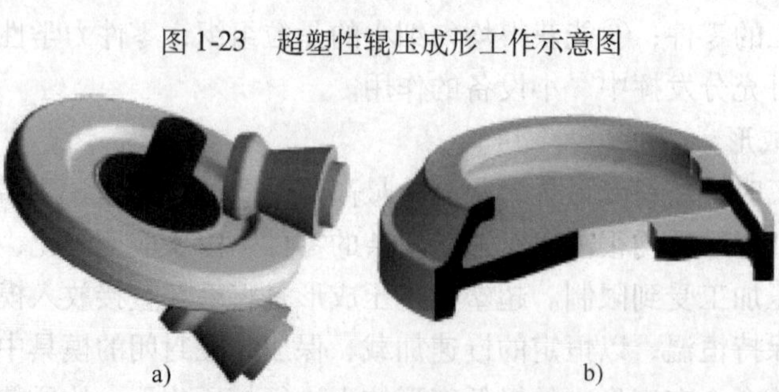
a) b)

图1-24 超塑性辊压成形件模拟图
a）成形中的工件 b）最终成形件

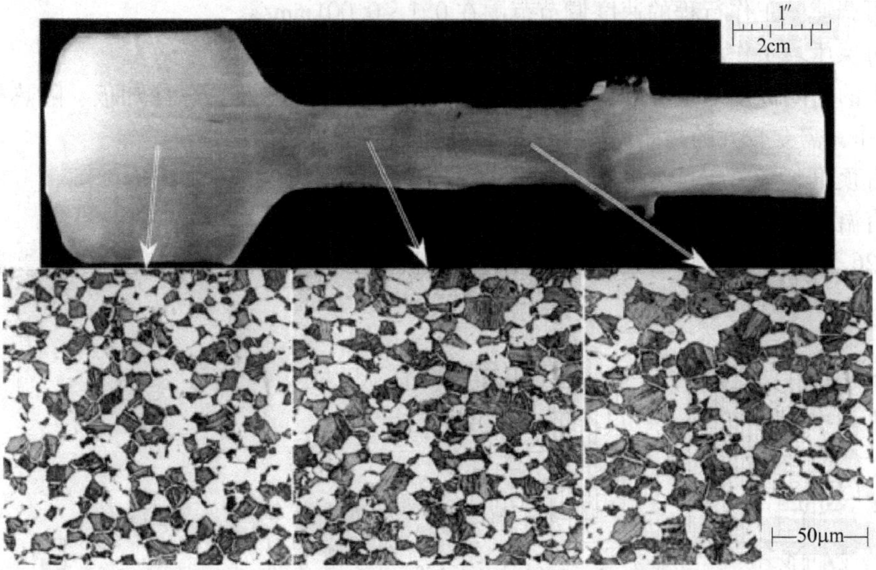

图 1-25　Ti-6.4Al-2.2Sn-1.9Zr-2Mo-1.1W-0.2Sn 合金辊压成形件径向剖面显微组织

6. 超塑性无模拉拔成形

超塑性无模拉拔成形是利用超塑性材料在超塑性状态下对温度的敏感性，只在被加工的棒料或管材外部加设感应加热圈，并在棒料或管材的两端施加载荷，当感应圈移动时，就会形成横截面周期变化，甚至非周期变化的棒形零件，或者是变壁厚的管形零件。这项加工技术不但设备简单，而且可以加工成形出用常规塑性加工技术难以成形的零件，如果把计算机程序控制应用于这一方面，发展前景非常广阔。

1.4.2　超塑性成形的设备

在超塑性成形工艺中，体积成形与板料成形有各自不同的特点，对设备、工装、润滑等也有不尽相同的要求。

1. 超塑性锻造的设备

（1）超塑性锻造的变形力　超塑性锻造受坯料组织状态和锻造温度、速度、方式（开式模锻、闭式模锻、正反挤压等）以及润滑状况、锻件形状（高径比等）、复杂程度等诸多因素的影响。通常采用下式估算变形力

$$F = pA/1000 \tag{1-3}$$

式中　F——变形力（kN）；

p——单位面积上的变形力（MPa）；

A——锻件在锻造方向上的投影面积（mm^2）。

其中，单位面积上的变形力 p 是流动应力 σ 的 2 ~ 4 倍，闭式模锻、薄腹件模锻、反挤压取较大值，开式模锻一般零件、正挤压取较小值。

（2）超塑性锻造设备的选择　超塑性锻造在低速下进行，一般采用液压机，此种液压机应满足下述要求：

1）可调速。工作行程的速度调节范围在0.1～0.001mm/s。

2）可保压。工作滑块在额定压力下保压30min。

3）大的封闭高度与足够的工作台面。为安装模具、加热装置、冷却板、隔热板等工装和便于操作，需要较大的封闭高度与工作台面，最好带有活动工作台。

4）有顶出装置。应具有足够的顶出行程与顶出力。

5）有温控系统。工作部分的加热与保温的控制是必要的。

图1-26为压力为6.3MN的超塑性锻造液压机简图，图1-27为超塑性成形机实物图。

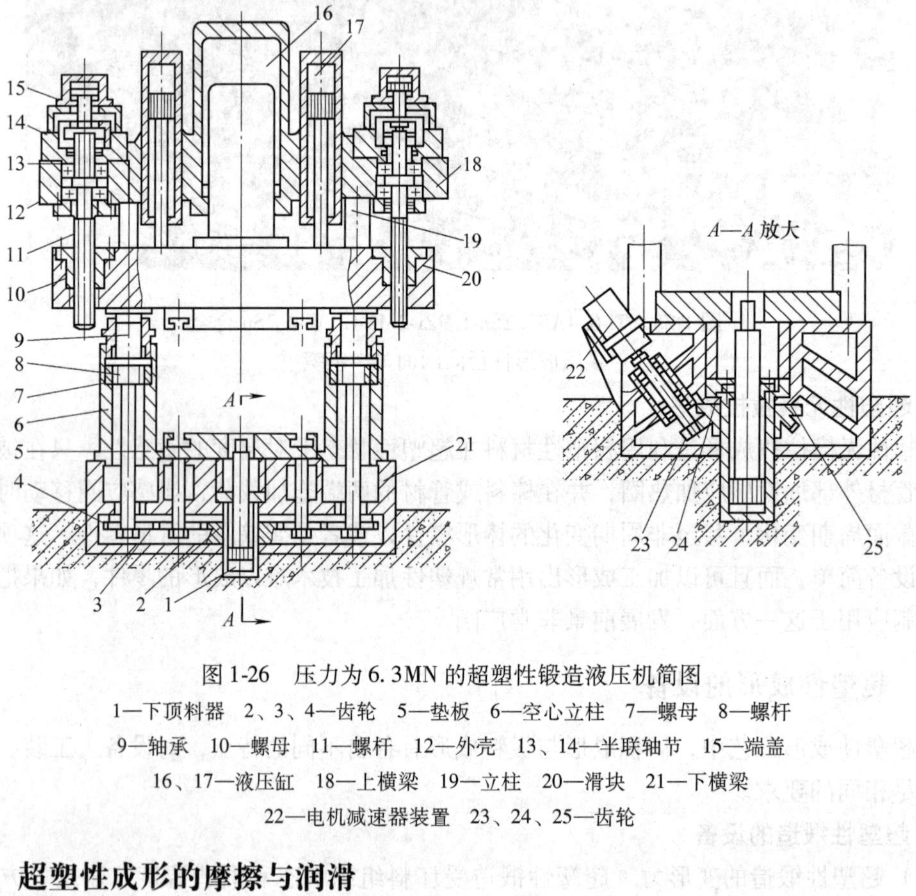

图1-26　压力为6.3MN的超塑性锻造液压机简图

1—下顶料器　2、3、4—齿轮　5—垫板　6—空心立柱　7—螺母　8—螺杆
9—轴承　10—螺母　11—螺杆　12—外壳　13、14—半联轴节　15—端盖
16、17—液压缸　18—上横梁　19—立柱　20—滑块　21—下横梁
22—电机减速器装置　23、24、25—齿轮

1.4.3　超塑性成形的摩擦与润滑

与常规塑性成形相比，超塑性成形的摩擦与润滑有以下特点：

（1）模具温度高　模具的高温增强了变形金属和模具接触面上的相互扩散作用，提高了摩擦因数，使变形金属容易向模具表面转移，脱模也更加困难。同时，模具材料的元素也可能被变形金属吸入。

（2）应变速率低　应变速率降低使接触面的咬合与润滑剂的挤出更容易，导致了摩擦因数增大。

（3）变形时间长　延长变形时间为金属的氧化和接触面扩散提供了有利条件。

目前，测定超塑性成形的摩擦因数多采用圆环压缩法。

超塑性成形的润滑剂应该满足下列要求：

1）在整个成形过程中能在模具和坯料之间形成连续的润滑剂薄膜，并具有较低的摩擦

图1-27　超塑性成形机

因数。

2）对坯料表面具有防护作用，防止其氧化或吸收其他气体。

3）兼有脱模剂的作用。

4）不与坯料和模具发生化学反应。

5）易涂覆和去除。

6）应为无毒、非易燃、非稀缺物。

按温度区间划分，280℃以下可用硅油与硅橡胶作润滑剂，成形表面光洁，润滑剂无残留，基本无需清除，润滑效果好。在280～340℃区间，可用MoS_2或MoS_2钙基脂润滑，可形成薄而均匀的润滑层。在亚中温（600～720℃）、中温（700～900℃）、高温（800～1000℃）区成形时，需采用软化点不同的玻璃润滑剂，但玻璃润滑剂的涂覆和去除均有一定的难度。

1.5　超塑性成形展望

近年来，超塑性主要的研究前沿是“先进材料的超塑性开发”。所谓先进材料是指金属基复合材料、金属化合物、陶瓷等，由于它们具有某些优异的性能（例如强度、高温性能等），所以可以得到很大的发展。然而这些材料却有其共同的不足之处——难于加工成形，因此开发这些材料的超塑性具有重要意义。近年来其中一些材料的超塑性已经达到很高的指标，然而这些材料超塑性的应用尚有一定的距离。

超塑性成形的历史尚短，仍属于一个新兴工艺，对各种材料的各种成形工艺过程，还在不断地试验、比较、淘汰、选择、发展和完善。从目前的发展趋势看，有下述几点值得注意。

1. 成形大型金属结构及相关成形设备

采用超塑胀形或SPF/DB工艺来成形大型金属结构具有显著的技术经济效益。这一类金属结构在美国的B-1型飞机和F14A、F15、F18飞机以及英国的直升飞机上获得应用，其中最大的构件是B-1机的发动机舱门，平面尺寸达2790mm×1520mm。与这种工艺相关联的设备研制也在发展，这种设备与通用液压机有很大的区别，对于整个成形过程采用自动控制。目前，美国已推出系列机型，英国、日本也有使用的报道。

B-1飞机的舱门、尾舱、骨架，原工艺需100个零件，经各种方法连接组装而成。而用超塑性钛合金，可一次成形，使尾舱架的重量减轻33%，成本降低55%。

2. 陶瓷材料与复合材料的超塑性

国际上，陶瓷材料的超塑性研究有很大进展。日本物质和材料研究机构最近开发成功一种具有超塑性的新型陶瓷。这种陶瓷在高温下能够像金属一样被拉长，可用来制造形状复杂的机械零件。这种新陶瓷是把钴、铝和尖晶石三种材料在一起，用一般方法烧制出来的。试验结果表明，1cm的材料片在1650℃的高温下，其应变速度1s可拉长1cm，是一般陶瓷的大约100倍。它可以像金属一样，进行轧制和锻造，制造发动机和涡轮机零件等产品。

我国的陶瓷材料超塑性研究也列入了863高技术研究规划。此外，以金属超塑性材料为基体的复合材料的研究也在进行中，从制备（包括材料设计）、性能测试、成形试验等诸多方面开展。比如，在金属基超塑性材料中加入SiC纤维形成的超塑性材料，可以达到超塑性气压胀形的要求。

3. Al-Li合金的研究

Al-Li合金是一种新发展起来的轻合金结构材料。在Al中添加质量分数为1%的Li，密度可降低3%，弹性模量可提高6%，添加质量分数为2%~3%的Li密度可降低10%，弹性模量可提高25%~35%。Al-Li合金具有低的密度、高的比强度和比刚度、优良的低温性能、良好的耐蚀性能和卓越的超塑成形性能，用其取代常规铝合金，可使构件重量减轻10%~15%，刚度提高15%~20%，这对于以减轻重量为主要目的航空航天工业有着重要的意义。Al-Li合金也因此被认为是航空航天器较理想的结构材料。

国外Al-Li合金SPF/DB技术尚未成熟，处于初期应用阶段。许多国家正在集中力量突破铝合金扩散焊接技术。据报道，国外在铝合金扩散焊接技术上主要采取了去除氧化膜后用涂层技术保护表面、运用液相过渡扩散焊接工艺和优化SPF/DB工艺参数三种途径。SPF/DB工艺将来像用于钛合金那样用于铝合金SPF/DB构件代替密封生产机翼壁板以提高油密性，以及对机身蒙皮的连接来提高气密性仍有广阔的应用前景。国外有一些Al-Li合金SPF/DB构件已用于航空航天飞行器。如德国MBB公司采用液相过渡扩散焊接工艺生产了8090Al-Li合金二板门零件，并正在研制300mm×400mm飞机门试验部件。英国航宇公司军用分公司最近研制成功8090Al-Li合金SPF/DB电子设备厂门，已用于战斗机上。因此，Al-Li合金超塑成形/扩散连接（SPF/DB）被认为是21世纪航空航天领域最有发展前途的制造工艺技术之一。

Al-Li合金是一种综合性能好，有巨大开发潜力的轻合金，但Al-Li合金技术也是技术难度大的高新技术，应继续改进生产工艺和产品性能，拓宽应用领域。Al-Li合金在相当长一段时间内，仍会是研究的热点之一。

4. 工艺过程的数值模拟

超塑性成形过程的理论分析几乎是与成形工艺伴生的，但是，由于过程的复杂性，得到有意义的解析解几乎没有可能。所以，近年来，注意力转移到有限元分析方面。在这方面，三维变形，尤其是采用膜元或壳元分析胀形过程，应该是更有意义的研究方向。

超塑性成形虽然具有很多优点，但是超塑性成形一般生产率较低，又需要较高的温度，这是该工艺没有得到较大推广的重要原因。提高超塑性变形速率是近几年国际上超塑性学者探讨的重要方向。研究表明：当晶粒细化至纳米数量级时，超塑性变形速率可以提高 3 ~4 个数量级。但由于提高速率的主要目的在于超塑性技术的开发应用，所以这方面的研究要特别注意综合效益，不能因为细化晶粒投资过高而使超塑性技术失去应用价值。

第2章 粉末锻造

2.1 粉末冶金成形

粉末冶金是以金属粉末（或金属粉末与非金属粉末的混合物）为原料，经成形和烧结，制造成各种类型的金属制品和金属材料的方法。广义而言，它也包括以氧化物、氮化物、碳化物等非金属化合物粉末为原料，用成形-烧结法制造材料和制品的技术。粉末冶金法与生产陶瓷有相似的地方，因此也称金属陶瓷法。现代粉末冶金工业，除了生产铁粉、铜粉、铁基粉末、铜基粉末冶金制品外，还制造诸如难熔金属制品、硬质合金、金属石墨材料等。

2.1.1 粉末冶金的特点

粉末冶金工艺可生产出用普通方法无法生产的特殊金属材料。粉末冶金材料组织中通常含有一定量的可控微小孔隙，这些微小孔隙对声与振动起到阻尼作用。利用这些微小孔隙还可赋予粉末冶金制品特殊性能，例如浸以油与固体润滑剂，从而使其具有自润滑性能；浸渍树脂，从而密封相互连通的微小孔隙；熔渗熔点较低的金属或合金，以提高零件的强度与冲击韧性；通过水蒸气处理增强材料的耐蚀性等。

通过调整粉末特性、粉末组成、压制工艺及烧结条件可将微小孔隙的数量与特性控制在一定范围之内，可以生产各种多孔材料和多孔含油轴承，并能控制制品的孔隙度；利用金属和金属、金属和非金属的组合能生产多种特殊性能的材料，例如，钨-铜假合金的电接触材料，金属和非金属组成的摩擦材料，可以生产复合材料，例如，由难熔金属化合物和金属组成的硬质合金和高温金属陶瓷，弥散强化材料和纤维强化材料等，生产难熔金属材料或制品比其他方法简便。用粉末冶金方法生产的合金结构均匀，例如高速钢，可以避免碳化物偏析，比熔铸法生产的高速钢的性能好；还有在金属切削加工中采用的寿命比工具钢提高几十倍的硬质合金刀具；火箭喷管采用的能耐3000℃以上的高温的“发汗材料”（一种用钨粉作多孔骨架，渗以银或铜的材料，在高温下，靠其表面发汗，而使受热表面冷却）；照明灯泡中的钨丝，这些具有特殊性能的材料只有用粉末冶金方法才能制造出来。

另外，用粉末冶金方法制造的机械零件的尺寸精度和几何精度高，可以大大减少机加工量，节约金属材料，提高劳动生产率，因此粉末冶金又是一种少、无切削的工艺。多数场合下，粉末冶金结构零件的脱模斜度为零，不需要再进行精加工。粉末冶金工艺特别适合制造表面粗糙度值低、减摩性能好以及形状不规则、有细长孔或不通孔的零件。粉末冶金又是一种通用性工艺，具有广阔的应用范围。凸轮、齿轮、链轮、杆件、紧固件、结构支架、轴承、叶轮及液压件等都是利用粉末冶金上述优点的典型实例。

通过对零件进行重新设计改用粉末冶金工艺制造，往往可取消或减少多次组装作业。例如，由一个凸轮与一个齿轮或一个电枢与一根轴构成的组合件，经重新设计，可用一体化粉末冶金零件来替代。有的零件也可用烧结时将两个粉末冶金件连接成一体的方法来制造，通常将这种方法称为烧结连接。

粉末冶金零件可进行表面涂覆，使其具有装饰性、耐蚀性或耐磨性。尺寸公差精密或强度较高的零件，可对其进行整形或复压。零件上不能用压制成形的部分可用切削加工来完成。

粉末冶金工艺的主要优点如下：

1）不需要或只需要极少量切削加工。

2）材料利用率高达97%。

3）零件尺寸的制造公差较小，具有再现性。

4）零件表面粗糙度值较低。

5）对于自润滑或过滤，可提供具有可控孔隙度的材料或制品。

6）可制造其他金属成形工艺不能制造的形状复杂或奇特的零件。

7）适于中批量到大批量的零件生产。

目前粉末冶金工艺仍有成本高、制品的大小和形状受到一定限制、烧结零件的韧性较差等不足之处。但是，随着粉末冶金锻造和等静压成形技术的完善与发展，已有可能压制较大的和复杂形状的制品，粉末冶金材料的韧性也将会大大提高。

2.1.2 粉末冶金的应用

粉末冶金常用于成批或大量生产板、带、棒、管、丝等各种型材，齿轮、链轮、棘轮、轴套类等各种零件，重量仅百分之几克的小制品以及近2t重的大型坯料（用热等静压法）等。

制品的种类主要有：难熔金属及其合金；组元彼此不熔合、熔点十分悬殊的烧结合金；难熔金属及其碳化物的粉末制品（硬质合金）；金属与陶瓷材料的粉末制品（金属陶瓷）；含油轴承和摩擦零件以及其他孔性制品。大多数粉末冶金零件的质量不大于2.2kg，但也可制造质量达16kg或小于1g的零件。

粉末冶金应用的历史可以追溯到2500多年以前。我国早在春秋末期就已用块炼铁（即海绵铁）制造铁器了。块炼铁是用木炭还原铁矿而成，和现在还原铁粉的生产工艺相似。以块炼铁为原料锻造铁器的工艺和现代的粉末锻造工艺相似，故可称之为早期的粉末锻造技术。这项技术后因炼铁技术的兴起而消失。

现代粉末冶金从制取金属铂开始，然后，用粉末冶金方法制取了具有划时代意义的金属钨，又用粉末冶金方法制取了钼、钽、铌等难熔金属，从而为现代电子与电光源工业的发展奠定了基础。继难熔金属之后，用粉末冶金技术陆续研制成功了硬质合金、多孔性金属含油轴承、钨－铜与钨－铜－镍复合材料、金刚石-金属组合材料、磁性材料、电接触材料、电真空材料、高温金属陶瓷、弥散强化材料等，粉末冶金技术重新焕发了青春，使粉末冶金这门古老的冶金技术进入现代科学技术发展的行列。

由于粉末冶金在技术上和经济上的优越性，使其在国民经济中起着愈来愈大的作用，广泛应用于金属加工、机械制造、精密仪器、锁具与五金用具、石油和钻探、家电、电机及电器制造业等领域。现代汽车工业的发展极大地推动了粉末冶金技术的发展，用粉末冶金工艺生产的零件大量用于汽车结构，汽车的各种总成，诸如发动机、变速器及底盘等都装有许多粉末冶金零件，汽车制造业现已成为粉末冶金工业的最大用户。除此之外，粉末冶金还应用于航天、农业机械等领域，同时用于制造小型与大型器具、办公机械、电气仪表、草场和庭园设备、医疗设备、越野机械、电动与手动工具、体育用品及自动记录仪器等。从民用到军事工业，从一般技术到尖端技术领域，几乎没有一个工业部门不使用粉末冶金材料和制品。近年来，国内外粉末冶金工业迅速发展。特别是粉末冶金铁基机械零件，每年以 15% ~ 17% 的速率增长。

2.1.3 粉末冶金工艺

粉末冶金工艺包括制取金属、合金和金属化合物粉末，将原料粉末成形，烧结，以及需要时进行烧结后的处理，进而获得要求的制品等工序。包括如下步骤：

1）原料粉末的制取和准备。粉末可以是纯金属或它的合金、非金属、金属与非金属的化合物以及其他各种化合物等。

2）将金属粉末及各种添加剂均匀混合后在专用压模中加压成形，得到一定形状和尺寸的压坯。

3）将坯块在物料主要组员熔点以下的温度进行烧结，使制品具有最终的物理、化学和力学性能。

1. 粉末的生产

生产实践中现用的制粉方法大体上可归纳为机械法和物理化学法两大类。

机械法是将原材料机械地粉碎，在基本不使其化学成分发生变化的情况下获得粉末的工艺过程。机械研磨是其中的一种方法，依靠击碎、磨削等多种手段，将一定大小的块状金属或合金粉碎成粉末。根据所用设备的不同，常用的机械研磨法有球磨、锤磨等。

物理化学法是借助化学的或物理的作用，改变原料的化学成分或聚集状态而获得粉末的工艺过程。其中应用最广泛的是雾化法、还原法和电解法。

1）雾化法。使熔化的液态金属从雾化塔上部的小孔中流出，同时喷入高压气体，在气流的机械力和急冷作用下，液态金属被雾化，冷凝成细小粒状的金属粉末落入盛粉桶中。雾化法的特点是生产效率高，成本低，易于制造高纯度粉末，但合金粉末易产生成分偏析以及难以制得小于粒径 0.55mm 的细粉。应用于制造 Pb、Sn、Zn、Al、青铜、黄铜等低熔点金属与合金粉末，以及 18-8 不锈钢、低合金钢、镍合金等粉末。

2）还原法。从固态金属氧化物或金属化合物中还原制取金属或金属粉末，是最常用的生产方法之一。还原法的特点是比较简单，费用低，目前铁粉大部分由还原法生产

3）电解法。从金属盐水溶液中电解沉积金属粉末。电解法的特点是电解粉末高纯度，高密度，高压缩性；但生产率低，成本较高。

2. 粉末冶金的生产工序

粉末冶金的生产工序如图 2-1 所示。

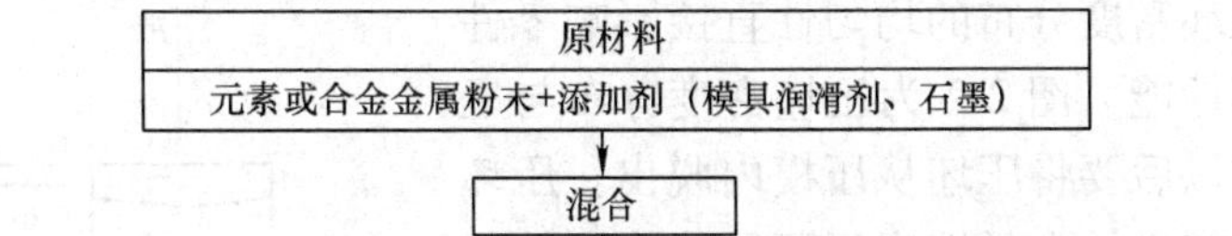

图 2-1 粉末冶金的生产工序

（1）粉末的预处理与混合　粉末制备好之后要根据生产的要求分别对粉末作不同的处理，包括粉末粒度的分级、粉末退火、粉末混合、粉末干燥等许多工序。其中粉末的粒度（大小）和粒度组成（分布）对粉末冶金制品的性能有较大的影响。例如，在生产青铜多孔轴承时，粉末配比粒度组成不同，制品性能也不同。粉末单独使用的机会很少，一般都要配成混合料以后才能进行压制。混料的目的是使性能不同的组元形成均匀的混合物，以利于压制和烧结时状态均匀一致。如生产某种铁-石墨含油衬套时，料中含质量分数为 1.5% 的石墨、0.3% 的硫、1% 的硬脂酸锌、0.5% 的锭子油，其余为铁粉。这种料必须混合 60min 以后，才能使各成分分布均匀。料的混合是在球磨机和各种混料器中进行的。混合好的粉末常需要过筛，除去较大的夹杂物和润滑剂的块状凝聚物，混好的粉末应尽可能及时使用。

（2）粉末成形　成形的目的是制得具有一定密度、强度与一定形状、尺寸的压坯。成形方法可分为加压成形和无压成形两种。加压成形包括模压成形、等静压成形、粉末锻造、

粉末冶金轧制、粉末冶金挤压等。无压成形可分为粉浆浇注成形和注射成形两种。现代粉末冶金工业中使用的方法主要有如下五种。

1）模压成形法。模压成形法是当前粉末冶金工业普遍采用的方法。它是指在常温下将粉料在封闭的钢模中，按规定的单位压力，将粉料制成压坯的方法。模压成形的主要工序为称料、装模、压制、脱模。将通过计算及称量好的粉末装入模具中，然后通过压制变成比较密实而定形的压坯。压制是指按一定的单位压力将装在型腔中的粉料集聚，使其达到一定密度、形状和尺寸要求。压制方法包括单向压制、双向压制、浮动压制和引下法。压制通常在液压机或机械压力机上进行。压制时，压坯的形状和水平尺寸由模具控制，压坯的密度和高度尺寸可用压力控制或用高度限制器控制。

模压成形中压坯密度分布的均匀性直接影响零件的力学性能和使用性能。图 2-2 为压坯密度分布与压制方式。压制完成以后要将压坯从压模内脱出。压坯从模膛中脱出后，产生的由弹性恢复而尺寸胀大的现象称为弹复。

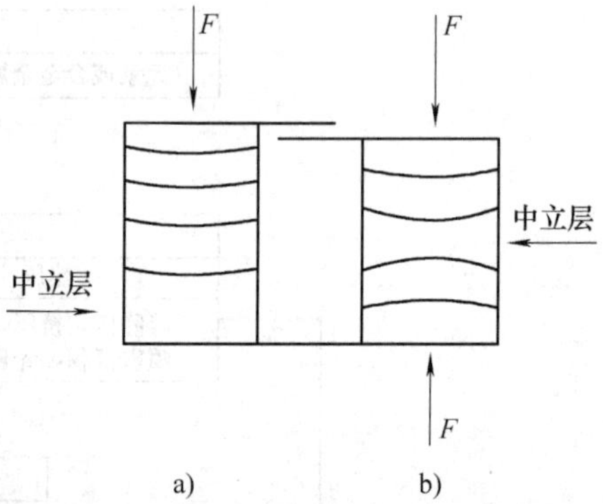

图 2-2 压坯密度分布与压制方式
a）单向压制 b）双向压制

2）粉浆浇注法。粉浆浇注法是将粉末预先制成悬浮状或糨糊状物质，然后注入石膏模中成形的方法。成形过程为将成形材料首先与水或其他液体调成悬浮液浆，并注入能够吸收液体的石膏模内，然后再从石膏模中取出干涸的坯块，并进行最后烘干。粉浆浇注主要应用于：制造不锈钢、镍、钴等各种硬质化合物和各种耐火氧化物的坩埚；多孔材料；作为中间工序与其他粉末冶金的冷、热加工工艺结合，生产多种制品和型材。例如不锈钢带的生产，可以预先将粉浆浇注成带，然后烧结，烧结后进行冷轧，可以得到完全致密的材料。

3）粉末冶金轧制。粉末冶金轧制是指将金属粉末通过一个特制的漏斗喂入转动的轧辊缝中，轧出具有一定厚度和长度的、连续的、并且强度适宜的板带坯料，这些坯料经烧结，又经轧制加工及热处理等工序，就可制成有一定孔隙度或致密的粉末冶金板带材。

4）等静压成形。等静压成形是指借助于高压泵的作用把流体介质（气体或液体）压入耐高压的钢质密封容器内，高压流体的静压力直接作用在弹性模套内的粉末上；粉末体在同一时间内在各个方向上均衡地受压而获得密度分布均衡和强度较高的压坯。等静压成形分为冷静压和热静压成形。

5）振动成形法。振动成形法是将压力与振动结合，对粉末同时作用的成形方法。振动的方法有机械振动、电磁振动、超声波振动等。振动成形液压机主要由普通液压机和振动器两部分组成，图 2-3 所示为采用机械振动方式的振动成形液压机的结构示意。振动成形应注意：粉料的粒度要适当，只有一定粒度组成的粉末才能提高压坯的密度，对成形有利；振动时间一般为 10s 左右，继续增加振动时间压坯密度不再提高；振幅、频率等对压坯密度有影响。对于多孔材料以及在烧结以后还需要热加工的许多特殊用途的材料，振动成形作为中间工序得到了广泛的应用。

（3）烧结　烧结是粉末冶金的关键工序，对粉末冶金生产起着很重要的作用。相对粉末体而言，成形所得坯块颗粒间的接触有所增加，但只有通过烧结，压坯变成了“晶体结合体”后才具有一定的物理和力学性能，满足使用的要求。此外，在烧结以前各工序所带来的一些缺点和问题，在一定范围内，可以通过对烧结工艺条件的调整来纠正或弥补。烧结还可以控制制品的孔隙度和金相组织。成形后的压坯通过烧结才能得到所要求的最终物理和力学性能，因此烧结是粉末冶金工艺中的关键工序。

1）烧结的分类。根据烧结过程中有无液相产生而将烧结分成固相烧结和液相烧结两大类。

2）烧结工艺。烧结的基本过程是将压坯送入烧结炉中，按一定时间加热到烧结温度，并在烧结温度下保温一段时间，再将制品冷却后出炉。在工业生产中，上述过程是在连续式烧结炉中完成的。烧结温度、烧结保温时间等通常根据实验确定。烧结温度的确定与制品的化学成分有关。如果是纯粉末的固相烧结，则烧结温度要低于该粉末的熔点，如铁制品的烧结温度为1000～1200℃，铜制品的烧结温度为700～900℃等。如果制品成分是几种粉末的混合物，则烧结温度一般要低于主要成分的熔点，而高于其中一种或多种少量成分的熔点，如钨钴硬质合金的烧结温度随含钴量不同而波动于1380～1490℃。

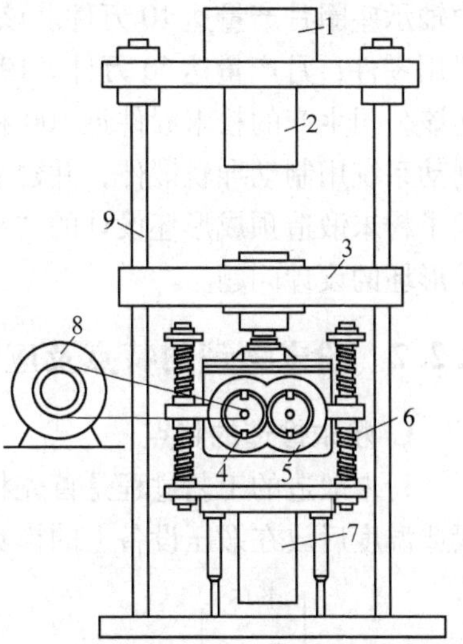

图2-3　振动成形液压机的结构示意图
1—上液压缸　2—上柱塞　3—工作台
4—偏心块　5—振动器　6—弹簧
7—下液压缸　8—电动机　9—立柱

除了普通烧结方法外，还有松装烧结、金属渗入烧结骨架中的渗透法、压制和烧结同时进行的热压等方法。

（4）烧结后的处理　根据产品的不同要求，烧结后的处理有多种方式，如提高制件的物理及力学性能的复压、复烧、浸油、热锻与热复压、热处理及化学热处理，改善制件表面耐蚀性的水蒸气处理、磷化处理、电镀等工艺以及提高制件形状与尺寸精度的精整、机械加工。

一些压力加工的工艺，如轧制、锻造也应用于粉末冶金材料烧结后的加工。特别是近年来，锻造应用于粉末冶金，即粉末冶金锻造，可使粉末冶金材料的力学性能有较大的提高。

2.2　粉末锻造的特点及应用

2.2.1　粉末锻造的发展概况

粉末锻造是将粉末烧结的预成形坯经加热后，在闭式模中锻造成零件的工艺。它是将传统的粉末冶金技术和精密模锻相结合的工艺，它综合了二者的优点，能以较低的成本和较高的生产率实现大批量生产。能够生产高质量、高精度、形状复杂的结构零件。

粉末锻造（简称粉锻）的研究实际上起源于20世纪60年代初期。1964年美国GMC公司研究了粉末锻造汽车连杆，同年英国GKN公司对粉末锻造材料、工艺及预成形坯的力学物理性能进行了研究。1970年在纽约召开的第三届国际粉末冶金会议对粉末锻造的发展起了很大的推动作用。美国粉末锻造一直处于领先地位。GMC公司首先使用粉末锻造生产汽车后轿差速器齿轮。1972年Federal Mogul公司大规模生产粉末锻件用于自动变速机构，其中轴承座圈月产量达10万件。该公司1976年建立了两条粉锻生产线，主要生产汽车传动装置用零件，月产量达60万件。1984年用4600系低合金钢粉生产的粉末锻件已达1亿件。目前该公司生产的粉末锻件近100种。IPM公司在粉末锻造上已采用计算机技术研制大型货车制动系统用制动导轨锻件，并建立了两条生产线。俄亥俄州克利夫兰市变形控制技术公司开发了粉末锻造预成形坯设计的“专家系统”，用以处理复杂工艺条件和材料种类粉末锻造预成形坯的设计问题。

2.2.2　粉末锻造的特点及应用

1. 粉末锻造的特点

粉末锻造的工艺过程是首先将粉末金属压制成预成形坯件，然后将预成形的坯件加热至锻造温度后放在锻压设备上的模具中进行闭式模锻或挤压，其工序如图2-4所示。

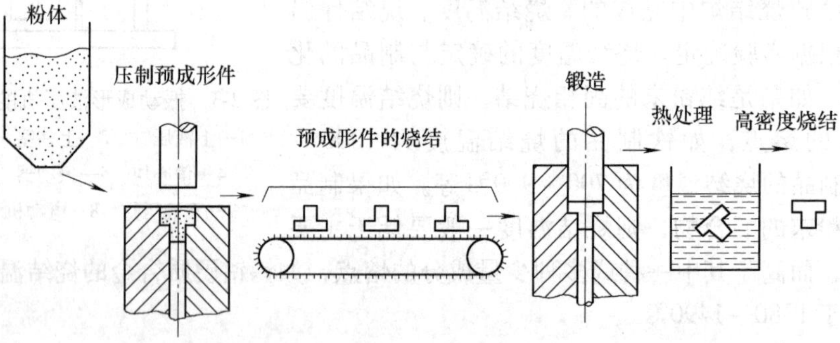

图2-4　粉末锻造工序图

一般粉末冶金的制件密度通常在6.2～6.8g/cm^3，经过加热锻造后可以提高到金属理论密度的95%～100%。

粉末锻造和普通模锻相比的主要优点见表2-1。另外粉末锻件精度高，力学性能好，内部组织无偏析，无各向异性。如高速钢工具寿命可提高2倍以上，粉末锻造连杆的疲劳寿命比普通锻造提高10%～20%。粉末锻造生产形状复杂零件的效率高。

表2-1　粉末锻造与普通模锻件对比

对比项目	普通模锻	粉末锻造
100mm的尺寸精度	±1.5mm	±0.2mm
制品重量波动	±3.5%	±0.5%
初加工毛坯的材料利用率	70%	99.5%
制品材料的利用率	45%	80%

粉末冶金锻造工艺虽有许多优点，但也有一些不足之处，如零件的大小和形状还受到一些限制，粉末价格还比较高，零件的韧性较差等。但这些问题随着粉末冶金和锻造技术的发展正在逐步解决。随着粉末冶金和锻造技术的发展，其技术、经济效益将越来越显著。

2. 粉末锻造的应用

粉末锻造在许多领域中得到应用，主要用来制造高性能的粉末制品，尤其是在汽车制造工业中应用更突出。表2-2列出了适于粉末锻造工艺生产的部分汽车零件中较为典型的零件。其中齿轮和连杆是最能发挥粉末锻造优点的两大类零件。这两类零件均要求有良好的动平衡性能，要求具有均匀的材质分布，这正是粉末锻件特有的优点。

表 2-2 适于粉末锻造工艺的汽车零件

发动机	连杆、齿轮、气门挺杆、交流电动机转子、阀门、起动机齿轮、环形齿轮
手动变速箱	毂套、倒车空套齿轮、离合器、轴承座圈、同步器中各种齿轮
自动变速箱	内座圈、压板、外座圈、停车自动齿轮、离合器、凸轮、差动齿轮
底盘	后轴承端盖、扇形齿轮、万向轴节、侧齿轮、轮毂、锥齿轮、环形齿轮

3. 粉末锻造的分类

粉末锻造的目的是为了把粉末预成形坯锻造成致密的零件。目前常用的粉末锻造方法有粉末锻造、烧结锻造、锻造烧结和粉末冷锻几种。粉末冷锻是指粉末预成形烧结后冷锻。粉末热锻包括粉末锻造、烧结锻造、锻造烧结三种。与烧结锻造不同，粉末锻造采用预合金粉，预成形坯成形后直接加热锻造成形。由于该方法比烧结锻造方法减少了二次加热工序，可节省能源15%左右。因此由烧结锻造向直接加热锻造或烧结后直接锻造方向发展是总的趋势。

2.3 粉末锻造时金属粉末的选择

粉末锻件的力学性能受许多因素的影响，如孔隙度、夹杂物、合金成分及组织结构等，原始粉末的性质直接影响到预成形坯的制造和粉末锻造工艺过程。粉末的选用关系到压制工艺、锻造工艺、锻件的性能和生产成本。粉末的性质包括粉末类型、杂质含量、粒度分布及预合金化程度等。

1. 粉末的类型及纯度

粉锻对粉末的纯度要求比普通粉末冶金件要高。普通粉末冶金制品孔洞较多，对性能影响大，因而杂质的影响不太明显。而粉末冶金锻件制品杂质的影响十分显著，因此必须提高粉末原料的纯度。考虑到电解粉末成本高，目前一般采用还原粉或雾化粉末，不论何种粉末，其氧含量都要求尽可能低。表2-3示出了三种粉锻钢氧含量不同对力学性能的影响。由此可见，断面收缩率、冲击值与氧含量之间存在明显关系。因此，一般在压制前应进行还原处理。烧结、锻前加热也应采用还原气氛进行保护。

表 2-3 粉锻钢氧含量对力学性能的影响

合金编号	烧结温度/℃	w_C(%)	氧含量(质量分数 10^{-4}%)	抗拉强度 σ_b/MPa	屈服强度 $\sigma_{0.2}$/MPa	伸长率 δ(%)	断面收缩率 ψ(%)	室温时夏比V形缺口冲击韧度 a_K/(J/cm²)
1	1100	0.38	800	1000	950	19	21	21
	1200	0.40	400	1040	1000	20	40	36
2	1100	0.41	900	980	930	17	26	21
	1200	0.40	400	1020	970	17	37	46
3	1100	0.38	1800	1100	1080	10	10	8
	1200	0.34	700	1060	1010	13	30	24

注：1、2、3号合金在1100℃和1200℃烧结60min后热成形至完全致密，淬火并回火，硬度310~350HV。

2. 粉末的合金化

粉锻原料可以是纯金属粉末如还原粉、雾化粉，也可以是混合粉如还原铁粉中加入纯合金粉末或中间合金粉末，也可以是粉末本身已经合金化的预合金粉末如雾化合金钢粉。采用混合粉作原料时，合金元素的分布是不均匀的，而且成形后需在高温下长时间烧结才能使合金元素扩散均匀，因此对性能要求高的粉末热锻钢，不宜采用混合粉末。

粉锻碳素合金钢按碳元素是否增加分为两种预合金粉末：一种是合金元素的预合金粉末，不必增加碳量；另一种是含碳低的预合金粉末，需增加的碳以石墨粉的形式掺入，在高温烧结时碳易于扩散均匀。采用后者的成形性好，可减少模具磨损。

3. 粒度

采用预合金化粉末，可以采用粗颗粒粉末。在高温高压同时作用下，粉末颗粒均可熔为一体。因粗颗粒粉末比表面积小，可以减少氧化物夹杂。粗粉原料的利用率高，因而可以降低粉末生产的成本。

对于非预合金化的混合粉末，由于合金化的困难不能采用粗粒度粉末。

2.4 粉末锻造预成形坯的设计

2.4.1 粉锻件的分类与锻件图设计

与普通钢锻件不同，粉锻件除按外形和轴线方向分为长轴类锻件和短轴类锻件外，还应按锻件锻击方向的高度分为等高件和非等高件两大类。等高与非等高是指与锻击方向垂直的各断面积是否相等。

粉锻件图的制订与钢锻件的基本相同，其特殊性为：

1）预成形坯的几何形状及质量准确，利于闭式锻造成形。

2）粉锻为精锻成形，某些表面可直接达到成品零件的最终要求，而且锻件易锻出内孔。

3）粉末预制坯的抗拉强度和塑性低，锻造时易出现裂纹。

粉锻件图的设计内容如下：

（1）确定表面精度　粉锻件同样不是所有表面都靠锻造来保证精度，主要是解决难于机加工或机加工量大的面，并以此作为其他表面的检验和加工基准。如粉锻齿轮是以齿面作为主要精锻表面，然后以齿面定位来加工其他表面。

（2）确定分模面的位置和形状　对于圆柱体和直齿轮类零件，由于锻体是等高件，可采用套筒模锻，在上表面分模。一般采用强制性脱模，对于高度方向断面变化大的非等高锻件，考虑出模的问题，因而分模面一般选在最大断面处，如锥齿轮锻件。

（3）余量、公差和余块的确定　粉锻件余量、公差的确定和余块的添加与一般钢质精锻件类似。一般精锻件表面的公差按零件公差给定，而其他表面的余量和公差除与零件的尺寸、精度和粗糙度有关外，还与设备及模具的结构和精度有关。

（4）确定模锻斜度　粉锻往往可以做出内孔，但内孔芯棒不能采用强制方法脱模时则需采用较大的斜度，否则锻件冷缩时将把芯棒越夹越紧，芯棒上的斜度一般取 $\alpha \geqslant 7°$ 方能使芯棒从锻件的孔内拔出。其他不能采用强制方法脱模的部分也应适当给出斜度。

斜度对粉锻成形也有很大的影响，取得不当则可能造成锻件开裂。粉末锻造为压入成形时，模壁带有斜度对粉末金属可造成轴向分力和水平分力的作用，有利于金属的致密。同时斜度的设置使孔口直径加大，起到了分流作用，有利于金属充满型腔。

综合考虑成形、脱模及防止裂纹等因素，压入成形时的斜度宜取大些。图2-5a为未加斜度、入口圆角又较小时，锥齿轮轮毂部位压入成形产生裂纹的情况；改为10°斜度且入口圆角半径增至12mm时，则不产生裂纹。

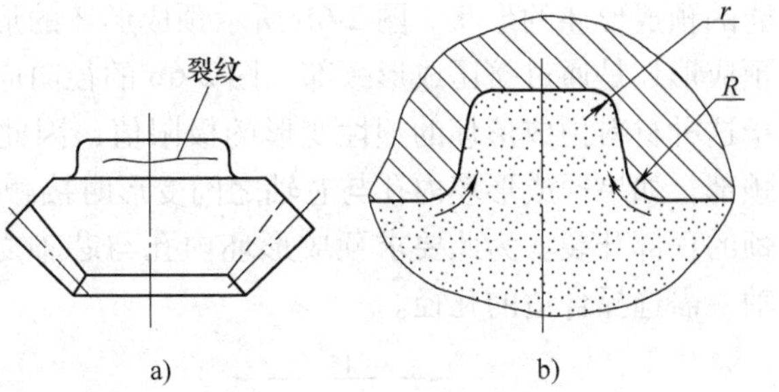

图2-5 斜度、圆角半径影响开裂示意图
a）开裂 b）圆角半径的影响

（5）确定圆角半径 粉末锻造时，如果预制坯做成与锻件相似的形状，锻造时金属以镦粗的方式成形，当锻件密度低时金属就可以充填细小角部，得到清晰的粉锻件。但如用压入法成形，如图2-5b所示，圆角半径 R 又很小时，金属不易流入型腔，预成形件在拐角处受阻力较大易于开裂。因此内圆角半径 R 应比相应的钢质锻件时取大些。而外圆角半径 r 仅影响到充满和模具拐角处的强度，可参照一般锻造方法选取。

2.4.2 预成形坯的设计

预成形坯的设计是从锻件的质量、密度、形状和尺寸出发，考虑预成形坯的密度、形状和尺寸。最基本的原则是在锻造时有利于致密和充满模膛；在充满模膛时应尽可能使预成形坯有较大的横向塑性流动。因为塑性变形有利于致密和改善性能。但过大的塑性变形可能在锻件表面或心部产生裂纹，因此其塑性变形量不能大于预成形坯塑性变形所允许的极限值。另外还需考虑预成形坯在充满型腔时，各部分尽可能处于三向压应力状态下成形，避免或减少拉应力状态。

1. 预成形坯的密度选择

粉末锻件的最终密度主要是由锻造变形所决定，一般与预成形的密度关系不大。预成形坯密度的选择主要考虑预成形坯要有足够的强度，保证在生产工序传输过程中不被损坏，形状完整为基准。为此，一般冷压制后的预成形坯密度为理论密度的80%左右。对于铁基制品的密度选择在6.2～6.6g/cm³范围内。为了获得无飞边的粉末锻件，预成形坯质量公差必须控制在±5%左右。

2. 预成形坯的设计

预成形坯的设计主要包括形状设计和尺寸的确定。预成形坯的几何形状大体上可分为以下两类：

1）近似形状，即预成形坯与终锻件形状近似。这有利于锻造时以镦粗的方式成形，且因塑性变形量小，可以避免产生裂纹。此法适于制造连杆和直齿轮类零件。

2）简单形状，即预成形坯形状较简单，与锻件形状差别较大。这一般是锻件形状的一种简化，经简化的预成形坯锻造时，不仅是高度方向的镦粗变形或压实，而且通过较大的塑性流动充满模具型腔。相应的预成形坯模具易于制造且寿命长，在热锻过程中塑性变形量较大，有利于提高粉锻件的力学性能。

对于形状较复杂的锻件的预成形坯，可以对其不同部位及性能要求，分别进行设计。例如对于图 2-6a 所示的带颈法兰零件，如果采取近似形状制坯，锻造时只是简单的轴向压实，由于没有水平方向的塑性流动，不能满足力学性能要求。图 2-6b、c 给出了这种法兰两种可能的预成形坯的形状。图 2-6b 所示预成形坯的形状通过镦粗充满法兰的盘部，图 2-6c 所示预成形坯是通过挤压成形颈部。图 2-6b 的径向应变为 $\varepsilon_d = \ln(26.55/15) = 0.571$，显然大于这种材料预成形坯的塑性变形的极限值，因此不能采用。图 2-6c 方案是反挤压成形法兰颈部，如果预成形坯内孔与芯轴之间变形时接触过早，就会因摩擦作用而生产拉应变，导致颈的顶部开裂。为此要求预成形坯内孔与芯轴之间留有一定间隙，避免内表面过早接触芯轴，需选择合适的孔径。

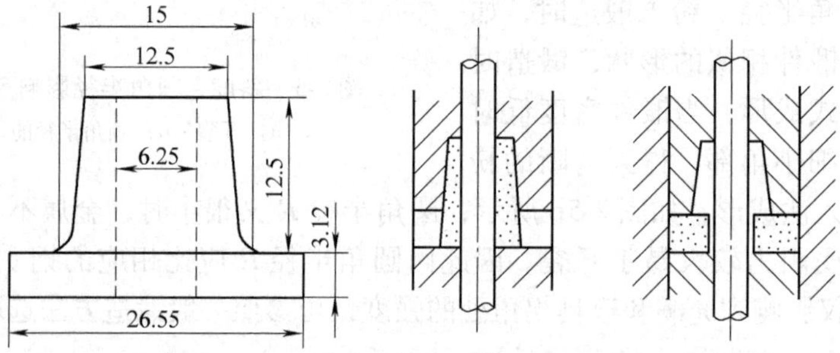

图 2-6 长颈法兰零件及预成形坯形状设计
a）零件形状及尺寸 b）近似形状预成形坯 c）简单形状预成形坯

3. 几种典型粉锻件的预成形坯设计

（1）直齿轮 当 $H/d > 0.4 \sim 0.5$，$d_1/d > 0.5$ 时（见图 2-7），一般设计成相似形状预制坯，锻造时径向外形以镦粗方式成形。此时齿侧间隙在 0.5 ~ 1mm 间选取。其余的径向尺寸考虑热膨胀并考虑顺利放入模具而给以适当间隙。在内孔部分则不宜给变形间隙，以保证定位准确，同时可以防止内孔处间隙较大，内孔产生内凹或充不满，如图 2-8 所示。

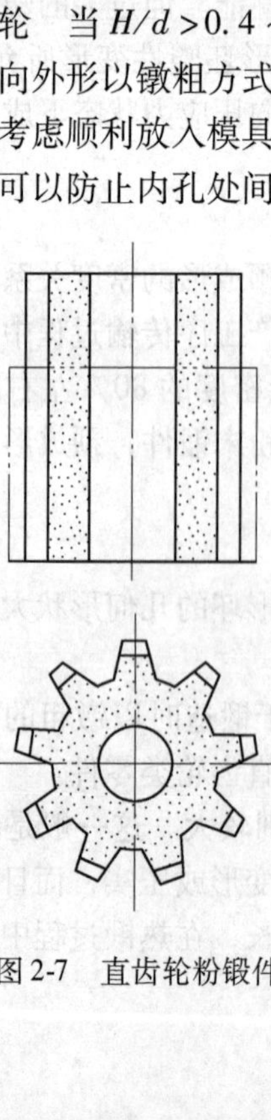

图 2-7 直齿轮粉锻件

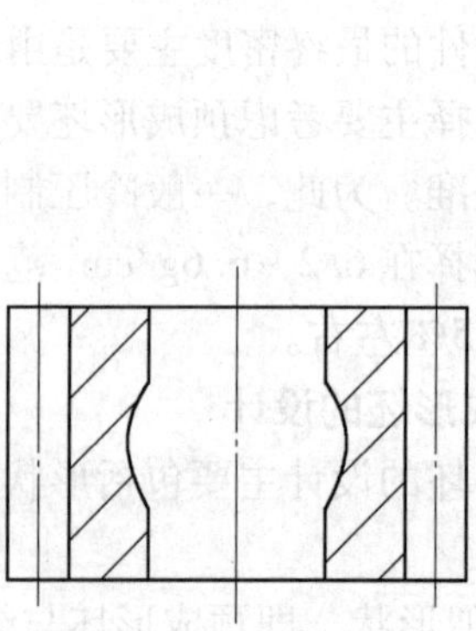

图 2-8 预制坯内孔间隙大时锻件内凹

当 $H/d<0.4\sim0.5$，$d_1/d\leqslant0.5$ 时，可采取径向压入成形方式设计预制坯。

对模数较小的齿轮，预制坯可做成圆柱形或筒形，外径为产品齿根圆直径。对中等模数以上的齿轮（如 $m>3$），齿高较大，变形不均匀，若齿形全部靠压入成形，所需变形功很大，而且金属的剧烈流动对模具的磨损比较严重，产品还易产生裂纹。压入成形时，当压入深度超过一定值时，致密效果与压入深度无关，但决定于变形程度。因此最好采用半齿压入，即预制坯做出半个齿形，外径等于产品的分度圆直径，齿侧、齿根仅给出放入间隙，如图 2-9 所示。此种预制坯成形时齿厚剧减，预制坯处于强大的三向压应力状态，致密效果好，不易开裂。同样，对于其余部位不宜给出变形间隙，以免不均匀变形造成开裂。

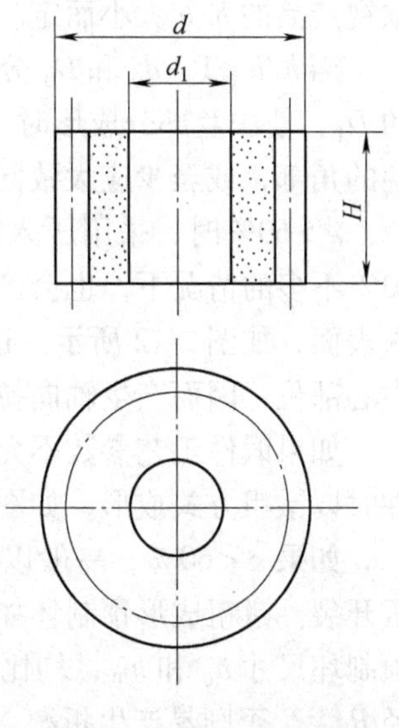

图 2-9 半齿压入预制坯形状

（2）锥齿轮 锥齿轮主要的成形方向在轴向，适合于压入成形，所以一般设计为简单形状预制坯。按锻件的几何形状，设计为带锥圆柱体，锻造时靠压入成形齿形。为了入模后定位可靠，锥角 α 一般与产品的齿根角相等。底部直径 d_{01} 可等于产品的 d_0，也可将 d_{01} 稍大于 d_1（3~5mm），这样可减少底部的冷却。d_{02} 约等于最大齿根圆的直径，如图 2-10 所示。这种预制坯可称为全锥形预制坯。

（3）法兰件 这类零件的结构尺寸如图 2-11 所示，其工艺参数如下：

沿高度方向的等截面变化率（设 $\alpha=0$）：$\varepsilon=\dfrac{A_0-A}{A_0}\times100\%=\dfrac{D_1^2-D^2}{D_1^2-d^2}\times100\%$

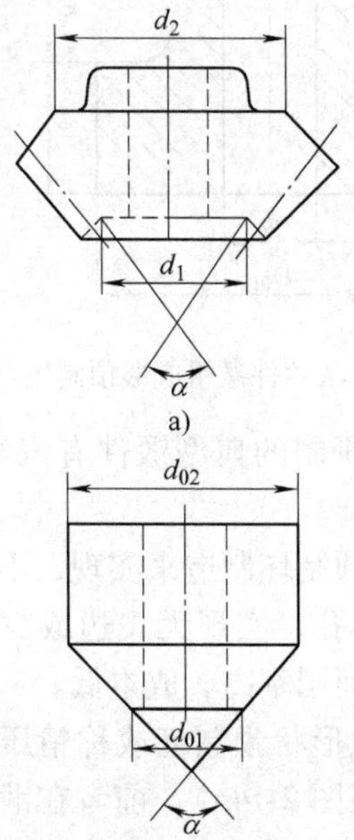

图 2-10 锥齿轮全锥形预制坯设计
a）锻件 b）预制坯

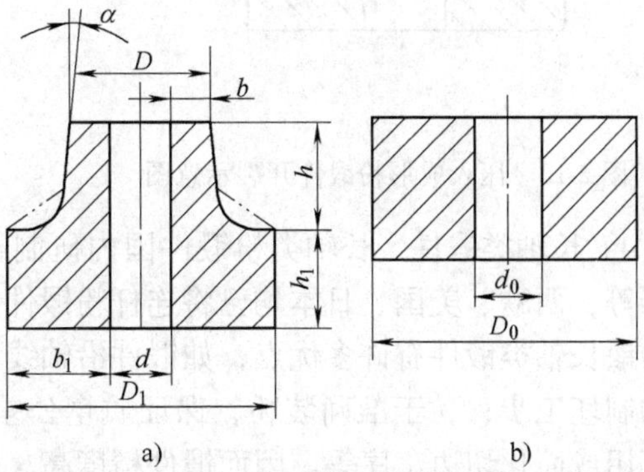

图 2-11 法兰粉锻件及预制坯设计
a）锻件 b）预制坯

凸台高度比：h/b

法兰高度比：h_1/b_1

如 $\varepsilon>60\%$，可采取压入成形，预制坯为一圆环，如图 2-11b 所示，尺寸 d_0 和 D_0 的选取视产品的 h/b 大小而定。

当 $h/b<1$，d_0 和 D_0 分别接近 d 和 D_1 时，不给变形间隙；当 $h/b>1$ 时，D_0 应小于产品的 D_1，使法兰部分成形时，有一个镦粗变形量，保证预制坯在锻造时先充满孔腔后充满法兰的角部，或至少应大致同时充满，以防因形成死区造成剪切裂纹。

$\varepsilon>60\%$ 时，采用压入成形一般不产生挤压裂纹。但对塑性较低的烧结体，在 ε 超过 60% 不多的情况下，也会产生裂纹，特别是对大型件。裂纹可能产生于外表面，也可产生在内表面，如图 2-12 所示。这些裂纹是因压入成形时内外表面因摩擦的影响，流动速度低于中心部位，因而产生轴向拉应力。此时可通过调节锻件的斜度或圆角来控制裂纹的产生。

如果锻件工艺参数不允许改变而又易于产生裂纹，则有必要设计成相似形状预制坯，锻件时以镦粗方式成形，如图 2-13 所示。

如果 $\varepsilon<60\%$，一般以镦粗成形为好。否则靠压入成形致密效果差，而且又易于产生挤压开裂。镦粗成形预制坯如图 2-13 所示，结构尺寸的计算按对应锻件部分质量相等来考虑。预制坯尺寸 h_0 和 h_{01}，均比锻件尺寸 h 和 h_1 大，而转角处的圆角半径 R_0 应比锻件的圆角半径 R 大，否则易产生折叠。预制坯由内孔定位，变形间隙由外径给出，间隙大小视相应的 h_0/b_0 与 h_{01}/b_{01} 的大小给出。

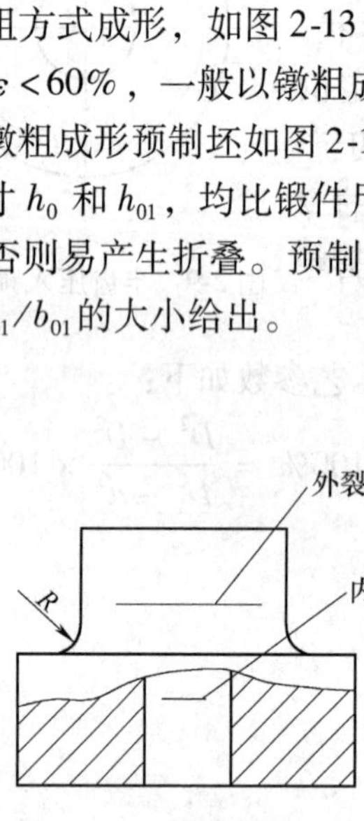

图 2-12　压入成形粉锻件开裂示意图

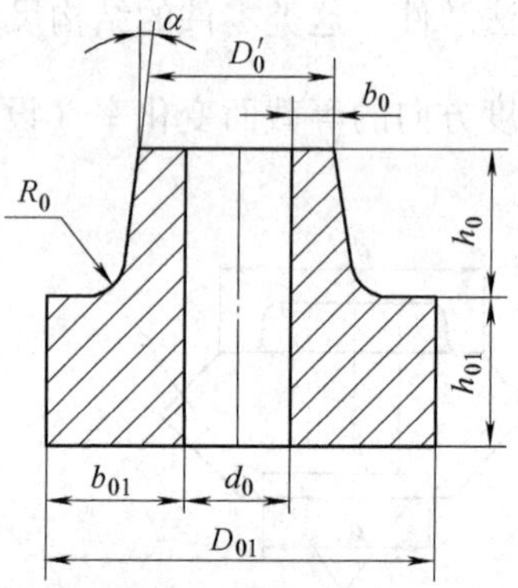

图 2-13　法兰件镦粗成形预制坯

（4）长轴类锻件　长轴类粉锻件国内研制得较少，国外研制的典型锻件有汽车连杆、加速器等，西欧、美国、日本均已将连杆粉锻件应用于实际生产。

粉锻长轴类锻件有许多优点，如锻件沿轴线的体积分配由预制坯制造来实现，不必采用较多的制坯工步；易于准确装粉，保证质量公差；可以做出内孔，实现无飞边或少飞边模锻，不用或简化切边工序等。因而锻件精度高、质量好、材料利用率高、成本低。

图 2-14 为粉锻件连杆预制坯设计的两种方案：一种为相似形状预制坯或称精压式预制坯（图 2-14b）；另一种为简单形状预制坯或称锻造式预制坯（图 2-14a）。前者在锻造时材料仅发生少量的侧向流动即接触模壁，即镦粗加复压方式成形并致密化；而后者在锻造时有镦粗成形和压入成形两种方式，最终复压致密。两种预制坯的密度均为理论密度的 83%。

连杆粉锻时若采用简单形状预制坯，由于变形流动大，模具的磨损比较明显，但预制坯

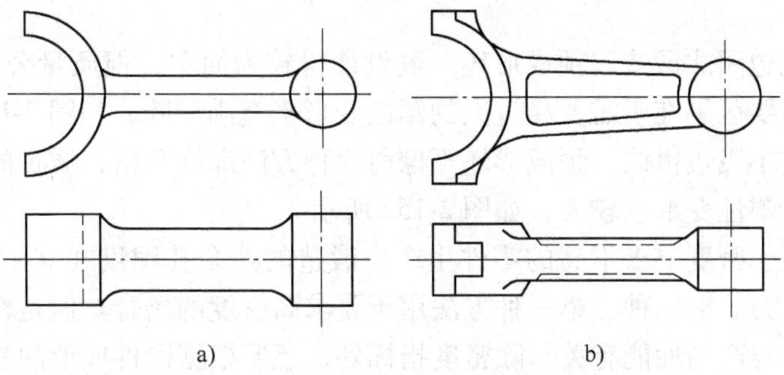

图 2-14 连杆预制坯的两种设计方案

a）锻造式（简单形状） b）精压式（相似形状）

制作简单。相似形状预制坯的镦粗成形时金属流动小，对模具的磨损小，模具寿命可达25000 次，较常规钢模提高 3 ~4 倍，但预制坯制作比较困难。

2.5 粉末预成形坯的锻造方法

如前所述，粉末冶金锻造有三种工艺方法：粉末锻造，即直接将粉末预成形坯加热后锻造；烧结锻造，即将预成形坯烧结后进行加热锻造；锻造烧结，即将预成形坯加热锻造后再烧结。第一种方法简单，第三种方法的锻件性能较好，但因锻前未烧结，易于锻裂，所以一般采用烧结锻造。

2.5.1 预成形坯锻造成形方法

粉末锻造按其成形方式有三种。

第一种为热复压法。它类似于粉末体的压制成形。预成形坯具有精确的外形尺寸和质量，其形状与终锻件非常接近，仅考虑加入模具型腔的间隙所引起的高度增加的压缩变形量，故又称小变形量锻造。显然这种方法在成形过程中没有宏观的金属流动，如图 2-15a 所

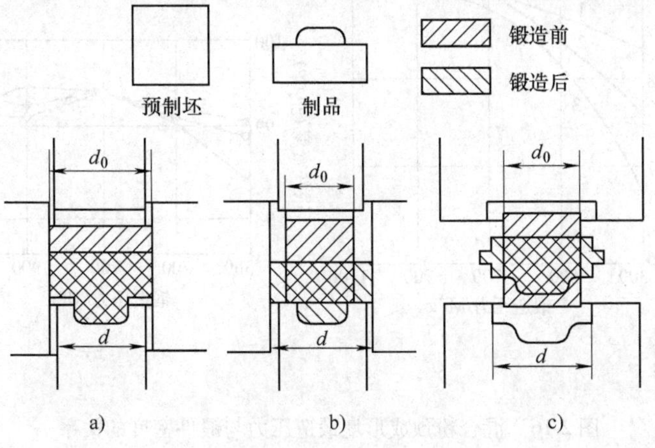

图 2-15 粉末锻造成形方案

a）热复压法（$d/d_0=1$） b）无飞边闭式锻造（$d/d_0>1$） c）开式小飞边锻造（$d/d_0>1$）

示。

第二种为无飞边闭式锻造。预成形坯一般设计得较为简单，但质量公差同样要求严格。它与前一方法的主要区别在于需要经过大的塑性变形来充满型腔，如图 2-15b 所示。

第三种为开式小飞边模锻。预成形坯不像前两种方法那样严格，质量的波动可通过飞边调节，锻造成形时塑性变形量较大，如图 2-15c 所示。

第一种方法用于密度要求不高的零件生产，锻造的残余孔隙度在 0 ~ 2%。要使密度提高，需要很大的压力。第二种、第三种方法用于要求高密度的场合。但是粉末锻件并不总是要求高密度，而是与产品性能有关。除密度指标外，还要根据锻件成形的复杂程度、锻造设备和工艺条件等合理选择成形方法。

2.5.2 预成形坯锻造工艺参数的选择

要获得致密、高性能的粉锻件必须正确选择锻造温度、速度、变形力等参数。粉末锻造变形初期，由于多孔的预成形坯易变形，变形力较小，密度增加较快。锻造成形后期，由于大部分孔隙闭合，变形抗力增大，要消除残留孔隙所需变形力迅速增高。变形抗力还与变形温度密切相关，较高的变形温度有利于致密，并降低变形抗力。较高的变形速度同样也有利于致密。为此，必须综合考虑各种因素对锻件质量的影响，合理选择工艺参数。

对于低合金钢，一般在 1125℃下锻造。但是在 850 ~ 900℃区间也有一个低的流动应力。低温锻造可以避免高温锻造时的晶粒粗化，省去锻后正火处理，有利于节约能源、提高模具寿命，同时也可改善锻件性能。

图 2-16 给出了 800℃和 1100℃锻造还原铁粉和低中碳钢时锻造压力与锻件密度的关系。图 2-17 与图 2-18 给出了几种低合金化雾化钢粉末锻造时的锻造压力、锻造温度与锻件密度的关系。变形力、变形温度与锻件密度的关系曲线是确定锻造压力和锻造温度的依据。

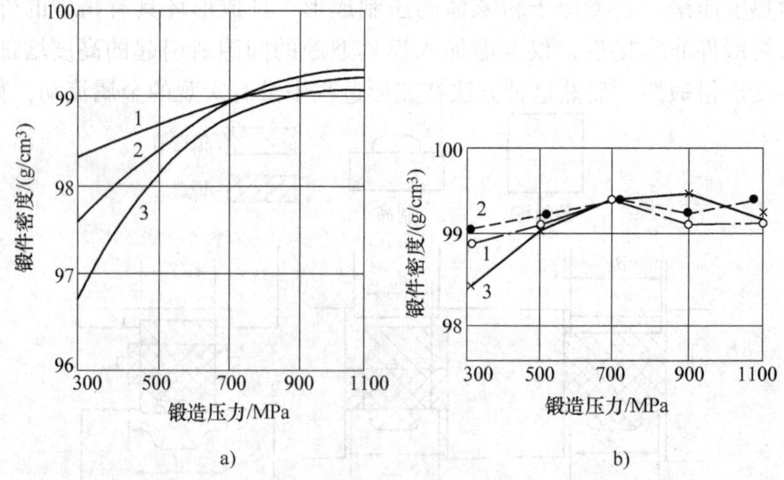

图 2-16 混合粉预成形坯锻造压力与锻件密度的关系

a）800℃锻造 b）1100℃锻造

1—还原铁粉 2—还原铁粉 +0.3% C 3—还原铁粉 +0.6% C

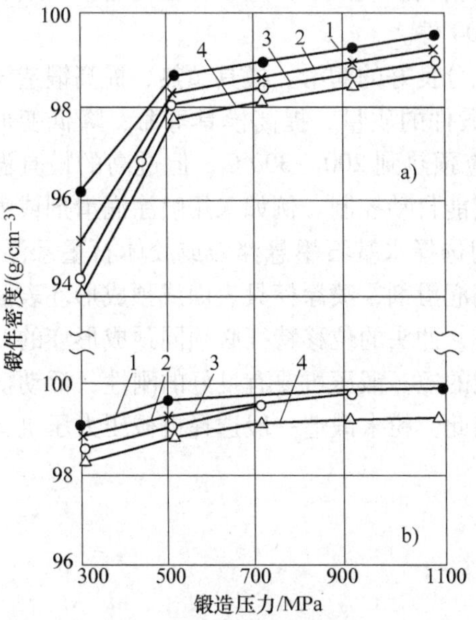

图2-17　雾化锻造压力与锻件密度的关系

（预成形坯密度6.5g/cm³）

a）800℃锻造　b）1100℃锻造

1—0.4%C+雾化粉（0.005%C，0.0025%Si，0.28%Mn）　2—0.4%C+4600系　3—0.4%C+雾化粉（0.19%C，0.029%Si，1.48%Mn，0.51%Ni，0.54Cr，0.49%Mo，0.09%O）　4—0.4%C+雾化粉（0.096%C，0.036%Si，1.33%Mn，0.56%Cr，0.43%Mo，0.24%O）

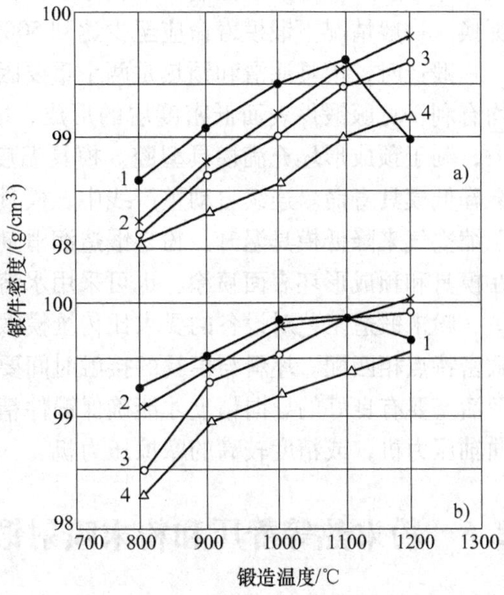

图2-18　雾化粉锻造温度与锻件密度的关系

a）锻造压力500MPa　b）锻造压力900MPa

1—0.4%C+雾化粉（0.005%C，0.025%Si，0.28%Mn）　2—0.4%C+4600系　3—0.4%C+雾化粉（0.19%C，0.029%Si，1.48%Mn，0.51%Ni，0.54Cr，0.49%Mo，0.09%O）　4—0.4%C+雾化粉（0.096%C，0.036%Si，1.33%Mn，0.56%Cr，0.43%Mo，0.24%O）

2.5.3　预成形坯锻前加热

预成形坯锻前加热，需要在保护气氛中进行。为了防止氧化和脱碳，一般在惰性气体或氢气保护中的电炉内进行。在粉锻自动生产线上一般采用保护气氛下的高频感应加热。加热时间可根据材料合金化程度、氧含量及预成形坯的尺寸大小确定。加热应该使坯料内外温度均匀，当达到锻造温度和加热时间后，应立即进行锻造。

合适的锻前加热温度可保证粉末锻件有低的流动应力、足够的塑性，还可保证精度、降低粗糙度值。铁基粉末锻件的锻造加热温度为800~980℃，此时变形抗力低，锻件质量好。

为适用生产的需要，粉末烧结锻造可以考虑三种加热方案：

1）粉末烧结炉内烧结，冷至室温，在中频感应加热炉内加热烧结体，最后锻造。

2）粉末烧结炉内烧结，降温至800~900℃，从炉内取出直接锻造。

3）在低温炉内脱去润滑剂，感应烧结，降低到某一固定温度范围内，然后锻造。

2.5.4　粉末锻造对模具和设备的要求

粉末锻造一般都是闭式模锻，有时也有小飞边模锻，因此对模具精度要求高。预成形坯的尺寸精度和质量必须控制严格，才能保证锻件的精度。模具设计应该保证受磨损的模块易更换。一般情况下锻模寿命应至少达到5000～10000件。

锻造时，模具润滑和预热是两个重要因素，充分良好的润滑、模具预热、提高锻造温度均有利于克服锻件表面低密度层的形成，能保证锻件的质量、提高模具寿命、降低变形阻力，利于预成形坯充满模具型腔。模具温度开始应预热到200～300℃，但过高的模具温度会降低模具寿命。连续自动生产线中，模具温度应能自动控制。例如采用喷涂润滑剂或喷冷压缩空气来降低模具温升。粉末锻造润滑剂一般均选择水基石墨悬浮液或胶体石墨悬浮液，在模具和预成形坯表面喷涂。也可采用水溶性玻璃润滑剂，喷涂模具表面或预成形坯表面。

粉末锻造工艺对设备的要求比传统模锻要严格，冲头的位移特征必须同预成形坯的变形致密特点相匹配。坯料与模具的接触时间要尽可能的短。锻压机要有良好的刚性，活动横梁及活塞要有良好的导向精度才能确保锻件精度。因此，粉末锻造一般选择机械压力压机，如曲轴压力机，或精度较高的摩擦压力机。

2.6 粉末热等静压和粉末喷射锻造

2.6.1 粉末热等静压

热等静压（HIP）是将粉末体在高温高压下致密成形的技术，高温下传力介质一般为惰性气体。HIP是粉末在静水压力、高温高压条件下的固结过程，没有宏观塑性流动（只有微观粉末颗粒的塑性变形充填空隙），仅有体积变化，与一般粉末锻相比纯属压实致密。

热等静压（HIP）分两种。一种是有包套的热等静压，主要用于生产高性能材料，不需要活化烧结的添加剂，几乎达到完全致密。HIP一般采用雾化的预合金粉末，直接装入包套内，抽真空并封焊，先冷等静压，然后热等静压，包套材料一般选择金属、玻璃和陶瓷。

另一种是无包套的热等静压，主要用于成形复杂形状高性能金属零件和结构陶瓷制品。该方法是将烧结至一定密度的预成形坯，经热等静压成形，这样消除了包套材料选择和加工的困难，降低了成本，提高了生产效率。

2.6.2 粉末准等静压法

1. STAMP法

该方法主要特点是将真空或大气中熔融金属或合金用氦气朝水平方向喷雾，获得球状雾化粉末，粉末含氧量在0.01%以下。将粉末装入容器内脱气，封焊等工序与HIP方法相同。连同容器加热至成形温度后，装入封闭模，用液压机压制5min使之致密化。与HIP方法相比，成形条件为低温高压，然后再进行锻造成形。其制品组织和性能与HIP法无区别。

2. CERACON法

HIP方法用氦气作压力介质，CERACON（Ceramic Granular Consolidation）法采用固体陶瓷粒作为压力传递介质。这种方法的预成形坯与烧结锻造相同，采用传统的粉末冶金方法。将预成形坯放入保护气氛中加热到成形温度，将压力介质陶瓷粒加热至同样温度填充到压力容器内，然后用机械手把加热好的预成形坯放入压力容器里，施以单向压力使之致密化。加压时间与粉末锻造相同，仅用几秒钟即可完成致密化过程。

2.6.3 粉末喷射锻造法

粉末喷射（喷雾）锻造方法是采用高速氮气喷射金属液流，雾化的粉末落下，沉积到预成形的模具中。沉积的预成形坯的密度很高，相对密度可达99%。将预成形坯从雾化室中取出，放在保温加热炉内，当预成形坯加热到锻造温度后，立即进行锻造，得到近似完全致密的锻件，切边后获得成品锻件。该方法比较适合大型锻件的成形。与传统铸锻和粉末锻造工艺相比，大大节约能源。采用喷射锻造制件的性能优于普通铸锻件的性能，并且不存在各向异性现象。因此是一项很有应用前景的工艺方法。

第 3 章 液态模锻

3.1 液态模锻概述

液态模锻是将一定量熔融金属液直接注入敞口的金属模膛，随后合模，实现金属液充填流动，并在机械静压力作用下，发生高压凝固和少量塑性变形，从而获得毛坯或零件的一种金属加工方法。液态模锻工艺流程如图 3-1 所示，可分为金属熔化和模具准备、浇注、合模和施压、卸模和顶出制件。

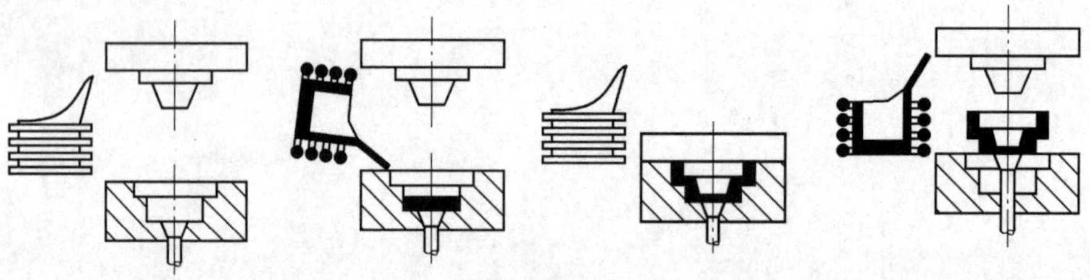

图 3-1 液态模锻工艺流程

a）熔化 b）浇注 c）加压 d）顶出

3.1.1 液态模锻兴起是铸锻工艺结合的产物

液态模锻是在压力铸造基础上演变的产物。通过实践人们逐渐认识到，压力铸造虽然取代了金属型铸造的重力浇注方式，改为在高压高速下的充填方式，但金属型铸造利用重力

（冒口）的补缩作用，在压力铸造中很难实现，即压力下不可能通过浇道（因浇道比制件凝固早）对熔体持续补缩，直至凝固结束。显然，对于壁厚大于6mm或壁厚相差悬殊的制件，很难获得合格的产品。另外，压铸件不能进行热处理，使它的应用范围受到很大的限制。科学工作者吸取了锻造工艺力学成形的观点，对本来仅是一个物理化学的铸造过程，变成一个物理化学-力学的液态模锻过程，摒弃了压力铸造的浇口和浇道，采用敞口模具，直接上注。然后，和闭式模锻一样，封闭模膛，液态金属在上模块和横梁自重的作用下，充满模膛。接着施以压力并在压力持续作用下，使液态金属发生结晶凝固，流动成形，直至过程结束，如图3-1所示。从表面看，这一过程和模锻成形很相似，即压力作用于制件整个外表面上。所不同的是，前者是把液态金属作为加工对象，而后者是把已加热的固态金属作为加工对象，所以人们把它冠以“液态模锻”的学术名称，就是从这一观点出发的。

3.1.2 液态模锻发展回顾

液态模锻于1937年在前苏联问世。初期进展主要集中在对铜合金液态模锻工艺实践研究上。第二次世界大战期间，采用该工艺成功进行了铜合金轴承衬套的大量生产。到1964年，前苏联采用该工艺生产的工厂已有150家，约有200多种产品，并以B. M. 普俩茨基发表的专著《液态金属模锻》为标志，使这项工艺在生产中完全确立。此书次年以“Extrusion casting”为书名译成英文出版，开始在世界范围内传播。液态模锻主要有如下成就：

（1）建立了一个物理化学与力学成形相融合的理论体系　该理论体系研究了液态模锻下的物理化学过程、凝固过程和力学过程，以揭示压力对合金热物理参数、相图、凝固的热力学和动力学条件的影响规律，制件凝固的热传导和凝固方式、凝固组织特征及力学性能等变化，力学模型及力的传递、压力损失、塑性变形机制、凝固与塑性变形相互交融规律等，为液态模锻过程稳定建立、工艺参数选定和优化、设备的选定和改造等提供了坚实可靠的平台。

（2）开展液态模锻材料使用性研究　什么材料能用于液态模锻成形？从理论上讲，几乎所有合金，包括铸造、锻造合金，甚至难熔合金，均能进行液态模锻。但目前应用最广泛的、研究最多的有铝镁合金及复合材料、锌基合金、铜合金和铁合金，其中占主导地位的是铝镁合金及复合材料。这是由于汽车、摩托车、机电和仪表在零部件制造中，正向着高质量、高可靠性、轻量化和低成本的方向发展，铝镁合金及其复合材料便成为首选的零部件材料，而采用液态模锻成形各种零件优势也就凸显出来。

（3）工艺方法的比较研究　液态模锻工艺依据制件的材质、形状及尺寸，存在多种成形方案。方案选定后，又存在工艺参数（比压、保压时间、浇注温度、模具温度、加压开始时间、加压速度）多种匹配方案，以确定制件尺寸精度和使用性能。在理论研究中所获得的数据积累，可以对一些典型制件成形有极强的指导作用。实际上，制件形状是多样的，成形时的热传导、力的传递千差万别。因此，对某些特殊的制件，应开展其试验研究，寻找其中最佳成形方案和优化工艺参数，并和铸造方法、锻造方法进行比较，以获得满意的认知。由此基础研究和比较研究相结合，乃是推进液态模锻应用进展的最佳选择。

（4）液态模锻设备的现状和发展　液态模锻设备研究远远不如压铸机。早期多采用通用液压机，后发展带辅助活动横梁、顶出器液缸或侧向液缸的普通型液态模锻机，近10年又发展了从模具清理、喷涂、浇注、施压到取件全自动化，加压速度可分级调节，工艺参数可全过程计算机控制并显示的先进的液态模锻机，其中以日本宇部公司卧式HVSC和全立式

VSC 液态模锻机系列最为成功。

（5）生产规模有较大发展　产品涉及铝、镁、锌、铜、高温合金及复合材料，产品遍及机械、交通、家电等。

我国从 1958 年开始研究液态模锻工艺，进入 20 世纪 70 年代后，有一个快速的发展。在我国大批量生产的品种主要是摩托车铝轮毂，各种汽车铝活塞，摩托车前叉及制动系统零件，液压机气压系统泵体、阀体及其他耐磨件，压力锅及炊具，压缩机件，自行车件，光学镜件以及铜轴套等。但我国由于受到液态模锻设备吨位及设备功能的限制，使大型制件和某些形状复杂的铸件如 35.56cm 以上汽车铝轮、汽车十字梁等的开发受到了制约，与国外有一定的差距。目前，我国正开发的产品主要有汽车转向节、空调压缩机涡旋盘以及小型发动机零件等。

3.1.3　液态模锻发展趋势

液态模锻的发展趋势为：理论在不断创新中，完善其理论体系；应用研究集中在铝镁合金及复合材料成形，从航天、航空及兵器扩展到民用等领域，实现零件制造轻量化、精密化；高温合金应用研究虽然滞后，但对于某些特殊尺寸和形状及其高性能要求的制件，仍存在着应用空间。

（1）液态模锻集中了铸、锻成形的优势，是实现能源节约的最好途径　液态模锻与铸造相比，不用设置浇冒口或余块，金属液利用率高达 95% ~ 98%，制件性能大幅度提高；与锻造工艺比，可以制造形状复杂的制件，并实现毛坯精化，使后续机械加工量小，节省了金属材料，特别是有色合金材料，可节省 50% ~ 70%。由于是液态金属充填，其变形力低，可以小设备实现大制件，降低了成形能。

（2）机械制造业要做大做强，采用先进制造技术是一大前提　零件成形技术，虽是多种多样，但铸、锻技术是最基本的，推进液态模锻技术在成形中的应用，补充铸、锻成形不足，使零件制造技术更趋精密高效和低成本，以增强市场的竞争力。

3.1.4　液态模锻工艺方法分类

液态模锻工艺方法按加工方式可分为凸模加压凝固法、直接液态模锻法和间接液态模锻法三种。按施压冲头（上模）端面形状可分为平冲头加压法和异形冲头加压法两种，如图 3-2 ~ 图 3-6 所示。后一种分类方法抓住了加压方式取决于施压冲头的端面几何形状，而端面的几何形状又和制件的外形、金属液的流动特征相关这一关键，因此这种分类方法更能反映该工艺的实质，更易于理解。

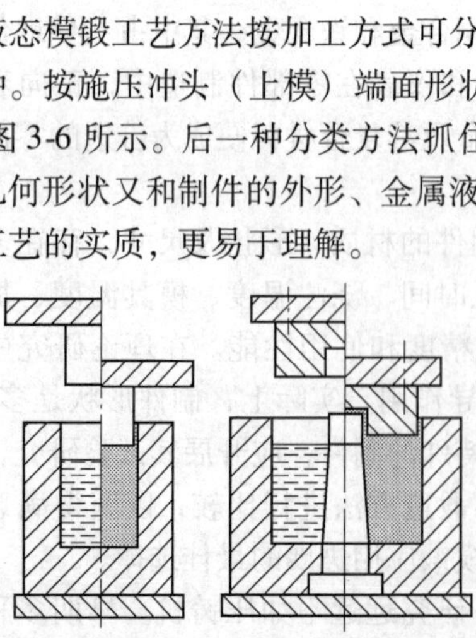

a)　b)

图 3-2　平冲头直接加压

a）实心制件　b）通孔制件

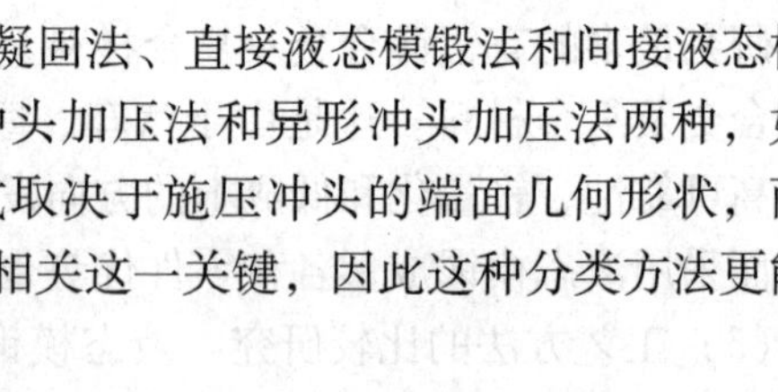

a)　b)

图 3-3　平冲头间接加压

a）加压前　b）加压时

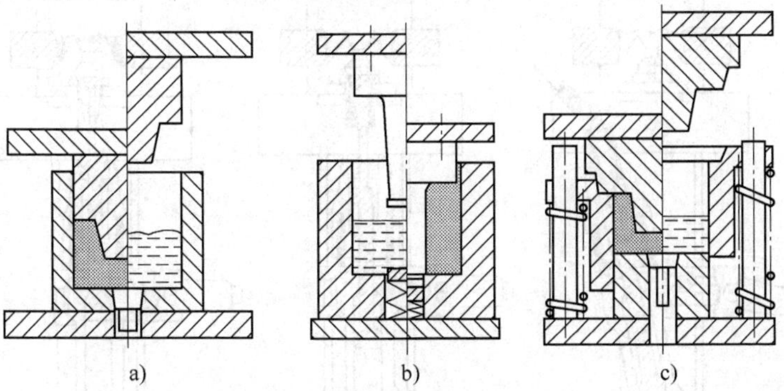

图3-4 凸冲头加压法

a）杯形件（固定下模） b）桶形件（可动底板） c）杯形件（动下模）

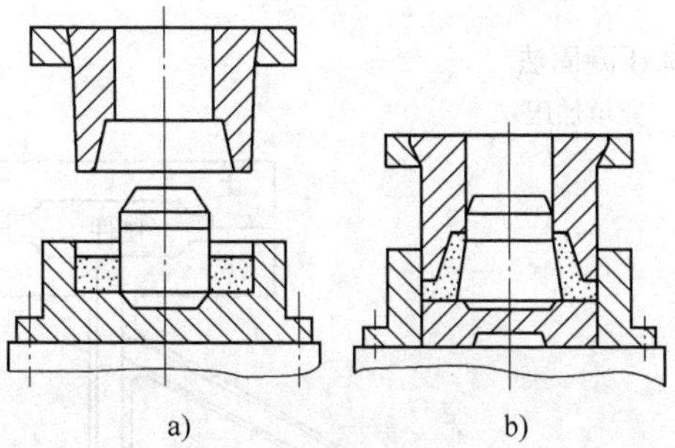

图3-5 凹冲头加压

a）加压前 b）加压时

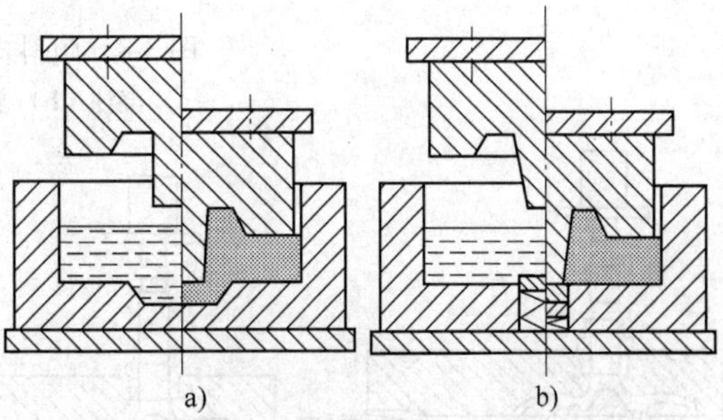

图3-6 复合式冲头加压

a）法兰盘类件 b）通孔法兰盘类件

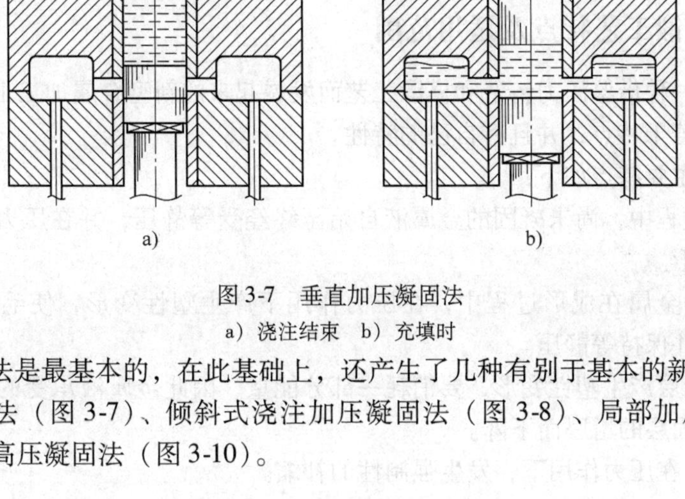

图3-7 垂直加压凝固法

a）浇注结束 b）充填时

上述工艺方法是最基本的，在此基础上，还产生了几种有别于基本的新的加压方式，包括垂直加压凝固法（图3-7）、倾斜式浇注加压凝固法（图3-8）、局部加压凝固法（图3-9）、低压充填—高压凝固法（图3-10）。

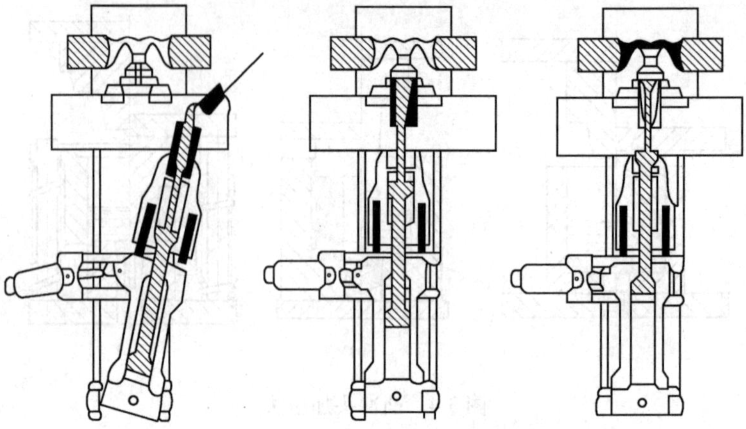

a)　　b)　　c)

图 3-8　倾斜式浇注加压凝固法

a）浇注　b）复位　c）充填加压

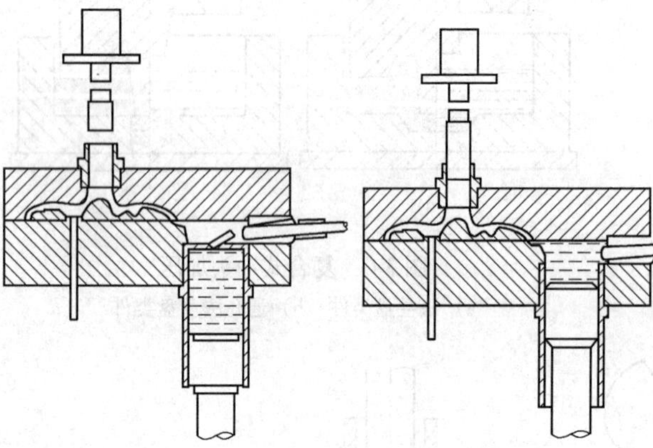

a)　　b)

图 3-9　局部加压凝固法

a）浇注　b）充填加压

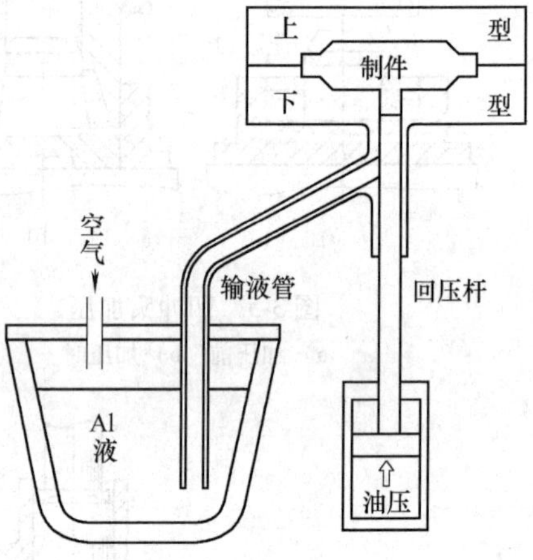

图 3-10　低压充填—高压凝固法

3.1.5　液态模锻工艺特点及适用范围

液态模锻是一种借鉴压力铸造和模锻工艺而发展起来的新型金属加工工艺，它包括了压力铸造和模锻的若干特点，并且有自己的特性。

液态模锻的主要特点如下：

1）在成形过程中，尚未凝固的金属液自始至终经受等静压，并在压力作用下，发生结晶凝固，流动成形。

2）已凝固的金属在成形过程中，在压力作用下产生塑性变形，使毛坯外侧紧贴模膛壁，金属液获得并保持等静压。

3）由于凝固层产生塑性变形，要消耗一部分能量，因此金属液承受的等静压值不是定值，而是随着凝固层的增厚而下降。

4）固—液区在压力作用下，发生强制性的补缩。

与压力铸造比较，除了以液态金属作为原料这点相同外，还有许多不同之处：

1）液态金属注入模膛的方式不同。压力铸造是借助压力，沿着浇注系统，在极短的时间内，将熔融金属以高速（15～70m/s）充满闭合的模膛。而液态模锻时，金属液是通过浇包直接注入模膛内，其浇注速度不高。前者由于在高速下模膛内的空气来不及排出，而被卷入金属液内，形成皮下气泡。后者则是在冲头施压（闭合模膛）时缓慢稳定，气体大部分可以从凸凹模间隙中排出，而溶解在金属液内的少量气体在压力下也可以逐渐逸出，在毛坯中不易形成气孔。因此，压力铸造必须考虑排气条件，而液态模锻可不必过多考虑。

2）压力的传递方式不同。压力铸造靠浇注系统传递压力。由于浇道很长，金属液经过浇道压入模膛后迅速凝固。当填充结束时，尚未凝固的金属液可能在压力持续作用下凝固，但这一压力是有限的，更何况在浇道一旦堵塞的情况下，金属液便发生自由结晶。液态模锻则不然，压力传递时通过施压冲头端面直接施加（或通过已凝固壳）在金属液面上，除了在成形过程中已凝固层塑性变形要消耗一部分能量外，机器全部能量都用在使金属液获得等静压，并在整个模锻过程中保持它。因此，两者的根本区别在于后者是在压力作用下发生结晶凝固，流动成形，而前者则不完全属于压力结晶凝固，更不属于压力下液态金属凝固流动成形直至获得制品的范畴。前者组织粗化，缺陷多，后者组织致密，晶粒细化。

与模锻相比，除了在压力作用下，在闭合金属模膛内成形这点相同外，也有下面不同点：

1）模锻时，原始毛坯与模膛形状不一致。为了获得与模膛轮廓形状一致的毛坯，必须在压力下使金属发生镦粗、挤压等强烈的塑性流动，以充填模膛获得具有一定外形和一定流线组织的毛坯。液态模锻则不具有上述的特征。因为合模时，金属液在上模块和横梁的自重作用下，便可发生流动以填充模膛。在成形过程中，也有塑性流动，但这种塑性流动是有限的。因此液态模锻的组织不可能具有明显的塑性变形组织。

2）对于形状复杂的模锻件，均要采用多模膛模锻才能成形，而对于液态模锻一次便可成形，并且前者成形时所需要的设备吨位比后者大很多。

液态模锻工艺的适用范围，从国内外实际应用情况来看，主要是以下几方面：

1）在材料种类方面适用性较广，可用于生产各种类型的合金，如铝合金、锌合金、铜合金、灰铸铁、球墨铸铁、碳钢、不锈钢等。

2）对于一些形状复杂且性能上又有一定要求的产品，采用液态模锻较为合适。因为形状复杂，采用一般模锻方法成形是困难的，即使能够成形，但成本太高（或废品率高），在经济上不合算。如果采用铸造的方法，则在产品性能上又难以达到要求。而液态模锻的生命力在于补充铸造和模锻两种工艺的不足，针对某些特殊产品，既可以顺利成形，又能保证产品性能的要求。

3）在工件壁厚方面，一般来讲不能太薄，否则将给成形带来困难，甚至产生废品。如某些有色金属的电器工件，当壁厚在5mm以下时，采用液态模锻则组织不均。当然，也不宜太厚，尤其对于黑色金属，在目前生产条件下，只有壁厚在50mm以下，才能顺利成形。

3.2　液态模锻下的力学过程

液态模锻下的力学过程是指压力如何传递到待凝固的液态金属上，并由此产生的力学特征，以及获得合格制件的力学性能参数等。

3.2.1 塑性变形在液态模锻中的地位

液态模锻和通常的铸造一样，其液态金属在结晶凝固时，发生液态收缩、凝固收缩和固态收缩。由于金属的液态收缩和凝固收缩大于固态收缩值，对于逐层凝固的低碳钢，在最后凝固的部位，必然产生缩孔。另外，固态收缩的结果，必然使成形件外壳侧壁离开模膛侧壁，因而形成空隙。

液态金属模锻的基本过程，是使液态金属在等静压的作用下及时地补缩，为达到此目的，关键在于如何使液态金属获得等静压并在静压成形过程中保持它。下边来研究这一过程，如图 3-11 所示。

当过热的金属液注入下模后，在下模模壁四周和模底形成一个敞口的激冷等轴晶层，如图 3-11a 所示。这时发生的液态收缩、凝固收缩所造成的体积收缩，完全可以在液态金属的自重作用下，利用其较好的流动性，以减缩液面高度来实现。而四周外壳侧壁的固态收缩，使模膛侧壁与外壳侧壁之间形成了空隙，其距离为 δ。随后合模时，冲头端面与金属液接触处，迅速形成一层硬薄层，新老硬层组成一个封闭腔，将待凝固的过热金属液包围在腔内，如图 3-11b 所示。如果不施压而上模块的自重又不足以使外壳产生塑性变形，或者即使施压，也不足以使外壳产生塑性变形的话，那么外壳在随后的冷却所造成的固态收缩，是无法补偿包围在腔内的过热金属随后冷却所发生的液态收缩、凝固收缩造成的体积收缩的。其结果和前述情况一样，以减缩液面高度来补偿其体积收缩，即由 h_2 减缩至 h_3，如图 3-11c 所示。液面脱离硬壳层的顶面，产生缩孔，这时，如果金属液在合模时由于上模块自重使液态金属还承受等静压 p_1 的话，那么此时液态金属所承受的等静压将为零，即上模块和横梁自重由外硬壳支撑，停止下行，$p_2=0$，至此液态金属发生自由结晶，液态金属模锻的基本过程无法继续进行。为了继续这一过程，唯一的途径只能在施压的情况下，使外壳获得较大的塑性变形。因此，施力开始后完全可以使顶部的硬薄层作较大的向下位移，以清除硬壳内的过热金属液在随后的冷却中产生体积收缩，使金属液承受等静压。这时凝固体在 p_0 的作用下，继续产生塑性变形，以使硬层侧壁和模膛侧壁之间形成的空隙得到消除。其结果是成形件侧壁紧贴模膛壁，受力状态发生明显的改变，如图 3-11d 所示，这样，外壳内的金属便获得等静压 p_3。过程至此并没有结束，因为外壳内的待凝固的金属液，在随后的冷却过程中，还将继续收缩，固态外壳在随后的冷却中也将收缩，前者收缩造成缩孔，后

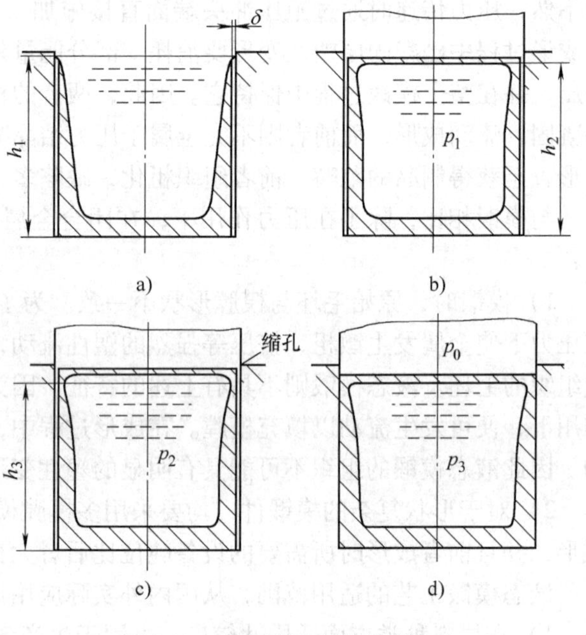

图 3-11 液态模锻力学成形模型

者收缩造成外壳侧壁离开模膛壁。为此，还应继续使外壳发生塑性变形，以减缩外壳的高度，来补偿侧壁处的空隙和内部的缩孔。如此循环，使液态金属成形进行到底。图3-12形象地表示这个过程的因果关系，即塑性变形结果，使金属液获得等静压，而处于等静压下的金属液，才有可能获得在压力下结晶凝固的各种属性，并迅速使凝固前沿的金属液挤入因凝固收缩所造成的间隙中，达到完全补缩的目的。每一循环，使凝固前沿向金属液内推进一层，直至过程的结束。

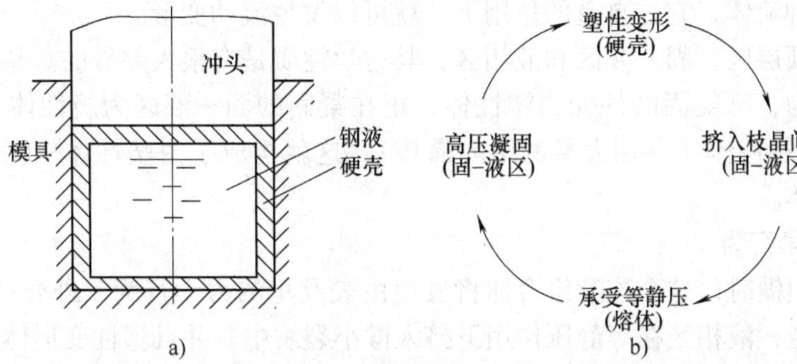

图3-12　液态模锻力学过程循环图

因此，塑性变形在液态金属模锻中占有重要地位，没有它，过程就会半途而废，而使静压成形转换为金属模膛内的自由结晶。塑性变形是一个连续的过程，即它不是某一个时刻才发生，在某一个时刻就结束，而是贯穿于成形过程的始终，即与结晶凝固过程交替进行，构成了液态金属的两个基本过程。

3.2.2　液态模锻组合体的假设

既然塑性变形在液态模锻中占有重要的地位，在某种意义上讲，液态模锻中的塑性变形如同铸造中的冒口，起着凝固成形过程的补缩作用。但塑性成形这一力学过程，又和凝固成形这一物理化学过程交织在一起，研究起来十分复杂，尤其是存在固—液区间的凝固过程。为此，对液态金属模锻下的凝固体作一个近似假设，认为它是一个多变的连续的组合体。即以凝固的封闭外壳层、正在凝固的固—液区和液相区，三位一体，组成一个连续的组合体。

1. 组合体的连续性

实际上，组合体的连续性表现在温度分布的连续性。由于液态金属模锻时，温度梯度较大，在不同的温度区间里，其金属的状态可能表现为液态、固—液态和固态。存在形式的改变，实际是金属的结构发生了变化，而金属结构的变化又是温度变化的结果。即金属由于温度的变化，可能使金属的结构由原子近程有序向原子远程有序过渡或相反。这里没有金属存在形式的突变，而是呈连续的变化。因此，可以认为组合体是一个物质呈连续分布的不均匀的组合体。

2. 组合体三个区的力学性质

已凝固区是一个近乎均匀的连续变形体，在液态金属模锻的过程中，它由小到大，最后完全代替固—液区和液相区，获得致密的无缩孔的组织。

对于固—液区，从液态向固态的转变过程中，当温度高于固相线几摄氏度时，塑性几乎为零，而低于固相线几摄氏度时，塑性达最大值。从高塑性过渡到脆性，并非突然进行，而是存在一个脆性温度区间。其原因是，在固相线上的结晶体骨架已联接成片，把残余液体分割成片状，位于晶界上。这种组织承受塑性变形的能力是很差的，一旦受拉应力作用，沿着受力方向的液层，还可以在高度方向上减小，沿着受力的方向上得到伸长，产生一定的塑性变形；而垂直于受力方向的液层恰相反，在高度方向上无法减小，而在受力方向上又必须伸长，这样势必造成沿晶界拉裂。在固相线以下的结晶体，晶粒间液层已消失，这时塑性达最大值。

液相区是一种流体，它在自重的作用下，就可以发生流动变形。

由上所述，硬层区、固—液区和液相区，其力学性质是有很大差异的。从物质流变观点出发，可近似认为，已凝固的外壳为塑性体，正在凝固的固—液区为脆性体（即脆性温度区间），液相区为粘性体（存在大量的结晶晶核），这就构成了由塑性体—脆性体—粘性体组合的连续组合体。

3. 组合体力学行为

在液态金属模锻时，这个连续组合体将发生由表及里的力学行为，外壳产生塑性变形，固—液区产生热裂，液相区在等静压作用下挤入微小裂纹中。并且塑性变形体本身随着结晶凝固的进行而扩大，固—液区也由于温度梯度逐渐平坦化而扩大，液相区则逐渐缩小，以至某一时刻，液相区完全转变成固—液区，这时组合体就转变为由已凝固区和固—液区组合的塑性体—脆性体的组合体。只要已凝固区塑性变形顺利进行，脆性体在压应力的作用下，就完全可以克服由于体积收缩带来的拉应力，使脆性体破坏的力学条件得到消除。最后转变成单一的塑性体，液态模锻就此结束。

3.2.3 液态锻模过程的力—位移曲线

液态锻模力学过程的外部特征，表现为高向尺寸的减缩，而减缩过程又存在着力的异样变化。

1. 试验装置及过程

试验是在 Y32—300 四柱式万能液压机上进行。试验装置如图 3-13 所示。测力传感器和 Y6D—3A 型电阻应变仪相接。位移采用 LVDT—100 型位移传感器测定。为了把所加的力和位移在同一坐标上记录下来，把位移传感器接到函数记录仪的 X 轴上，把应变仪输出接到 Y 轴上。模具采用异形冲头成形法设计，以获得杯形制作。模具材料为 45 钢，采用油基石墨润滑。模具和测力传感器用石棉垫隔热。

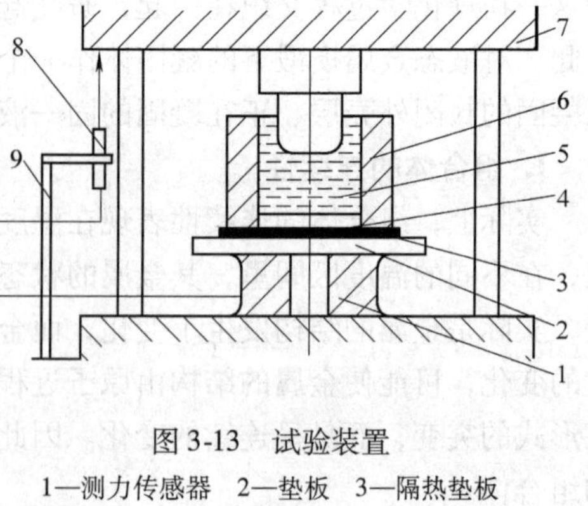

图 3-13 试验装置

1—测力传感器 2—垫板 3—隔热垫板 4—活块 5—钢液 6—凹模 7—冲头 8—位移传感器 9—支架

钢液准备在 GW—0. 15—100/1JJ 中频无芯感应炉中进行，钢液成分质量分数：0. 18% C，0. 275% Si，0. 555% Mn，0. 020% P，0. 026% S。

试验过程：将准备好的金属液注入已预热的模具内，随后按试验参数（比压 40MPa；保压时间 20s）平稳施压，观察压力和位移的变化，直至卸压取出试件。

图3-14为锌基合金液态模锻力—位移试验曲线，分别改换不同材料，变换各个参数（比压或保压时间）所得曲线相似。这说明液态模锻力—位移的关系有大致相同的规律性。

2. 力—位移曲线的试验分析

从试验曲线可以看出，液态模锻施压过程表现为两个阶段，即升压阶段和保压阶段。升压阶段曲线呈上凹式二次曲线形状，压力随位移增加而同步增长，这一过程时间很短（4～6s），然后进入保压阶段。保压阶段力—位移曲线表现在一恒压下波动，其压力增长速率则维持一个低限水平，且外力愈大，增长速度愈高。低限增长速率持续时间也视比压大小而定。比压愈大，持续时间愈短，随即增长速率趋于零。

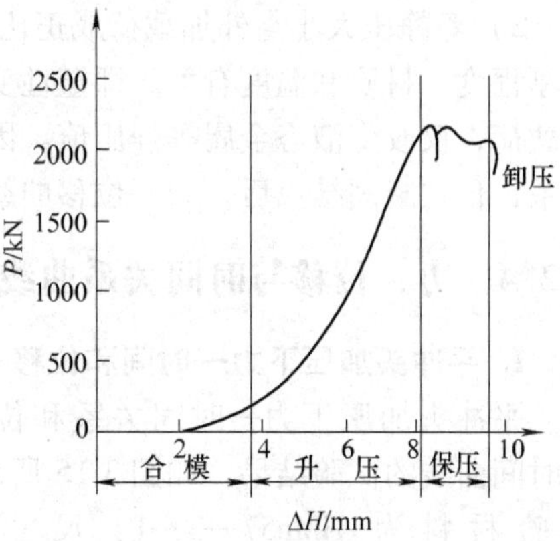

图3-14 锌基合金液态模锻力—位移试验曲线

下面对上述力学现象作一些分析。

当施压冲头穿过凹模中金属液的结膜，进入液态金属时，金属液在活动横梁和上模块自重作用下，发生反向于冲头施压方向的充填模膛运动，这一过程一旦结束，施压过程即立即开始。

施压初期，由于试件侧壁（已凝固的薄硬壳）和模膛侧壁存在一定间隙，由于施压端处结壳较晚，温度较高，因此一旦施压，在低压下也能获得大变形的位移，使压力与位移同步增长，这就是升压阶段所表现的力学现象的原因所在。

当试件侧壁紧贴模膛壁，在试件上、下端面的壳层受到垂直压力，也紧贴施压冲头端面和凹模底面时，升压阶段结束，保压阶段开始。这时，压力的作用，是保证液态模锻过程的力学行为持续进行。位移增值的存在，是缩孔获得补缩的结果。凝固过程的结束标志是补缩的结束，此时，位移增值便趋于零，保压阶段也结束。若继续施压，便发生疏松区密实过程，其位移增值很小。外力压力愈大，其密实过程的位移愈明显。

3. 力—位移曲线的物理意义

液态模锻过程压力消耗主要分两部分：硬壳塑性变形和液态金属的等静压。这两部分之间可以互相变动。例如，施压初期硬壳薄，消耗变形功小，液态金属承受的等静压则大。到施压后期，硬壳厚，消耗变形功就大，而液态金属承受的等静压就小。以上分析很容易得到下面几点认识。

1）等静压在液态模锻过程中是一个变量。根据液态模锻过程外壳增厚的需要，随时可以增加塑性变形能的消耗，而减少等静压的大小，其总压力不变。假如外加压力足够的话，这种变化一直持续到凝固结束。因此，反映在图3-14力—位移曲线上为一恒压曲线，其中虽有波动，但这只与液态模锻过程及凝固产生收缩和塑性变形进行补缩这一过程的相互协调有关。

凝固结束，表现为液态金属不存在，其等静压部分不存在，压力消耗仅仅是塑性体的变形能。在力—位移曲线上产生压力下降，即总压力下降，这时压力不反映外加载荷的大小，而仅反映硬壳变形力的大小。继续保压，发生密实过程，压力又持续上升，直至接近或等于保压阶段的压力水平。

假如外加压力不足的话，过程进行到某一时刻，金属液虽存在，但不承受等静压，全部压力加在塑性体上，转化为塑性体的弹性变形能。这时，便导致金属液的自由凝固，结果产生缩孔或缩松。

2）等静压大小与外加载荷成正比的增加或减小，而外壳塑性变形仅与受力状态、外壳增厚程度、材质和温度有关。即塑性变形功的大小不因外加压力大小而改变，增加或减小外加载荷，仅改变液态金属等静压值。因此，力—位移曲线反映不出塑性变形力和位移的真实关系，仅在凝固结束后，力—位移曲线才能真实反映变形力与位移的关系。

3.2.4 力、位移与时间关系曲线

1. 平冲头加压下力—时间和位移—时间关系曲线

平冲头加压下力—时间关系和位移—时间曲线的试验结果，如图3-15所示。试验材料为HMn57—3—1，尺寸为ϕ50mm×110mm，熔体过热度为80~100℃，模具预热温度90~100℃，施压前熔体在模具内停留时间为2~6s，保压时间25~30s，全损耗系统用油润滑，采用两种比压100MPa和200MPa。在图中看出，在施压后，压力和位移增长速率均很大，这一过程很短（4~6s），然后进入保压阶段。保压阶段，压力增长速率几乎降至零，而行程增长速率则维持一个低限水平。且外加压力愈大，增长速率愈大。低限增长速率持续时间也视比压力大小而定，比压愈大，持续时间愈短，随即增长速率趋于零。

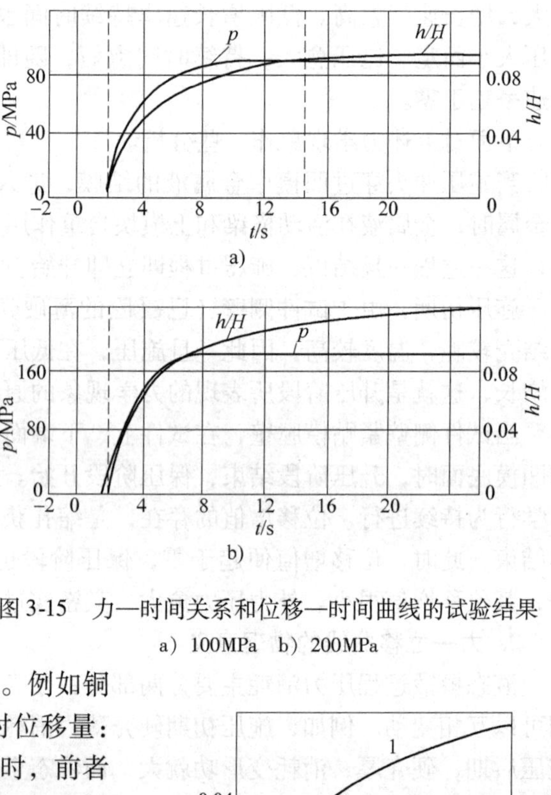

图3-15 力—时间关系和位移—时间曲线的试验结果
a）100MPa b）200MPa

冲头相对位移量，受浇注温度影响很大。例如铜在1250℃和1150℃时两种浇注温度冲头相对位移量：当施压后，过热温度降至结晶时的过冷温度时，前者相对位移量为0.0262mm，后者为0.0136mm，显然前者高于后者；而到凝固结束时为止，其总相对位移量，前者为0.0238mm，后者为0.0279mm，后者高于前者。因此，提高浇注温度，将降低液态模锻的加压效果，影响到制件的密实程度。

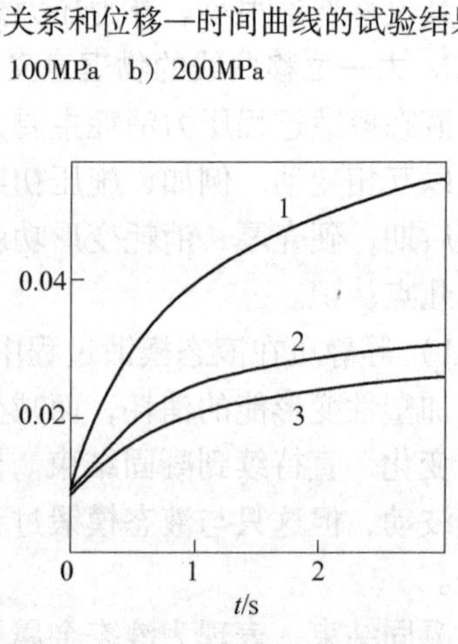

图3-16 凸式冲头加压下冲头相对位移和时间关系曲线
1—环形件 2—杯形件（底厚与壁厚比为0.7）
3—杯形件（底厚与壁厚比为0.6）

2. 异形冲头加压下位移—时间曲线

图3-16为凸式冲头加压下环形件和杯形件成形时冲头相对位移和时间的关系曲线。显然，在相同时间内，环形件压缩程度比杯形件大，这是因为杯形件底部镦粗力大之故。增加底厚可提高加压效果，如曲线2、3所示。因为底厚的增加，可使镦粗力下降。

3.3 液锻模设计前准备

由于液态模锻技术是使液态金属在压力作用下充型，并在高压下凝固和产生塑性变形，所以能液锻出各种形状的复杂零件。为了充分发挥液锻技术的优点，通常以生产壁厚大于6mm的厚壁件为佳。不同的液锻件形状结构，其采用的液锻方式及模具结构往往有较大的区别。

3.3.1 液锻件的结构工艺性

液锻件的结构工艺性是指液锻件的形状、尺寸精度及所要求的表面粗糙度对液锻工艺的适应性。它主要包括以下几个方面。

1. 液锻件的形状

从保证液锻件的质量及模具便于加工制造的原则出发，液锻件应尽量满足如下要求。

1）液锻件的形状最好是轴对称旋转体，如图3-17所示。其次是轴对称非旋转体，如图3-18所示。上述两种形状的液锻件，其模具结构简单，制造容易，液锻时合金液的充型和受力都较均匀。应尽量避免非轴对称件，如图3-19所示。这种形状的液锻件，除了模具制造较难外，合金液充型和冷却不均匀，受力分布也不均匀。

图3-17 轴对称旋转体

图3-18 轴对称非旋转体

图3-19 非轴对称体

2）液锻件的形状应有利于脱模。如图3-20所示的液锻件，要用活动型芯才能脱模，其模具结构十分复杂，生产率很低，受力分布也不均匀。所以这样的形状应尽量避免。

3）与脱模方向一致的非加工表面要有结构斜度，如图3-21所示的液锻件。由于液锻的模具可以设计成有打料机构，所以其结构斜度一般为0.5°~1°。若无打料机构，结构斜度应为5°~7°。

图3-20 难脱模锻件

图3-21 带结构斜度的连杆

4）液锻工艺所能生产的最小壁厚与液锻方式有关。

5）液锻件的壁厚应尽量均匀。液锻件的壁厚均匀，既可以使合金液充型通畅，也可以使合金液在液锻时受力分布均匀。

6）尽量避免有深而细的内孔，如图3-22，液锻时若形成深而细的内孔，则其型芯工作条件将十分恶劣。它升温快，强度低，刚性差，易与合金液粘焊，会在液锻过程中折断，或在脱模时拉断。

图 3-22 有深而细孔的工件

7）液锻件的圆角，如图 3-23 所示。液锻件的内表面交接处不允许成尖角，否则在凝固或液锻过程中，由于应力集中，在尖角处会开裂。若产品要求必须有尖角，则可预留加工余量以形成圆角。液锻件的外表面交接处也不允许成尖角，否则模具在热处理或液锻时也会在尖角处开裂。若产品要求在该处必须有尖角，在模具设计时，在该处应设计成组合（镶块）式。

不好（内外均无圆角） 较好（内外均有圆角） 允许（有内圆角）

图 3-23 液锻件的圆角

2. 液锻件的精度

液锻件的精度应尽量与液锻工艺所能达到的精度相适应。使用要求不严的部分，其精度应尽可能低。互相配合或要求严格的部位，可留出适当的加工余量，待液锻后用机械加工的方法来获得所需的精度。

根据液锻工艺的特点，不同的液锻方式及液锻件的不同部位，其精度是不一样的。

液锻件的径向尺寸，主要决定于模具的材质、刚度、加工精度及模具的安装、调整精度。从技术的角度上看，液锻件的径向尺寸较易获得较高的精度。对于有色金属，其径向尺寸精度可达 IT10 ~ 1T13。

液锻件的轴向精度较难控制，因为它除了受模具方面的因素影响外，还受合金液定量的准确程度及合金液收缩率大小的影响。目前虽有不少合金液定量方法，但都难以控制得绝对准确。合金液定量的准确度直接影响到轴向尺寸的精度。所以液锻件的轴向精度较低，一般为 IT13 ~ IT16。

采用间接液锻方式时，液锻件的尺寸精度主要决定于模具的加工和安装、调整的精度，与合金液的定量无关。其各个方向的尺寸精度均可达到 IT10 ~ IT13。

此外，液锻件的精度还受到合金液成分、脱模温度、液锻力等因素的影响。所以尽管液锻模本身的加工精度很高（达 IT6 ~ IT7），但其液锻产品的精度比液锻模的精度则要低得多。

3. 液锻件的表面粗糙度

液锻件的表面粗糙度与模具型腔的表面状况、涂料质量及液锻力大小有关。模具型腔表面光洁，则液锻件的表面也光洁；涂料质量好，涂刷均匀，则合金液充型通畅，不易粘模，所获得的液锻件表面就较光洁；液锻力足够大，使液锻件与模壁紧密接触，不产生表面微缩，其表面就光洁。否则，若出现表面微缩，其表面就变得粗糙。一般情况下，有色金属液锻件的表面粗糙度为 $R_a0.8\sim3.2\mu m$。

3.3.2 液锻方式的选择

液锻方式可分为表3-1所列的方式。

表3-1 液锻方式

液锻方式		代号
静压液锻	单向式	D
	双向式	S
挤压液锻	正挤压	Z
	反挤压	F
	复合挤压	H
间接液锻	同向式	T
	一模一件对向式	Yd
	一模多件对向式	Dd

液锻方式选择主要考虑液锻件的形状、尺寸、合金材料的性能及液锻件的使用要求等因素，液锻工艺方式选择原则如下：

（1）按液锻件的形状和尺寸选择液锻方式　通常先分析液锻件的形状和尺寸，看采用哪种液锻方式能以较低的成本生产出符合产品质量要求的液锻件。

（2）按合金性能选择　选择液锻方式时，应考虑合金的流动性能。流动性能好的合金，易于充型，能获得轮廓清晰的产品。这类合金（一般为铸造合金），可以采用静压液锻、挤压液锻、间接液锻等各种方式来进行生产形状复杂的液锻件。流动性不好的合金，充型较难，如果方式不当，就难以获得轮廓清晰的液锻件。这类合金（一般为液锻合金），形状简单的可以采用静压液锻，形状复杂的，一般采用正挤压液锻方式较好。

（3）按生产批量选择　选择液锻方式，还与锻件的生产批量有关。生产批量不大时，宜采用静压液锻或反挤压液锻方式，这样其模具结构简单，生产成本较低。当生产批量大时，通常采用一模多件的间接液锻方式，可以大大提高产量和降低液锻件的生产成本。

3.3.3 液锻件图设计

液锻件图是根据产品的零件图，并考虑液锻工艺特点而设计的。它是验收液锻件、编制液锻工艺、设计和制造模具的依据。它还是后续工序（热处理、机械加工）在设计工、夹、量具时的依据。根据其作用不同，液锻件图分为两种。

基本液锻件图（又称冷液锻件图），它没有考虑合金热胀冷缩的影响，主要用来作为验收液锻件、设计检测量具和设计热处理、机械加工等工序的夹具的依据。

为了验收和制造模具的需要，而考虑了合金的热胀冷缩变化及液锻压下量的液锻件图，称制模用液锻件图（又称热液锻件图）。

设计液锻件图时，除了考虑合金的收缩率、液锻压下量外，还必须考虑液锻件的位置、分型面、余量和公差、脱模斜度、圆角半径、液锻件的结构分析及技术条件等内容。

1. 液锻件位置

液锻件位置是指液锻件在液锻模中所处的位置。它对合金液的充型、产品性能及模具加工的难易都有较大的影响。液锻位置的选择，主要决定于液锻件的形状和结构。设计时应遵守如下原则：

1）液锻件位置应使模具的结构简单且便于脱模。

2）有利于传递压力。

3）便于充型和排气。

4）有助于减少液锻力。

5）有助于减少模具高度、液锻行程、脱模行程和脱模力。

6）精度要求高而又不需要加工的表面应放在侧面方向。

应当指出，上述各项原则不可能同时满足。例如，为了减少模具高度，其受压面积必然加大，因而所需的液锻力就要增大。所以原则5）和原则4）是相矛盾的。这样的矛盾，在原则2）和原则3）上也常常出现。在设计时要全面考虑，看哪方面是主要的，从而决定其液锻件的位置。

2. 分型面

组成液锻模的各模块在液锻件上的分界面称为分型面。液锻件的位置决定以后，模块的数量及分型面的位置由液锻方式和液锻件的结构、形状和尺寸决定。设计时应遵守下列原则：

（1）液锻件应能方便地从模具中取出　如图3-24所示，图中的液锻件除了凸、凹模的水平分型外，凹模最少要由垂直分型的两模块组成，否则液锻件不能脱模。

（2）选择分型面时，应尽量避免产生横向毛刺（因为横向毛刺难清理）　如图3-25所示，图3-25a在分型面处易产生毛刺，且上、下模块在不同的模块内成形。液锻件的上、下两部分，由于制造、装配误差或其他原因，会产生错移。图3-25b则没有这样的问题。

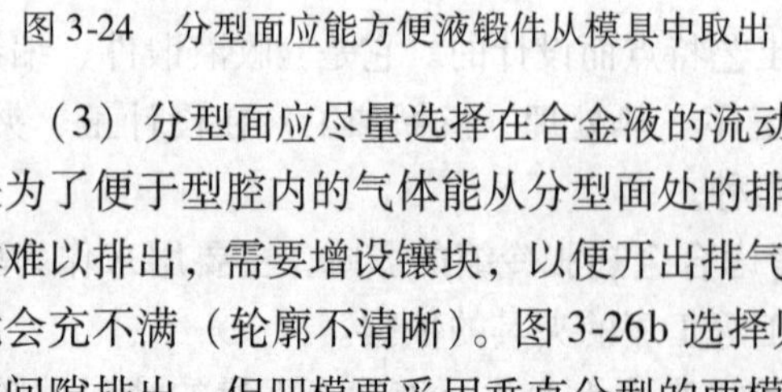

图3-24　分型面应能方便液锻件从模具中取出

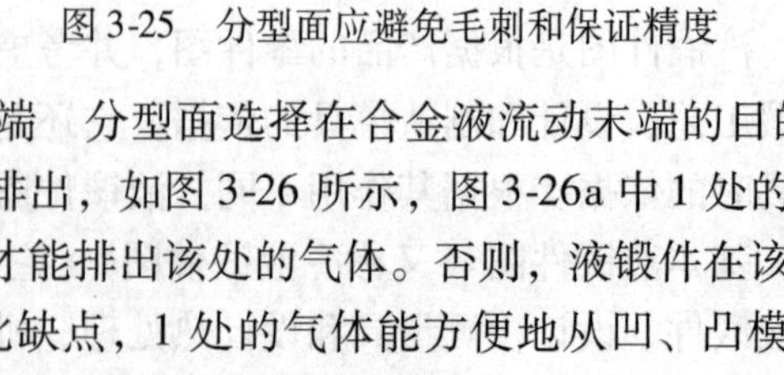

图3-25　分型面应避免毛刺和保证精度

（3）分型面应尽量选择在合金液的流动的末端　分型面选择在合金液流动末端的目的，是为了便于型腔内的气体能从分型面处的排气槽排出，如图3-26所示，图3-26a中1处的气体难以排出，需要增设镶块，以便开出排气槽，才能排出该处的气体。否则，液锻件在该处就会充不满（轮廓不清晰）。图3-26b选择则无此缺点，1处的气体能方便地从凹、凸模间的间隙排出。但凹模要采用垂直分型的两模块组成，否则液锻件无法取出。

（4）分型面应便于模具加工、安装、调试、维修及清理　其目的是降低模具加工成本和便于管理。

（5）操作方便、安全可靠，防止合金液从分型面处喷出伤人　为防止合金液从分型面处喷出伤人，常在分型面外侧处设计防喷挡板。

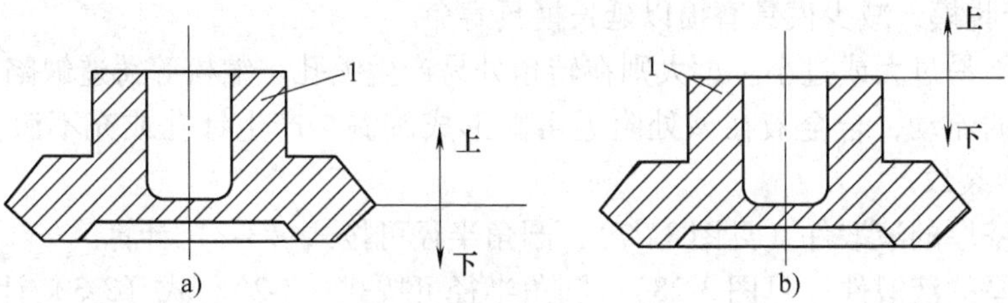

图3-26 分型面便于型腔内的气体排出

3. 余量和公差的选择

液锻件的精度是比较高的，在一定的条件下也比较稳定。但在液锻件的不同位置上，因受不同因素的影响，其尺寸精度是不同的。液锻件的尺寸可分为两类。

第一类，液锻件的尺寸不受分型面和活动部分的影响，称为静态尺寸，以符号J表示，简称J类尺寸。

第二类，液锻件的尺寸受分型面和活动部分的影响，称为动态尺寸，以符号D表示，简称D类尺寸。

液锻件的精度，目前尚未制订统一的标准。各企业可按本身的技术水平、设备及加工能力自行制定。

液锻件的加工余量选择原则如下：

(1) 尽可能将加工余量减到最小　加工余量减到最小的目的，是节省机械加工工时和节约金属材料。此外，液锻件外层其液锻过程明显，晶粒细小，性能较好，故尽可能不要加工。J类尺寸尽量不加工，D类尺寸加工余量为0.2~0.8mm（单边余量）。

(2) 避免在液锻件厚度上进行两面加工　其理由同（1）。

4. 脱模斜度

为了使液锻件在液锻完成后能顺利脱模，液锻模在液锻件脱模方向应设计斜度。因此，与其相应的液锻件上也有斜度，称为脱模斜度。脱模斜度的作用如下：

1）减少液锻件与模具间的摩擦，以便容易取出液锻件。

2）保证液锻件表面不被拉伤，保证液锻件表面光洁。

3）减少模具磨损，以延长模具寿命。

按脱模斜度所处的位置不同，脱模斜度分为外脱模斜度和内脱模斜度。

(1) 外脱模斜度　它是液锻件冷却、收缩时离开模壁的地方，所以，它对脱模阻碍较小。设计时，外脱模斜度可以取得较小。

(2) 内脱模斜度　它在液锻件冷却、收缩时夹紧模壁（型芯）的地方，所以，它对脱模阻碍较大。设计时，内脱模斜度应取较大值。

由脱模斜度引起的液锻件尺寸偏差，可不记计入尺寸公差值。

5. 圆角半径

在液锻件两面相交的地方，一般均应用圆弧连接（在分型面处则例外）。液锻件上的圆角有如下作用：

1）在合金液充型时，引导合金液流动，避免产生涡流，从而改善液锻件的组织和表面质量。

2）避免因热应力在液锻件或模具中产生应力集中而产生裂纹。

3）有利于脱模，减少模具磨损以延长模具寿命。

圆角半径不易过大或过小。过大则在转角处易产生缩孔、缩松等铸造缺陷；过小则影响合金液充型时的流动，合金液在该处附近可能形成旋涡，产生针孔或充不满，或在转角处（内圆角）产生裂纹。

对于不等壁厚的液锻件（见图3-27），圆角半径可按式（3-1）计算。

对于等壁厚的液锻件（见图3-28），圆角半径可按式（3-2）、式（3-3）计算。

$$R = (A + B)/4, r = 0.4R \tag{3-1}$$

$$R_{内\min} = t/2, R_{内\max} = t(t \leqslant 5\text{mm}) \tag{3-2}$$

$$R_{外} \leqslant R_{内} + t, r = 0.4 R_{内} \tag{3-3}$$

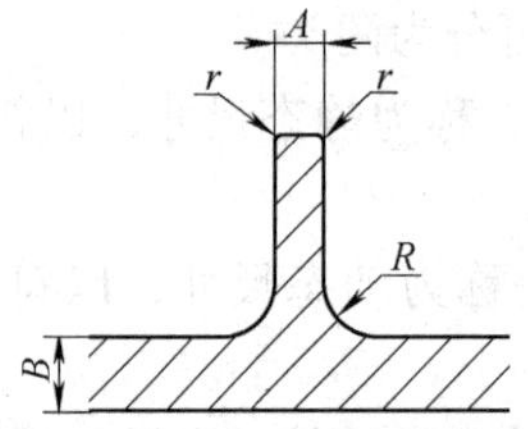

图3-27 不等壁厚液锻件圆角

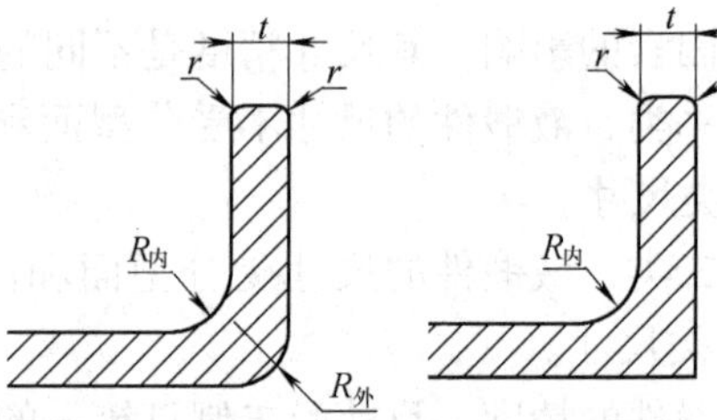

图3-28 等壁厚液锻件圆角

6. 液锻件的结构分析

在设计液锻件时，应对液锻件的结构进行分析，以便选择出易于实现液锻工艺又成本低廉的方案。进行液锻件结构分析时，要仔细考虑下列各项的可能性和合理性：

（1）将要进行液锻的不同零件统一起来 将不同液锻件统一起来的目的，是减少液锻件的种类。

（2）拆分后再组合零件 将一个零件分成两个或更多的液锻件进行液锻，再用镶嵌液锻或焊接的方法，组成所需的零件。

（3）对称件再切开 将两个或多个零件组合成一个液锻件，液锻后再切开。它适合于不对称零件。这类零件经过适当组合后，便可变为更适合液锻的对称状液锻件。

7. 液锻件的孔

用液锻工艺可以生产出相当小的深孔，但不是所有的孔都能液锻出来。因为孔是由凸模或型芯形成的，细而长的凸模或型芯，在高温和高压的作用下，很容易弯曲或折断。

孔的大小取决于形成孔的凸模或型芯是否用于施压。若是施压件，其最小孔径为25～30mm，孔深不大于孔径的2.5倍；若不是施压件，孔径和孔深的关系可参考有关资料。

8. 液锻件的表面粗糙度

液锻件的表面粗糙度主要取决于模具型腔的表面粗糙度。型腔表面的表面粗糙度值越低，则所获得的液锻件表面的表面粗糙度值也就越低。但随着液锻次数的增加，模具型腔的表面被磨损，其表面变得粗糙，液锻件的表面也就变得粗糙。

液锻件的表面粗糙度还与涂料质量、喷涂涂料的方法、液锻力、温度等因素有关，生产过程中，也要充分考虑这些因素的影响。

9. 液锻件的收缩率

液锻时，在压力作用下，液锻件与模壁紧密贴合，液锻件的尺寸与液锻模基本上是一致的。液锻件脱模后，其温度一般都较高。冷却到室温后，因模具与液锻件的材料不同，脱模后，模具与液锻件的实际温度也不同，所以液锻件的尺寸与模具的尺寸就不同。这种尺寸变化的情况，在模具设计和制造时，要事先考虑，才能保证液锻件的尺寸和精度要求。

液锻件尺寸的变化与合金材料的收缩率、液锻件的结构形状及液锻工艺参数等因素有关。因此，液锻件的尺寸变化值是难以准确控制的。生产中常以合金的收缩率来初步估算，然后通过模具调试来进行尺寸调整。

10. 液锻件图的制订

上述的内容和数值确定后，便可着手绘制液锻件图。绘图时，除了应遵守标准的制图规则外，还应注意如下规定：

(1) 基本液锻件图（简称基本图）的制图规则

1）液锻件图的位置应与液锻时液锻件的位置保持一致。

2）为了简化模具，液锻件中的某些孔或部分轮廓可不锻出。液锻件图中，其不锻出的孔或轮廓最好用双点画线标明（也可以不标明）。

3）尺寸标注方式尽可能与零件图一致。

4）凡有关液锻件质量及在图形中无法表示的问题，应列入技术条件，用文字加以说明。如热处理要求、表面清理方法、允许的表面缺陷、未注公差、未注形位公差、脱模斜度、圆角半径、倒角及表面粗糙度等。

(2) 制模用液锻件图的制订方法及规则

1）对制模用液锻件图进行计算的原则如下：

① 应考虑在试模时有修正的余地，以及使用磨损后不会立即影响到液锻件的尺寸。所以相对于型腔部分的尺寸，应以液锻件的基本尺寸的最小值取上偏差；相对于型芯部分的尺寸，则应以液锻件孔的基本尺寸的最大值取下偏差。

② 对于锥形部分的尺寸，型腔部分的尺寸以大头尺寸为基准，型芯部分尺寸则以小头尺寸为基准。

2）图中应指明分型面的位置。

3）为便于制造样板和电火花加工用的电极，以及划线方便，制模用液锻件图的高度方向的尺寸，均以分型面为基准标注。分型面上的尺寸最好全部标出。

4）列出必要的技术条件，如未注脱模斜度、圆角半径及其他应说明的内容。

3.4 液锻模结构设计

液锻件的生产是否成功，其液锻模的设计是否正确，是十分关键的一环。

3.4.1 对液锻模的基本要求

对液锻模的基本要求有如下四个方面：

1）能稳定地保证液锻件的质量。

2）有较高的生产率。

3）模具结构简单，结构工艺性合理，劳动条件好。

4）模具易于制造，成本低，使用寿命长。

设计液锻模时，必须兼顾产品质量、生产率、劳动条件及经济性等几个方面的问题。其中，保证液锻件质量是最根本的要求。为了提高生产率，必须采用较复杂的模具结构及预热、冷却系统，这样往往增加模具的制造成本。但当批量增加到一定时，所增加的模具成本，将会从单工件时的下降所获得经济效益中得到补偿。所以，最终还是降低了液锻件的制造成本。因此，所设计的液锻模的复杂程度及所能达到的生产率，必须与生产规模相适应。此外，还应注意某些特殊情况。例如，若液锻件的质量要求很高，这时的着眼点应是保证液锻件的质量。在质量要求不很严，且易于保证质量的情况下，则应着重考虑生产率的问题。总之，在考虑上述四方面要求时，应在满足液锻件使用要求的前提下，根据具体情况处理好生产率与液锻件的质量、生产率与劳动条件、生产率与经济效益间的关系。

3.4.2 液锻模设计的步骤

（1）研究原始资料，明确设计任务　首先要分析所生产零件的结构特点、材质、生产批量、技术要求及后续的工序。通过研究分析，以便决定采用哪一种液锻工艺方法来生产该零件。

（2）收集生产现场资料　收集现场的生产设备条件、生产设备的技术参数、技术力量、模具生产能力、外协加工的能力等资料，用来作为模具设计时的依据。

（3）决定工艺方案　根据上面两个步骤所获取的资料，决定具体的工艺方案。

例如，根据生产坯料的多少、液锻件的大小，决定采用一模一件还是一模多件的液锻方式；又如，根据液锻件的形状、尺寸及其技术要求决定采用静压液锻还是采用挤压液锻方式。

（4）绘制作为模具设计用的液锻件图　模具设计用的液锻件图与实际的产品图可能有所不同，因为工艺的需要，往往要加上加工余量、拔模斜度，甚至结构上都会有所改变。这时应征得货主及后续加工部门的认可。

（5）选择设备及设计各种工艺参数　根据所采用的液锻方式、现场设备条件和液锻件图，选择所需的设备和与设计模具有关的各种参数（如液锻力、拔芯力、合模力、液锻压下量、间隙等）。

（6）决定模具结构并绘制模具结构总装草图　根据液锻件的结构、现场条件以及所选定得方案，决定液锻模的结构（包括各种工件零件、开—合模机构、打料机构、拔芯机构、连接机构及预热冷却系统）。绘制模具结构总装草图时，可多考虑几个方案，经分析比较后，从中选出较合理的方案。

（7）绘制模具总装图　液锻模总装图应按国家标准来绘制，图形大小的比例，尽量取1∶1，以使所绘制的液锻模总装图有良好的直观性。目前广泛采用AutoCAD、UG、Mastercam、SolidWorks、Pro/E等计算机软件来绘图。尽可能绘成三维立体图，这样更直观，分拆出的零件图能直接转为CNC加工编程。

计算机绘图时，用设置图层法，可先按液锻位置绘出液锻件，然后从中心向外画出凸模、凹模及其他各种机构的零件。

总装图的绘制，应尽可能表明模具的工作原理、各部件的开模、预合模及最终液锻位置，并标出相关尺寸。

（8）绘制模具零件图　由于应用计算机绘图，其零件图可以从总装图的各图层快速而准确的获取。除标准件外，所有的零件图均应绘出，以便于交付加工。

(9) 模具加工、安装、调试，最后交付使用 液锻模设计图样全部绘制完成后，设计工作并未就此结束。因为所设计的液锻模，还有待于实践的验证。在安装、调试后，可能要对原设计进行一些必要的修改。因此，模具设计人员应关心模具的制造、安装及调试的全过程，以便发现问题及时改进。只有当液锻模能稳定地生产出合格的液锻件时，模具的设计工作才算完成。

3.4.3 液锻模基本机构

液锻工艺可以用来生产各种形状和大小的液锻件，生产中的液锻模种类十分繁杂。为了便于液锻模的设计、制造和管理，可将液锻模标准化、系列化。液锻模模具的种类虽然很多，但其结构通常由如下零部件组成：

(1) 工作零件 工作零件是指模具中那些形成工件形状、与合金液直接接触或在工作中直接对工件施加压力的零件，例如，凸模、凹模、型芯、镶块、压头、压套等。显然，这些零件是模具的核心。模具设计，实质上主要是对工作零件进行设计。实际上，有些工作零件也已标准化和系列化，如圆形的凸模和凹模、压头、压套等。

(2) 定位、导向机构 模具在工作中，其工作零件要反复的合模和开模。定位、导向机构在液锻模工作零件开、合模时起引导工作零件运动，并最终保持其准确的位置的作用。定位、导向机构的主要零件有导柱、导套、导正销、导板等。

(3) 开、合模（拔芯）机构 由多个零件组成的凹模，大多无法利用设备直接开、合，只能借助其他装置或零件来完成开、合模动作。液锻件上有孔时，要用型芯来形成，模具就要有拔芯装置。开、合模（拔芯）机构的零件主要有气缸或液压缸、齿轮齿条、斜销、斜弯销、斜键、导板、导滑块等。

(4) 卸料机构 卸料机构的作用是将液锻好的液锻件从模具中顶出。卸料机构有顶杆、打料杆、卸料板、复位顶杆、弹簧等。

(5) 预热、冷却系统的组件 预热、冷却系统的组件起模具控温作用，以保证液锻工作在恒定的模温下进行。其组件有冷却水管、接头、冷却水泵、电热棒、加热圈等。

(6) 连接机构 连接机构的作用是将上述各种零件连接起来组成一套完整的模具。连接机构的主要零件有模板、模柄、螺栓、定位销、压柱等。

3.5 液锻模的材料及技术要求

用作液锻模的材料，要根据其工作条件的要求不同，而选择不同的材料和不同的热处理方法。

3.5.1 工作零件材料的选用

(1) 对液锻模工作零件材料的要求 液锻模工作零件是在高温、高压下与合金液接触，其工作条件比较恶劣，因此其所用的材料应尽量满足如下要求。

1) 在高温下应有较高的强度、硬度、耐磨性和适当的塑性，在长期工作中，其组织与性能应稳定。

2) 应有较好的导热性和抗热疲劳性能。

3）在高温下不易氧化，能抵抗液态合金的粘焊及熔蚀。

4）淬透性好，热处理变形小。

5）线胀系数小。

6）具有良好的锻造及可加工性。

7）在修复或修改模具时能焊接。

为了获得上述性能，常在铁—碳合金中加入 W、Cr、Co、Mo、Ni、V、Ti、Zr、B 等合金元素。上述的合金元素对铁—碳合金的机能产生如下影响：

钨（W）使合金的线胀系数减小，当钨的含量为10%（质量分数，下同）时，合金的线胀系数可达到最小；当其含量较多时，可增加钢中的碳化物数量，因而使合金的耐磨性大大提高。

铬（Cr）与钨一样，其含量高，可使钢的线胀系数减小；在高温下，铬能生成稳定的氧化物层，这样可以防止钢的继续氧化；铬还能增加淬透性和耐磨性。

钒（V）的作用使细化晶粒，防止含碳较高时，钢的冲击韧度显著下降；它能降低钢的过热敏感性，并显著改善焊接性能。

钼（Mo）能提高钢在高温时的性能，增加钢的淬透性，防止回火脆性。

镍（Ni）能提高钢的强度和硬度，而几乎不影响塑性，能提高抗疲劳强度、淬透性及耐蚀性，但增加白点敏感性。

碳（C）在钢中含量不易过高。含碳量过高会使合金的导热性能降低，同时，型腔表面的早期龟裂倾向，会随含碳量的增加而变得严重。

钛（Ti）能提高钢的强度，而不降低其塑性、韧性，能细化晶粒，提高热强度和高温抗氧化能力，减轻在250～400℃回火时的回火脆性。

锆（Zr）的含量一般为0.01%～0.03%，其主要作用是大大提高钢的淬透性，改善低温冲击韧度，降低应变时效现象。

硼（B）的含量为0.001%～0.005%，它能显著地增加钢的淬透性，以便减少 Ni、Cr、Mo 等稀贵元素的用量，并能细化晶粒。但当其含量大于0.007%时，它会导致热脆性。

液锻模工作零件材料选用的主要依据，是液锻合金的成分、生产批量及液锻件的形状。在合金熔点高、生产批量大、产品形状复杂的情况下，一般均要求选用性能尽可能完善的模具材料。如果生产批量很小，形状又很简单，则可采用价格便宜的材料。

（2）液锻模工作零件的常用材料及热处理要求可参考有关资料

（3）3Cr2W8V 钢的热处理　3Cr2W8V 钢是常用作液锻模工作零件的材料。它有很高的韧性和良好的导热性，同时还具有较高的淬透性。在正常的条件下，钢的有效厚度在100mm 以内时，可以淬透。

各种合金元素对 3Cr2W8V 钢性能的影响如下：

1）含碳量较低，可以保证钢的高韧性和良好的导热性。

2）含钨量较高，使钢具有较小的线胀系数、较高的耐回火性。在回火过程中（550℃）析出的碳化物可造成二次硬化，故可使钢具有较好的热硬性。

3）含铬量较高，可使钢的线胀系数减小，并能提高钢的淬透性和耐蚀性。

4）钒可以细化晶粒，并提高钢的耐磨性。

液锻模其他零件材料的选用可参考有关手册。

3.5.2　液锻模零件的公差及表面粗糙度

为保证液锻模能可靠地工作，其主要零件的形位公差要正确设计。

（1）形位公差值的选择原则

1）在同一要素上，给出的形位公差值应小于其位置公差值。

2）圆柱状的形状公差值（轴线的直线度除外）在一般情况下应小于其尺寸公差值。

3）平行度公差值应小于其相应距离的公差值。

4）根据零件的加工难易程度及其他因素的影响，在满足零件功能的条件下，下列情况的精度应适当降低1～2级：

① 孔相对于轴。

② 细长且比较大的孔或轴。

③ 距离较大的孔或轴。

④ 宽度较大（一般大于1/2长度）的零件表面。

⑤ 线对线和线对面相对于面对面的平行度。

⑥ 线对线和线对面相对于面对面的垂直度。

（2）形位公差的数值　为了获得较高精度的液锻件，液锻模零件的形位公差为4～8级，其具体数值可查阅有关手册。

（3）孔间距偏差　液锻模上有各种孔，为便于装配和保证精度，各孔间的距离尺寸应限制其允许的偏差。

（4）液锻模零件的表面粗糙度　零件加工表面的粗糙度由轮廓的平均算术偏差、不平度平均高度之一来决定。具体数值可查阅有关手册。

3.5.3　液锻模的技术要求

1. 液锻模零部件的技术要求

为保证锻件生产工作的顺利进行，对液锻模的主要零部件有如下技术要求：

1）各零件未注公差的尺寸，其极限偏差按GB/T1804—2000规定的IT14级；孔的尺寸极限偏差为H14；轴的尺寸为h14，长度尺寸为JS14。

2）各零件的棱边均应倒角（标明不允许倒角者除外），未注明的倒角尺寸，一般为0.5×45°。

3）未注明的铸造圆角半径为3～5mm。

4）铸件的非加工表面需经清砂处理，表面应光滑平整，无明显的凸、凹缺陷。

5）锻件不应有过热、过烧的内部组织，以及机械加工不能去掉的裂纹、夹层和凹坑。不加工部分的尺寸的偏差，应按GB/T1804—2000规定的IT16级。

6）铸件和锻件在加工前均应进行时效处理，要求高的零件，粗加工后应再进行一次消除内应力的时效退火。

7）加工后的零件表面，不允许有影响使用的微小砂眼、缩孔、裂纹以及机械损伤等缺陷。

8）热处理后的零件，其硬度应均匀，不允许有裂纹、软点和脱碳区。其表面上的氧化物及油污等应清除干净。

9）大型件应有搬运、起吊用工艺孔（应为有足够强度的螺孔）。

10）模板、固定板等零件，其厚度方向的两平面的平行度误差在 100 mm 内不得超过 0.02mm。

11）模板、固定板等零件与基准角相连的两平面的平行度误差在 100 mm 内不得超过 0.02mm。

2. 模具总装后的技术要求

模具总装后应满足下列要求。

1）模具的分型面与安装面（或模具的支承面）之间的平行度误差在 200 mm 内不得超过 0.05mm。

2）模具安装在设备时，其分型面应保持良好的闭合状态，但允许有不大于 0.05mm 的局部间隙。

3）导柱、导套装配后，其轴线与模板平面垂直度误差在 200 mm 内不得超过 0.03mm。

4）凸模与凹模、压头与压套间的间隙应均匀，不应大于规定间隙的 1/5 ~ 1/4。

5）在型腔表面或分型面上，顶出件应仔细调准，尽量做到平齐，但允许凸出高度（或凹入深度）不大于 0.1mm。

6）模具内所有运动零件，在总装后应灵活自如，在室温下，用手施力时，各活动部分不应有卡住的现象。

3.6 液态锻模用设备

3.6.1 熔化设备

熔化设备中熔炼炉是液锻生产中的重要设备。它直接影响液锻生产的质量、生产率和成本。

1. 液锻工艺对熔炼炉的要求

为满足液锻工艺生产的需要，作为液锻生产用的熔炼炉，必须满足如下要求：

1）液锻工艺主要用于生产力学性能要求高的复杂零件。为此，首先要有质量好的合金液。所以，作为液锻工艺的熔炼炉，它生产出来的合金液，应当杂质少、含气量少、干净、合金成分符合要求。

2）液锻工艺的生产率十分高，其熔炼炉应能持续地供应合格的合金液。

3）为降低成本，熔炼炉的能源消耗要低。

4）为减轻操作人员的劳动强度，熔炼炉的周围应干净、无污染，其附近的温度不能太高。

5）最好能自动加料、精炼及除气。

6）合金液温度易于控制，合金烧损少。

7）采用压铸方式充型的液锻工艺用熔炼炉，最好带有自动定量浇注装置。

2. 液锻生产中的熔炼炉

（1）焦炭坩埚炉　焦炭坩埚炉的结构简图，如图 3-29 所示。这种熔炼炉的特点是结构简单，投资少，制造容易。它的缺点是炉温控制难，合金烧损大，吸气严重，劳动条件差；

坩埚寿命短，需要经常换坩埚。主要用于试生产或小批量生产。

（2）燃气（油）坩埚炉　这种熔炼炉的特点是结构简单，投资不大，温度较容易控制，合金烧损较少。它的缺点是燃气（油）消耗大，吸气也严重，有一定的安全隐患；坩埚寿命短，需要经常换坩埚。可用于要求不高的中、小批量生产。

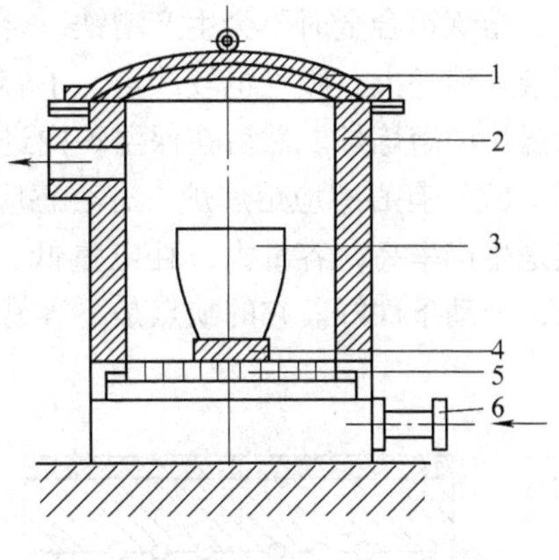

图3-29　焦炭坩埚炉的结构简图

1—炉盖　2—炉身　3—坩埚　4—垫砖　5—炉栅　6—风管

（3）燃气（油）坩埚连续炉　这种熔炼炉的特点是能连续供应合金液，生产率高，温度较易控制，合金烧损较少。由于利用余热对合金进行预热，所以燃气（油）消耗较少。它的缺点是结构复杂，吸气也严重，有一定的安全隐患；坩埚价格贵，寿命短，需要经常换坩埚，坩埚的更换较麻烦。可用于要求不高的批量生产。

（4）燃气（油）池炉　燃气（油）池炉的结构简图如图3-30所示。这种熔炼炉的熔池不是石墨坩埚或铸铁坩埚，而是用耐火水泥浇灌、打结而成。它的特点是容量大，使用寿命长，熔炼铝合金时，不会产生增铁，合金烧损少，温度易控制，生产率高。它的缺点是结构较复杂，燃气（油）消耗大，吸气也严重，合金易受燃气（油）的污染，不易进行精炼和变质处理，有一定的安全隐患。可用作集中供应合金液给多个保温炉用的熔炼炉，然后在保温炉内进行精炼、除气，以提高合金液的质量。有些池炉采用二次送风，则可降低其燃气（油）的消耗。

（5）电阻加热坩埚炉　电阻加热坩埚炉特点是温度控制准确，熔炼合金消耗少，吸气少，使用较方便。缺点是生产率低，耗电多，坩埚寿命低。电阻加热坩埚炉，其加热电阻有电阻丝和碳化硅棒两种。图3-31所示的是用碳化硅棒加热的。这种炉电能消耗较少，熔炼速度也较高，只是容量较小，通常用作保温炉。

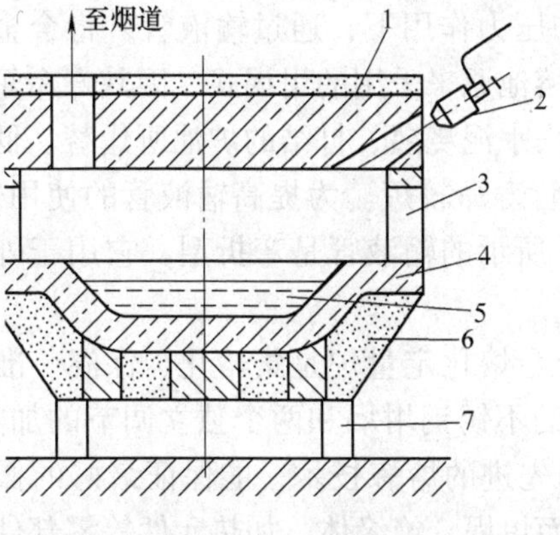

图3-30　燃气（油）池炉结构简图

1—炉盖　2—燃气（油）喷嘴　3—投料及操作口　4—炉池　5—熔池　6—填料　7—炉脚

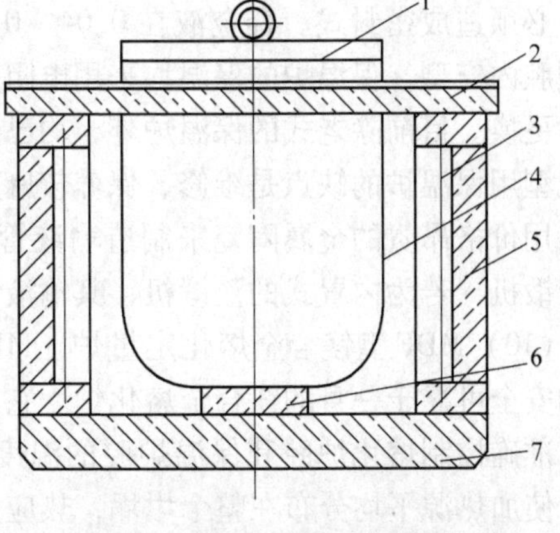

图3-31　电阻加热坩埚炉结构简图

1—炉盖　2—炉顶　3—碳化硅棒　4—坩埚　5—炉体　6—垫砖　7—炉底

（6）电阻加热池炉　电阻加热池炉的结构简图，如图3-32所示。这种熔炼炉的熔池不是石墨坩埚或铸铁坩埚，而是用耐热水泥浇灌、打结而成。它的特点是容量大，使用寿命长，熔炼铝合金时不会生产增铁，合金烧损少，温度易控制，生产率高。它的缺点是结构较复杂，消耗大，吸气也较严重，不容易进行精练和变质处理。可用作集中供应合金液给多个保温炉的熔炼炉。然后在保温炉内进行精炼、除气，以提高合金液的质量。

(7) 有心感应熔炼炉　有心感应熔炼炉的结构简图，如图 3-33 所示。这种熔炼炉的特点是生产率高，容量大，耗电量低，设备简单，温度较易控制，合金烧损较少，使用寿命长，劳动条件好。它的缺点是不容易经常更换合金牌号，筑炉衬工艺复杂。

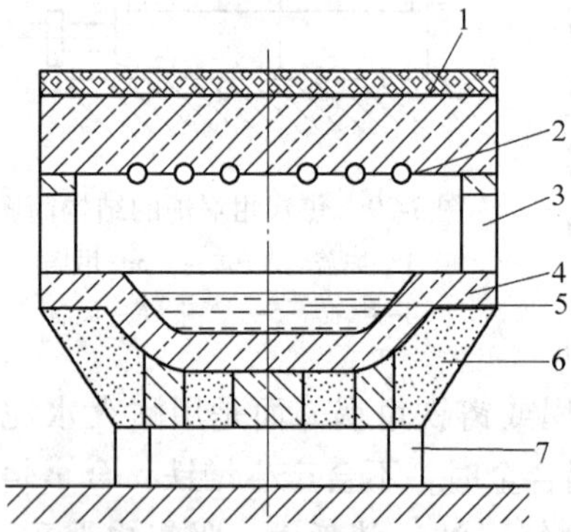

图 3-32　电阻加热池炉结构简图

1—炉盖　2—碳化硅棒　3—投料及操作口
4—炉池　5—熔池　6—填料　7—炉脚

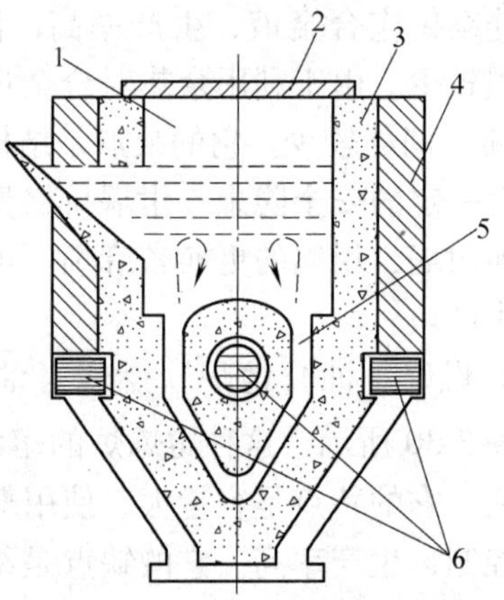

图 3-33　有心感应熔炼炉结构简图

1—炉膛　2—炉盖　3—炉衬　4—绝热层
5—炉沟　6—铁心

(8) 无心感应熔炼炉　无心感应熔炼炉的结构简图，如图 3-34 所示。这种熔炼炉的特点是生产率高，容量大，温度较易控制，合金液成分均匀，合金烧损较少，使用寿命长，劳动条件好。它的缺点是设备庞大。

(9) 低压铸造充型用保温炉　低压铸造充型用的保温炉结构，如图 3-35 所示。这种熔炼炉必须造成密封式。合金液在 0.04 ~ 0.06MPa 的压力作用下，通过输液管，将合金液压入型腔内充型。保温炉的保温均采用电阻加热式。熔池原来采用的坩埚式，因其寿命短，需经常更换。目前除老式的保温炉外，均已用高温耐火水泥浇灌、打结的炉池所代替。低压铸造充型用保温炉的缺点是维修、保养较麻烦，输液管寿命较短。为提高输液管的使用寿命，应采用价格昂贵的金属陶瓷来制造输液管。图 3-35 所示的输液管是弯折型，它用于外置式的液锻机，若为内置式的液锻机，其输液管为直型。

(10) MDF 型镁合金熔化定量炉　MDF 型镁合金熔化定量炉是集熔化、保温、准确定量和安全可靠于一身的镁合金熔化炉。它有双腔式的不锈钢坩埚和两个独立调节的加热区，可以准确控制熔化炉腔和保温炉腔的温度。它采用先进的熔炼技术，能保证最好的操作性能，使加热源平均分布在整个坩埚，热应力小，因而坩埚、绝缘体、加热元件等零部件寿命长。

定量系统由机械泵和旋轴式输送管组成。定量控制系统可以自动补偿液面高度变化所引起的误差，以保证准确的输送量。

为了确保安全，防止因蒸汽和氢气引起爆炸，镁锭要进行预热。采用 IPC 型镁锭预热和自动加料装置可以提高熔炉的熔化率，降低镁液温度波动；稳定的镁锭送料，可以减少镁合金液面高度的变化，确保能连续进行生产。该装置占地面积小，只需 1.5m^2。

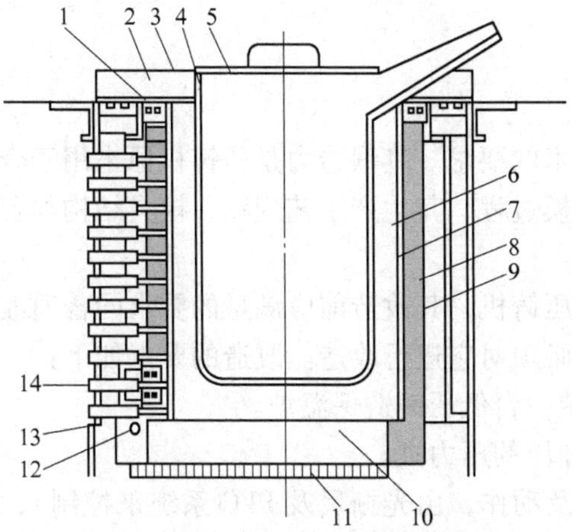

图 3-34 无心感应熔炼炉结构简图
1—轭铁 2—炉口砖 3—复板 4—坩埚模 5—炉盖 6—坩埚 7—匝间绝热层 8—绝热层 9—感应器 10—炉底 11—炉底板 12—螺钉 13—汇流排 14—冷却系统

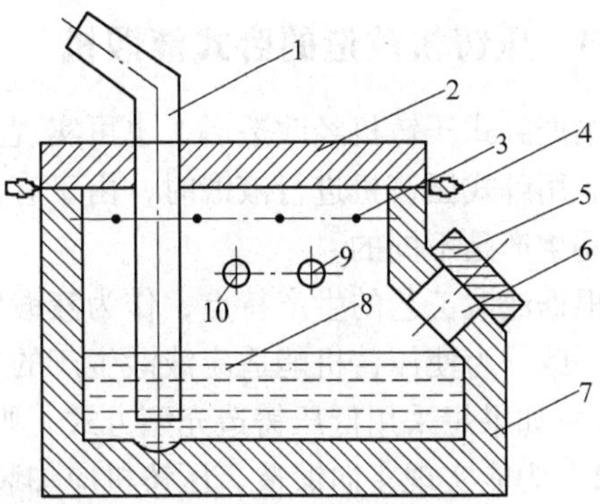

图 3-35 低压铸造充型用保温炉结构简图
1—输液管 2—炉盖 3—硅炭棒 4—密封连接 5—加料口盖 6—加料口 7—炉体 8—炉池 9—进气口 10—排气口

3.6.2 普通液压机

在没有专用液锻机的情况下，也可用普通液压机进行液锻生产。根据液锻工艺的生产特点，作为液锻生产用的普通液压机，应满足如下要求：

1）有足够大的压力，并能在一定的时间内保持稳定的锻造力，以保证锻造过程顺利进行。

2）有较快的空程速度，以提高液锻的生产率。

3）有足够大的工作台面积和足够高的最大封闭高度，以便于液锻模的安装和调整。

4）动力消耗少，噪声低，安全可靠，操作方便。

5）体积小，刚性足够，造价低。

6）外形美观。

通用液压机是指一般的万能液压机。它通常用于冲压、模锻、挤压、粉末冶金的压制及塑料成型等工艺。在生产批量不大的情况下，由于该设备价格低，通用性广，投资少，对它稍加改造后，进行液锻工艺的生产是可行的。

有时为了适应打料的需要，在液压机的活动横梁上钻有通孔，以便打料杆从孔中通过，利用上横梁不动来实现打料。如果液压机的活动横梁上无打料孔，在订货时，可要求厂家在活动横梁上加工出来。

为使普通液压机能适应液锻生产的要求，必须对它进行改造。改造的要点如下：

1）在液压机旁安装一台合金液的保温炉。如果想采用低压铸造充型方式，则要安装一台低压铸造保温炉。

2）为能实现多向锻造，液压机应加装侧向加压的压力缸。

3）加装 PLC 控制系统（即活动横梁和下顶出缸的行程及动作，由光栅尺及 PLC 系统来控制），以满足液锻生产中的需要。这样，在液锻生产过程中，可以方便地观察液锻过程，其液锻生产也易于实现自动化。

3.6.3 压铸机改造的卧式液锻机

国产卧式压铸机经改造后，也可实现液锻技术的要求。其锻造力是压铸机原来用于合模的力。用卧式压铸机进行液锻时，由于有预热合模过程，其生产工艺规程、模具结构与普通的压铸生产是不同的。

根据液锻工艺的生产特点，作为液锻生产的压铸机，其改造前应满足的要求同普通液压机的一致。为使压铸机能适应液锻生产的要求，必须对它进行改造。改造的要点如下：

1）如果想采用低压铸造充型方式，则要安装一台低压铸造保温炉。

2）为能实现多向锻造，压铸机应加装侧向加压的压力缸。

3）加装 PLC 控制系统（即活动横梁的行程及动作，由光栅尺及 PLC 系统来控制），以便于液锻生产中的观察，易于实现自动化。

4）为防止合金液在充型时卷入气体，输液管改成下倾式。

5）输液管压射头的压射速度应能调节。

3.6.4 专用液锻机

作为专用的液锻机应具有如下功能：

1）有液锻用的熔炼保温炉，以供应液锻工作时所需要的合金液。

2）液锻机应有足够大的压力，以满足液锻时的要求。

3）液锻机应有预合模动作，以便实现液锻工作的第一步，即铸造成形。其预合模位置应能方便调整。要实现这一功能，只需在压力机的活动横梁上安装光栅尺，通过 PLC 系统控制即可。

4）为了能进行对向及多向锻造，专用液锻机应有下顶缸和侧向加压缸。

5）对于全自动液锻机，则应有自动定量浇注机械手、自动喷涂机械手和自动取件机械手。

根据液锻时合金液的充型方式的不同，专用液锻机有压力铸造充型式液锻机和低压铸造充型式液锻机两大类。低压铸造充型式液锻机，根据其保温炉的位置不同，又可分为外置式和内置式两种。外置式可进行对向锻造，内置式则不能进行对向锻造，但结构比较紧凑。

3.6.5 辅助设备

液锻生产中除了保温炉、液锻机外，还有喷涂、取件和余热热处理等设备。

1. 喷涂机械手

喷涂机械手的作用如下：

1）喷冷却液，使液锻模冷却以保持其适当的工作温度。

2）喷脱模剂，防止合金液粘膜和便于脱模。

3）清洁模具型腔，将模具型腔内的金属屑、杂物吹干净。

对喷涂机械手的要求如下：

1）根据需要分别定时、定量地喷空气、水和涂料。

2）能确保型腔内各部件的涂料喷涂均匀。

3）能确保将型腔内清除干净。

2. 取件机械手

取件机械手的作用如下：

1）从模具中取出液锻件

2）将液锻件送到余热热处理池中。

3）检查模具中是否有妨碍合模的工件或杂物。

对取件机械手的要求如下：

1）定位准确、动作可靠。

2）有足够的刚度和强度，能承受取件时的冲击力或弯曲。

3）将液锻件送入余热热处理池时，液锻件不应产生碰撞。

3. 余热热处理池

液锻是在较高的压力和较高的温度下使合金液凝固的同时使已凝固的金属产生塑性变形的工艺。对于需要进行T6处理的液锻件，其固溶处理的组织已基本完成。取件后将液锻件迅速投入规定温度的水中，即可完成T6处理中的固溶处理。其后只需进行时效处理，便可完成整个T6处理的过程。所以，采用余热热处理池，可以大幅度降低液锻件的热处理费用。

对余热热处理池的要求如下：

1）池中的水温必须在工艺规定范围内。

2）防止液锻件滑入池中时因产生碰撞而变形。

3）处理结束后应能迅速将液锻件从池中取出。

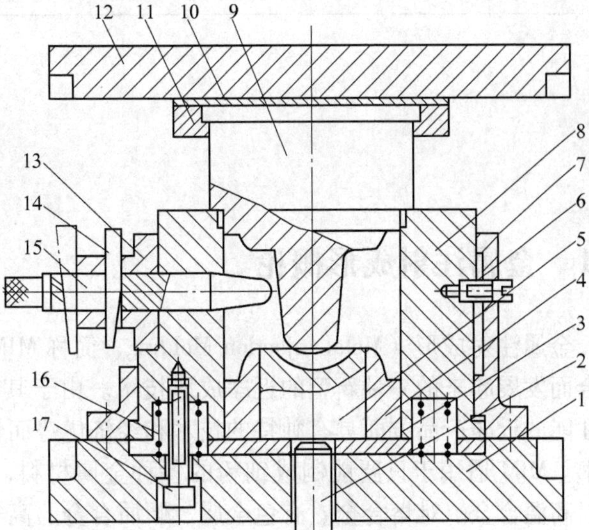

图3-36　LD8铝屑重熔150铝合金活塞液态模锻结构图

1—下模板　2—顶板　3—凹模垫板　4—凹模镶块　5—顶块　6—导向销　7—凹模外套　8—凹模　9—凸模　10—凸模垫板　11—凸模固定板　12—上模板　13—轴销座　14—斜楔　15—轴销　16—反压弹簧　17—内六角螺钉

3.6.6　液态锻模实例

图3-36为铝屑重熔150铝合金活塞液态模具结构图，其结构特点为：

1）脱模方法采用轴销退件机构，并采用斜楔以实现轴销的紧锁和退出。

2）设置反向装置，通过凹部底部8个65Mn弹簧，将凹模托起5～7mm（即最大反压量）。压制时，凸模和凹模一起向下压缩弹簧，使凹模和凹模镶块产生相对移动，使制件厚壁处实现有效的反向作用，达到改善组织的目的。

第4章 金属注射成形

4.1 金属注射成形概论

金属注射成形（Metal Injection Molding，简称 MIM）是塑料注射成形与粉末冶金技术相结合而发展起来的一种新型的近净成形技术。由于其在制作几何形状复杂、组织结构均匀、高性能的近净产品方面具有独特的技术和经济优势而倍受瞩目，是一种极富发展前途的高新技术。MIM 适用于只要能制成细粉的各种金属材料，例如纯铁、低合金钢、不锈钢、工具钢、高温合金、难熔合金、有色金属、硬质合金、高密度合金、金属陶瓷、金属间化合物、磁性材料和钛合金等，产品广泛地用于航空航天、汽车、电子、军工、医疗、日用品及机械领域，金属注射成形零件如图 4-1 所示。自 20 世纪 70 年代初问世以来，MIM 技术获得了迅速发展，并很快进入产业化阶段，已成为粉末冶金领域最热门的工艺技术。该技术在许多方面有不可替代的优势，因而有“当今最热门的零部件成形技术”、“第五代成形技术”和“21 世纪成形技术”的美称。

金属注射成形作为一种制造高质量精密零件的接近最终形状的成形技术，具有常规粉末冶金和机床加工方法无法比拟的优越性。特别是在制造外部切槽、交叉孔、不通孔、凹台、键槽、加强板、表面滚花等形状复杂的零部件方面优势明显。同时该技术制造的产品有组织均匀、性能各向同性和尺寸精度高等优点。与传统方法比较，MIM 生产物料利用率高，材料损耗小，产品可小批量生产，生产转向灵活机动，有很好的经济效益。此外，该技术的使用范围广，几乎适用任何可以制成细粉的金属、金属氧化物、金属合金、金属间化合物、金属陶瓷和其他材料。

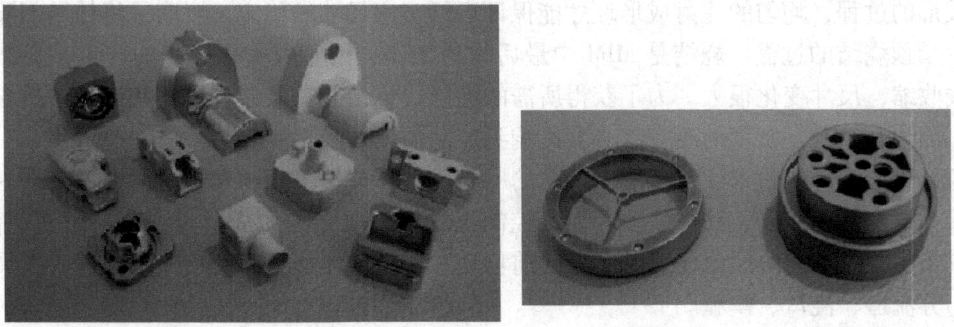

a)　　b)

图 4-1　金属注射成形零件

a）烧结钢零件　b）烧结科瓦铁镍钴合金零件

金属注射成形技术的物料组成包括金属粉末和粘结剂两大部分，其工艺过程主要由粉末和粘接剂的混合、注射成形、脱脂和烧结等工序组成。其基本工艺过程是将金属粉末和粘结剂以一定的比例，按规定的进料方式和顺序在较高的温度和剪切力作用下进行混炼并得到结构均匀的喂料，经制粒后在加热状态下（100～180℃）喂料成为可流动的熔体状态，用注射机将其注入模具型腔中得预成形坯。由于粘结剂的存在，制粒后的物料在注射机上进行注射时具有较好的流变性能，可以完全填充到模具的模膛中。成形后，得到的坯体又由于粘结剂中高熔点组分的作用而能顺利从模膛中脱离，不发生变形并获得相当的强度。坯体再经过化学或热分解方法等脱脂工艺脱掉其中的有机粘结剂，最后经烧结致密化及后处理得到最终产品。具体的工艺过程如图 4-2 所示。

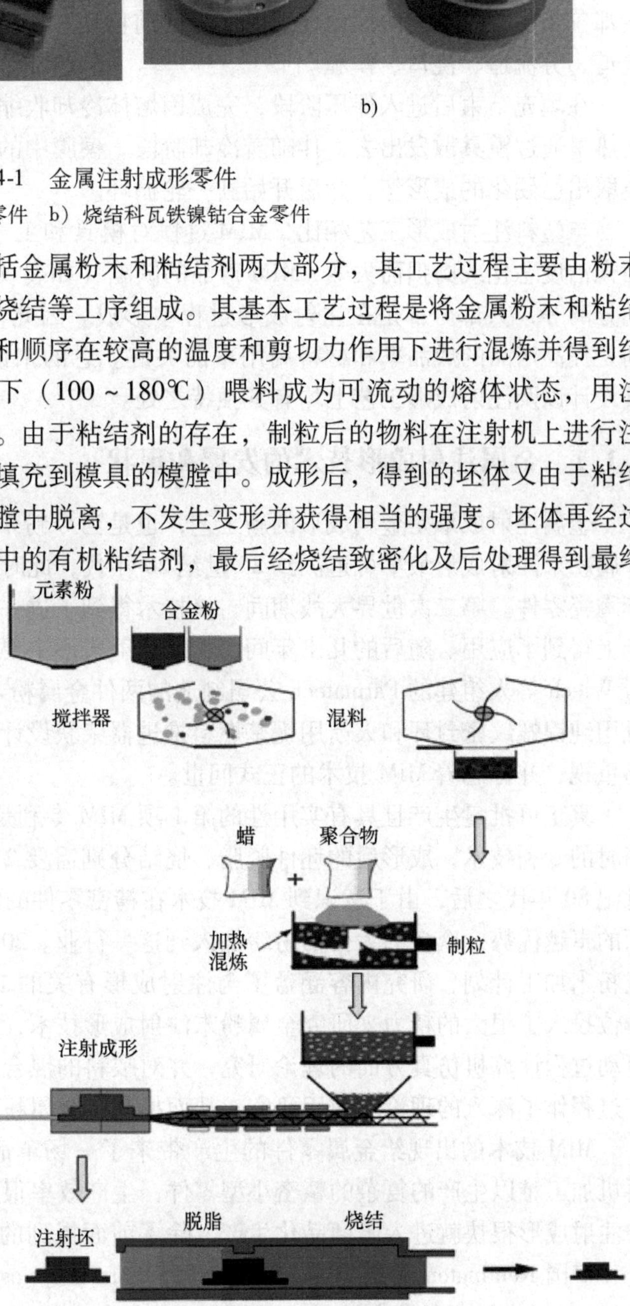

图 4-2　金属注射成形工艺过程

粘结剂的性质决定了成形工艺以及模具和注射成形机的设计与操作。对于采用热塑性粘结剂的喂料成形，应采用往返运动的单螺杆注射成形机；对于采用热固性粘结剂的喂料，则采用传递模塑成形机，模具中的喂料被加热软化并引发热固化反应。目前，金属粉末注射成形普遍采用热塑性粘结剂，因此其成形工艺与热塑性塑料注射成形相似。

在图 4-2 中，混炼工序是将金属粉末与粘结剂混合均匀的过程，只有当喂料混合均匀无相分离时才能在注射后得到均匀的坯块，并最终得到尺寸一致的产品。注射成形是指喂料通过注射机喷嘴注射到模腔中成形的过程，均匀的注射成形坯才能保证后续工序尺寸的稳定。脱脂是将粘结剂除去并产生少量预烧结的过程。烧结是 MIM 中最后一道工序，由于致密化过程的产生，会出现较大的线收缩，尺寸变化很大。为了获得所需的性能，烧结时需控制烧结体密度、杂质含量及组织，因为其组织、密度的改变势必会影响到产品的尺寸及精度。

注射成形是金属粉末注射成形工艺中的一个关键环节，采用和塑料注射成形完全一样的设备，主要由注射装置、锁模装置和温度控制系统等组成。注射成形过程包括填充、保压、冷却三个阶段。填充阶段由注射机螺杆向前移动并推动熔体从料筒的喷嘴依次进入模具的主流道、分流道、浇口、模膛。

在填充结束后进入保压阶段，完成因熔体冷却收缩的保压补缩；在保压的同时，喂料中的热量通过模具散发出去，伴随着冷却阶段。模膛中的熔体固化后，温度减到脱模温度，开模取出已硬化的成形坯，然后开始新一轮循环。

与塑料注射成形工艺相比，MIM 过程对模具和工艺控制的要求较高。模具常因模腔表面光洁度恶化或磨损而失效，MIM 产品的缺陷（如裂纹、孔洞、焊缝、分层以及粉末与粘结剂分离等）大部分都是在注射成形过程中形成。因此，注射成形模具的合理设计和工艺控制是提高产品的成品率和材料利用率的关键。总的来说，MIM 在材料选择、产品设计、模具设计以及注射成形工艺上均有其独特之处。

4.1.1 金属注射成形技术的发展和现状

金属注射成形是金属成形的新工艺，也是当今粉末冶金领域中发展最为迅速的新技术。金属粉末注射成形最早可追溯到 20 世纪 20 年代，此时，已经有学者采用粉末注射成形来生产陶瓷零件。第二次世界大战期间，该技术得到了进一步发展，在火花塞和耐热喷管等的生产上得到了应用。随后的几十年间，粉末注射成形主要集中于陶瓷注射成形。直到 1979 年，由 Wiech 等人组建的 Parmatech 公司制造的两件金属粉末注射成形零件——波音 707、727 飞机用纯镍螺纹密封环和火箭用铌基燃料推进器荣获设计大奖后才引起世界粉末冶金行业的普遍重视，并标志着 MIM 技术的正式问世。

真正可批量生产且具有实用性的第 1 项 MIM 专利是 1981 年由 Wiech 发明的，但是按照当时的专利技术，成形后的坯件脱脂、烧结分别需要 2 ~ 3 天，生产周期长达 1 周时间。20 世纪 80 年代之后，由于意识到 MIM 技术在精密零件的制造特别是形状复杂的零件的制造方面的卓越优势，众多的大公司纷纷加入到这一行业。20 世纪 80 年代中期美国制定了一个高级粉末加工计划，研究内容涵盖了与注射成形有关的 18 个课题。美国的 Rensselaer 大学等单位投入了很大的精力来研究金属粉末注射成形技术，开展了金属粉末注射成形喂料的充模流动过程计算机仿真方面的理论研究，并对喂料的混合、注射成形、毛坯的脱脂、烧结等工艺过程作了深入的理论及应用研究，从而推动了金属粉末注射成形技术向实用化方向发展。

MIM 技术的出现给金属零件的生产带来了一场革命。由于金属粉末注射成形能生产普通机加工难以生产的复杂的精密小型零件，生产效率很高，能大量节省原材料，所以金属粉末注射成形很快就进入了商品化生产。除了前面提到的由 Wiech 等人组建的 Parmatech 公司外，美国 Remington 武器公司、IBM 公司、Form Physics 公司、Ford 航天和通讯公司等在 20 世纪 80 年代初都纷纷加入到 MIM 的开发和生产行列。其中，1982 年 Brunswick 公司进入 MIM 行业，并收购了 Wiech 公司，随后又逐步注册了 Omark 工业、Remington 军品、Rocky

牙科等子公司。

随后日本、德国等也纷纷加入到MIM的开发研究之中。从20世纪80年代中期到90年代中期产业化进程加速。1986年，日本Nippon Seison引进了Wiech工艺。1990年以色列Metalor2000公司从Parmatech公司引进了MIM工艺技术，建立MIM生产线。新加坡有一家靠自身技术发展壮大的MIM国有大公司，目前是首家生产计算机软盘驱动器部件的MIM公司。

此外，MIM的生产已从Fe-Ni合金、不锈钢、高密度合金、硬质合金等向更多新型材料的方向发展，其金属注射成形零件的种类、规格也不断扩大。它正在成为一种新的主要加工方法，用于MIM生产的材料体系主要有低合金钢、不锈钢、工具钢、硬质合金、陶瓷、磁性材料、钛合金、铝合金。

目前国内已有多家单位开展了金属注射成形的应用研究，如中南大学粉末冶金国家工程研究中心、北京有色金属研究总院、北京钢铁研究总院、广州有色金属研究院等先后开展了MIM的研究工作，并建立了实验生产线。尤其是中南大学粉末冶金国家工程研究中心在国家“863”项目、国家自然科学基金项目等资助下开展了全面、系统的研究工作，研制了一系列军用及民用产品，为商品化生产打下了基础。

由于MIM在制造几何形状复杂、组织结构均匀、性能要求高的产品上具有优势而倍受瞩目，被誉为当今最热门的零件成形技术之一。对于金属注射成形，通常要求壁厚要小(可小至其最大尺寸的10%以下)，而且整个零件的壁厚变化要小。一般来说，适合MIM工艺产品的质量在100g以下。金属注射成形已经广泛地应用于航空航天、汽车、电子、军工、医疗器械、日用品及机械等领域，下面介绍几类产品。

(1) 医疗器械　主要有手术下用手术刀、剪、取样钳、医用气体集流腔等，以及牙科正畸材料矫形托槽、颊面管系列零件等。该类零件小巧精致、形状复杂，是典型的MIM产品。以颊面管为例，该产品为不锈钢制造，质量在0.1~1g，有槽沟、球头、弯杆、通孔及多个曲面。采用金属注射成形工艺能提高尺寸精度（0.02mm），而且生产效率高，质量稳定，产品密度达7.8g/cm^3。

(2) 军工用品　在军工行业尤其是轻武器制造中，金属注射成形得到了广泛的应用，如枪管道、拉机柄、扳机框、保险。此类部件有槽下横沟、斜孔、齿纹或多个曲面，且形状复杂，尺寸精度要求高。采用金属注射成形加工该类零件其密度可达7.65g/cm^3，热处理强度可超过1500MPa以上。另外，在军工行业中还有各种集束弹、动能弹也可采用MIM工艺设备。

(3) IT电子、通信行业　MIM工艺在该行业中主要制造计算机硬盘驱动器零件、手机外壳、手机传呼机用振动件、光纤通信用陶瓷插针体等。其中手机振子采用高密度材料注射成形，零件中的通孔为ϕ0.7mm。其密度可达理论密度的99.5%以上，远高于压制烧结产品。氧化锆陶瓷插针体零件内部孔径要求为（125±0.5）μm。如此高的精度要求是通过陶瓷注射成形得到（118±5）μm粗坯，然后精磨加工而成的。

(4) 汽车行业　MIM工艺在汽车行业中的应用以安全气囊撞针、传动器、曲柄、点火控制锁部件、汽车方向系统U形匙、滑轨和滑块为代表，产品最终密度大于7.6g/cm^3，抗拉强度达到500MPa。

(5) 钟表零件　采用金属注射成形方法制造手表零件，可轻松实现新型款式设计，制造出整体式、流线型、形状奇特的多种款式。表壳、表链、平衡摆锤、按钮等均可用金属注射成形方法生产，该方法已成为欧美、日本、中国香港中高档手表换代的制备技术。这种产品烧结密度可达99.5%，能满足配合尺寸精度要求（0.02～0.05mm），经过后续抛光，可达到镜面光度。当今比较流行的永不磨损型手表，采用硬质合金、陶瓷材料，该类材料的难加工性，就更为金属注射成形技术提供了一个大展身手的舞台。

（6）其他　MIM还广泛应用于其他行业。例如，体育用品中的高尔夫球头和球座、鞋钉；日常用品中的锁芯、纸张打孔器、电动牙刷齿轮；橡胶行业的模芯、高精度小型阀、光纤连接器、理发推刀片、泵体及带孔盘等产品都开始采用MIM工艺生产。

MIM应用领域及其典型产品见表4-1所示。

表4-1　MIM应用领域及其典型产品

应用领域	典型产品
航空航天工业	飞机机翼铰链、火箭喷嘴、导弹尾翼、陶瓷涡轮叶片芯子
汽车工业	点火控制锁部件、涡轮增压器转子、阀门、导轨部件、汽车制动装置部件、汽车防晒棚部件
电子业	磁盘驱动器部件、光纤连接器、电子管壳、计算机打印头、电子封装件
军工业	地雷转子、枪板扳机、穿甲弹弹心、准星座、集束箭弹小箭
医疗	牙齿矫形托槽、体内缝合针、活体组织取样钳、防辐射屏罩
日用品	表壳、表带、表扣、高尔夫球头和球座、运动鞋扣、体育枪械零件、文件装订打孔器、眼镜框、锁芯、
机械行业	异形铣刀、切削工具、微型齿轮、“丁”字和“十”字接头、轴承保持架、阀件

MIM技术的特点主要表现在如下几个方面：

1）在大批量生产高复杂程度零件中有价格优势，而且各部位的密度和性能一致。注射成形工艺技术利用注射机注射成形产品毛坯，保证物料充分充满模具型腔，同时保证了零件高复杂结构的实现。以往在传统加工技术中先作成个别零件再组合成组件的方式，在使用MIM技术时可以考虑整合成完整的单一零件，大大减少了步骤，简化了加工程序。

2）MIM可以制取微观复合材料或宏观复合材料的零件，还可以制造微米级粉末尺寸的零件。注射成形工艺是一种流体成形工艺，粘结剂的存在保障了粉末的均匀分布，从而可消除毛坯微观组织上的不均匀，使烧结制品密度可达到其材料的理论密度，高的致密性可使产品强度增加、韧性加强，延展性、导电、导热性得到改善，磁性能提高。

3）可最大限度地制得最终形状的零件，无需后续机加工或只需用少量的机加工。注射成形工艺可直接成形薄壁、复杂结构件，制品形状已接近最终产品要求，零件尺寸公差一般保持在该尺寸的±0.1％～±0.3％。对于降低难于进行机械加工的硬质合金的加工成本，减少贵重金属所加工的损失尤其具有重要意义。

4）适用多种材料，材料利用率高，设备投资较小，并能自动控制整个工艺，生产效率高。可用于注射成形的材料非常广泛，原则上任何可高温烧结的粉末材料均可由MIM工艺制成零件，包括传统制造工艺中的难加工材料和高熔点材料。此外，MIM也可以根据用户的要求进行材料配方研究，制造任意组合的合金材料，将复合材料成形为零件。MIM技术使用的金属模具，其寿命和工程塑料注射成形的模具相当。由于使用金属模具，MIM适合于零件的大批量生产。由于利用注射机成形产品毛坯，极大地提高了生产效率，降低了生产成本，而且注射成形产品的一致性、重复性好，从而为大批量和规模化工业生产提供了保证。

4.1.2 MIM工艺方法与其他加工方法之比较

1. 与粉末冶金的比较

MIM属于粉末冶金范畴，又是对粉末冶金的一种突破。它克服了压制模具的局限性，能一次成形复杂的金属零件（或粉末冶金使用的毛坯），如MIM能制备出各种形状的粉末冶金零部件，包括各种外部切槽、内外螺纹、锥形外表面、交叉孔、不通孔、加强肋板等一些采用常规粉末冶金方法难以获得的产品；制品表面质量好、废品率低；利用多模膛或群模方式能一次成形多个制品，易于实现自动化，生产效率高；由于加入粘结剂，对模具材料的要求相对降低。但MIM工艺生产环节较多，影响因素较多，工艺优化空间大。另外，MIM粉末价格是粉末冶金工艺用粉末的数倍。

2. 与压铸、精密铸造工艺比较

在金属成形工艺中，MIM、压铸和精密铸造都可以成形三维复杂形状零件，但压铸仅限于低熔点金属，精密铸造对于铝合金、锌、黄铜、青铜、银、金等有色金属是一种较好的成形工艺，但对于难熔合金、硬质合金、高密度合金、钛合金、金属陶瓷等压铸和精密铸造却无能为力，而这些正是MIM的强项。

4.1.3 几种代表性的MIM工艺

经过20多年的发展，金属注射成形工艺已取得巨大进步，出现了多种MIM成形及脱脂工艺。

1. Wiech工艺

Wiech工艺发明于1980年，经多次改进应用于生产，是最早较完备和成熟的工艺。Wiech工艺基本粘结剂体系由石蜡和热塑性树脂组成。脱脂最初采用二步法，首先将MIM生坯置于真空容器内，然后将溶剂以气态形式缓慢地加入成形坯所在的容器内，加热除去主粘结剂石蜡，然后将已脱除了大部分粘结剂的成形坯再浸入液态溶剂中除去剩余的部分粘结剂，最后将成形坯预热以除去残留的部分粘结剂和部分溶剂，并进行烧结得到成品。该工艺后来改为全部采用热分解脱脂，脱脂时间大大减少。Wiech工艺存在注射生坯应力大，容易开裂变形等问题，难于生产尺寸稍大的零件。

2. Injectamax工艺

美国AMAX Metal Injection Molding公司的Johnson于1988年发明了Injectamax工艺，该工艺的粘结剂体系为油、石蜡和热塑性树脂，是一种脱脂方法较快的MIM工艺。脱脂时选用一种溶剂如三氯乙烷有选择地首先溶解脱除植物油和石蜡，这样打开孔隙通道，然后再利用热脱脂除去剩余的粘结剂。整个脱脂工艺过程时间短，只需1.5~8h。它的主要优点是植物油在注射和冷却时均为液态，使得注射成形前后成形坯体积变化不大，缓和了成形坯中的内应力。这种溶剂脱脂加上热脱脂的两步脱脂法由于简单、投资少和高效率，是目前大多数MIM公司和生产厂家所采用的生产方法，AMAX公司应用这种技术成功生产了几种型号的导弹尾翼。

3. Metamold工艺

Metamold 工艺是德国 BSAF 公司于 20 世纪 90 年代开发的 MIM 催化脱脂工艺，该工艺已基本解决了工艺过程对 MIM 大规模产业化的制约。Metamold 工艺被称为揭开快速催化脱脂高技术的序幕的技术。此工艺是在硝酸或草酸作催化剂气氛下，使粘结剂聚醛树脂在 110℃以上分解为甲醛，避免了液相的生成，不但大大加快了脱脂速度，而且避免了脱脂时 MIM 坯变形和尺寸精度难以控制的弱点。随后在氮气、氢气等气体作用下进行烧结。该工艺还可利用聚醛树脂的极性连接金属粉末，适合硬质合金和陶瓷等多种粉末成形。

4. PPIM 工艺

美国 Thermal Precision Technology 公司的 Hens 开发了一种称之为精密金属粉末注射成形的新工艺（PPIM 工艺）。PPIM 工艺的特点是采用水溶性粘结剂。先用水溶解聚乙二醇，再热脱除另一组元聚乙烯醇缩丁醛（PVB），这样把脱脂分为两步，脱脂时不出现液相，提高了脱脂时的尺寸稳定性。另一方面，PPIM 工艺采用经过调配的宽粒度组成的金属粉末，即采用粗粉、细粉搭配，使得喂料中粉末的装载量提高，对于不锈钢粉末可达到 74%（体积分数），尺寸收缩大大减少了。由于这两方面的改进，采用 PPIM 工艺，产品尺寸精度可达到 ±0.1%，据称采用该工艺可以将 MIM 技术推进到一个低成本、高精度、高成品率和对环境友好的新时代，也是目前所有 MIM 工艺中尺寸精度最高的一种。

5. Quiekset 工艺

由法国 Vallourec 公司的子公司 Impae 和 Metals Process Systems（MPS）公司开发了一种称之为 Quickset 的无粘结剂 MIM 新工艺。Quickset 工艺所用粘结剂含量很少，只需传统 MIM 粘结剂含量的 5%，突破了传统 MIM 制品的重量、厚度、尺寸限制。其基本工艺过程为：在室温下将金属粉末、液态载体和添加剂混合均匀，然后将其在 350 ~ 50000kPa 压力条件下注射入 30 ~ 60℃的模具中，注射周期 5 ~ 30s。脱模后真空干燥 1 ~ 2 天，干燥后生坯中有机物质量分数仅为 1%。

Qulckset 工艺可以使用约 74μm 的较粗粉末，可以制备大尺寸、厚壁零件，厚度尺寸达 20mm，质量达 800g，且制品致密度达到 99% 理论密度。

6. Injectavac 工艺

美国 Vacuum Industries 公司和 C/VI 公司开发了一种称之为 Injectavac 的一步脱脂和烧结系统，其自动化程度很高。该工艺首先针对各种可以热分解脱除的粘结剂使其在低于 0.1MPa 下挥发，然后将挥发的粘结剂冷凝收集后进行烧结，整个系统的温度、压力和气体流量均为自动控制。Injectavac 工艺只需分步脱脂和烧结工艺的 1/3 时间，而且能准确控制碳含量和零件尺寸精度，制品质量高。不过该工艺采用单元式烧结炉，影响了其产量和规模效益。

4.1.4　金属注射成形技术的发展方向

高强化、功能化、形状复杂化、微型化、精密化、复合化是 21 世纪零件的发展趋势，这使 MIM 面临巨大的机遇和严峻的挑战。近年来金属注射成形技术主要朝粉末体系、粘结剂及脱脂技术及其相应的高可靠性生产装备方向发展，有如下几个特点：

1）改进现有的和开发新的制粉方法，生产粒度和化学成分稳定、高振实密度、价格低廉的 MIM 用细粉。金属粉末的生产是 MIM 技术实现的前提，直接影响着诸如注射料的性能、脱脂速度和脱脂过程的变形与烧结，最终影响着产品的尺寸精度和物理性能。金属粉末的形状、粒度与粒度分布、表面积、颗粒间的相互摩擦等影响着粉末的振实密度、装载量、注射料的均匀性和流动性、坯体的保形性、烧结收缩性和产品的致密化，提高粉末的各种性能，降低粉末的成本是主要方向。日本开发的超高压水雾化剂制粉高技术和高压气体雾化制粉技术是典型代表，这两种方法制备的金属粉末比传统的制粉方法在形态和流动性方面有了很大的改善，同时价格也大幅下降。

2）开发新型粘结剂体系及其脱脂方法，缩短脱脂时间，避免脱脂坯的变形和缺陷。以醋酸纤维脂、聚乙二醇聚合物、丙烯酸聚合物、琼脂为基体的诸多粘结剂体系得到进一步的发展应用，计算机辅助控制热脱脂技术、溶剂脱脂技术、催化脱脂技术，以及冷冻干燥技术、微波辅助干燥技术都被用于粘结剂的脱脂研究，这一方面极大地缩短了脱脂时间（从几天到几小时），另一方面也实现了对脱脂过程中容易产生易挥发产物的聚合物分解副反应的控制，从而更有效地减少了脱脂过程中缺陷的形成。

3）MIM 工艺参数及装备的自动化精确控制。以计算机精密控制注射成形机及相关在线质量监测控制系统的研究和计算机辅助脱脂关键装备技术的开发是目前及今后关注的重点方向。成形设备如粉末同步注射成形机，利用控制协调的双筒注射机生产复合材料零部件，为实现 MIM 的自动化和智能化打下了基础。

4.2　金属注射成形喂料的制备

金属注射成形技术在制备几何形状复杂、均质组织和高性能的近净形产品方面具有独特的优势，凡可以制成粉末的任何金属或合金均可用此方法制造零件。此外，该技术可以实现自动化连续作业，生产效率高。金属注射成形技术的物料组成包括金属粉末和粘结剂两大部分，粉末和粘结剂形成的混合物称为喂料，金属粉末与粘结剂混合均匀的过程称为混炼过程，只有当喂料混合均匀无相分离时才能在注射后得到均匀的坯块，并最终得到尺寸一致的产品。其基本工艺过程是将金属粉末和粘结剂以一定的比例，按规定的进料方式和顺序在较高的温度和剪切力作用下进行混炼并得到结构均匀的喂料。

4.2.1　MIM 用粉末的性能

粉末原料的选定要考虑产品性能、与粘结剂混合后的流动特性、脱粘特性和烧结特性。在粉末的所有性能中，主要考虑以下几方面：

（1）粉末平均粒度　平均粒度是影响 MIM 工艺性能和零件性能的重要因素。粉末越细，填充密度和组织均匀程度就会越高，有利于提高烧结体的密度。不同材料粉末颗粒的形状也不同，有球形、带状、片状、纤维状和须状等，对颗粒形状进行量化比较困难，可以采用长宽比来定性描述，常用比表面积（单位：cm^2/g）来作为间接测量平均粒度的一种方法。MIM 工艺通常使用平均粒径在 20μm 以下的粉末，粉末的粒径越小其价格就越高。

（2）振实密度　振实密度是指通过振动粉末所能达到的最大密度。在粉末粒度相同、均质的情况下，振实密度不仅能反映粉末形状，也是影响粉末填充特性的重要因素。粉末颗粒的形状越不规则，粉末堆积受振动的影响就越大。就水雾化粉末而言，在平均粒度相同的条件下，振实密度高，可以减少粘结剂的用量，注射料的流动性也能保持，这样就能够使均匀地进入模具型腔内的粉末量增加，从而可以降低烧结体的收缩率，缩小零件的尺寸误差。

(3) 粉末的含氧量　粉末表面的氧化程度不仅对烧结性能有影响，而且也是影响磁性材料以及含钛、铝等强氧化性元素的高合金钢等材料特性的重要因素。为了确保 MIM 零件的烧结性能和材料特性，所用粉末的含氧量越低越好。

粉末的性能对 MIM 制品的密度、尺寸精度等有重要的影响，要结合粉末的价格来综合优化选用。

4.2.2　MIM 粉末制备工艺

MIM 要求原料粉末很细，以保证均匀的分散度、良好的流变性能和较大的烧结速率。理想的 MIM 用粉末为：粉末粒度 2～8μm，松装密度 40%～50%，振实密度 50%以上；粉末颗粒为近球形，比表面积大。不同的粉末制备技术对粉末的粒度、形状、微观结构、化学性质和制造成本等有不同的影响。表 4-2 列出了一些常用的粉末制备方法及其特点。

表 4-2　粉末的制备方法及其特点

粉末制备方法			粉末种类		粉末特点	
			金属粉末	合金粉末	形状	粒度/μm
机械法	雾化	气体雾化	Sn, Pb, Al, Cu, Fe, Ni	青铜、黄铜、合金钢等	球形	20～400
		液体雾化	Cu, Fe, Au, Ag, Ni	青铜、黄铜、合金钢等	近球形	20～400
		电弧喷枪雾化	Ni, Fe	不锈钢、蒙乃尔合金	球形	20～400
		旋转圆盘雾化	Cu, Fe	青铜、黄铜等	近球形	500～1000
		旋转电极雾化	Fe, Ni, Co, Ti, 无氧钢	钛合金、超合金等	球形	40～50
		旋转坩埚雾化	Fe, Ni, Co, Ti, Al		球形	100～1500
		真空雾化			球形	较粗
		可溶性气体雾化			球形	较粗
	机械粉碎	涡旋研磨	Fe, Ni, Al, Cu, Pb	Fe－Ni 合金、合金钢等	碟状，球形	100～600
		冷气流喷射		不锈钢、超合金、合金钢等	不规则	细而均匀
物理化学法	气相法	气相沉积凝聚	Mg, Cd, Zn, Pb, Sb		球形	0.1～10
		电弧蒸发	Zn, Pb, Sb		球形	0.1～5
		羟基法	Fe, Co, Ni		球形	0.1～10
	电化腐蚀	晶间腐蚀		不锈钢	粒状	较细
	还原法	气体还原	W, Mo, Fe, Co, Ni, Cu	Fe-Mo、W-Re 合金	海绵状	
		碳还原	Fe, W		海绵状	
		金属热还原	Ta, Nb, Ti, Zr, HF	Cr-Ni 合金	海绵状	
	粉末球化法	在惰性填料中熔化	Fe, Co, Ni	青铜	球形	30～60
		等离子气体化	Ta, W, Mo		球形	100～150
		垂直炉球化	Ti, Mo	WC、不锈钢	球形	≤500

4.2.3　粘结剂体系及性能

1. 粘结剂的功能和特性

粘结剂是 MIM 技术的核心，其加入与脱除最为关键，对注射成形坯的质量、尺寸精度、合金中碳和氧的含量等影响很大。粘结剂有两个基本功能：成形阶段增强粉末流动性和成形后保持坯块形状。只有加入一定量的粘结剂后，粉末才具有一定的流动性以适合于注射成形，带动粉末充填复杂形状的模膛。成形后，粘结剂又起着保持制品形状的作用，有利于脱模后坯块的搬运，保持坯块从脱脂到烧结前不变形。粘结剂选择不当可能造成各种缺陷，在各个工序中的具体表现见表 4-3。对粘结剂的一般要求为：与粉末接触角小、粘结力强；注射成形时粘度低，粘度对应变速率的敏感性小；粘结剂中各组分必须有好的工艺相容性，不发生相分离；冷却后粘结剂应具有一定的强度和脆性。为保证注射和脱脂的顺利进行，粘结剂一般采用多组元体系，即由流动性好的低熔点组元（石蜡、植物油等）和具有较好保形性和较高熔点的聚合物组元（如聚醛树脂等）组成，另外还需添加少量表面活性剂。今后粘结剂发展的方向应该是高强度抗变形、对各种材料体系通用性强、脱除快速无毒性、适应连续化自动生产。

理想的粘结剂应具备以下特性：①熔点低，固化性好，在室温具有较高的强度（ > 4MPa），粘度低（一般小于 10Pa · s），流动性好，且粘度随温度变化小，粒度对应变速率的敏感性小；②与原料粉末间不发生化学反应，与粉末润湿性好（润湿角小于 5°），粘附性强；③粘结剂中各组元可化学反应部分互溶，不发生相分离，热分解温度范围宽，其分解产物无腐蚀性、无毒，残留量低，金属含量低，分解温度应高于混合温度和成形温度；④粘结剂的成本低，易获取，生产安全，不污染环境，不吸水，无易挥发组元，循环加热不变质（可重复使用），热导率高，热膨胀系数小，链节长度短，无结晶取向。

2. 金属注射成形粘结剂体系的构成与特点

20 世纪 70 年代初 MIM 技术出现，80 年代初进入快速发展阶段，并且显示出诱人的前景。粘结剂的开发研究也经历了许多的变革。根据粘结剂的主要组元和性质可分为热塑性体系、热固性体系、凝胶水基体系和水溶性粘结剂体系四大类，见表 4-3。

表 4-3　各种粘结剂体系的比较

体系		优点	缺点
热塑性体系	蜡基系	粘度低、成形坯强度高、注射范围宽、成本低、装载量高，适合生产厚度小于 8mm 和高表面粗糙度要求零件	混料时易发生挥发、易产生相分离、注射料性能不稳定、保形性差
	油基系	粘度低、注射范围宽	易产生相分离、成形坯强度低
	聚合物基粘结剂	成形坯强度高、保形性好	装载量稍低、脱脂慢
热固性体系		温度稳定性好、尺寸精度高	混合困难、反应副产物导致产品多孔、脱脂困难
水溶性体系		不需要有机溶剂，适合于生产截面小的零件	装载量低、注射范围窄、易变形、对于烧结密度很高时不适合
凝胶体系		水易于蒸发、脱脂速度快、无需特殊设备、可生产厚的产品	成形坯强度低、易变形、注射范围窄
特殊体系	聚缩醛基	成形坯强度高、保形性好、脱脂速度快、可生产截面小于 40mm 的零件	粘度高、需专门设备、存在酸处理问题
	丙烯酸基	注射范围宽、脱脂速度快、可生产厚的产品	属反应型粘结剂

（1）热塑性体系　热塑性体系是以具有热塑性的有机化合物为主体的粘结剂，一般由低分子物质与聚合物高分子物质以及必要的添加剂组成，使用最为广泛，在工艺上也比较成熟。热塑性粘结剂根据低分子组成物的不同，又可分为石蜡基粘结剂、油基粘结剂、聚合物粘结剂等。热塑性体系粘结剂熔点低、粘度低、流动性好，压坯强度高、金属粉末装载量高，脱脂过程中能在低温阶段先行挥发、分解或溶解，在坯块中留下连通孔道，有利于后期快速热脱脂，适于生产厚度小和表面粗糙度要求高的零件。但也存在着较大缺点：形状保持性差，易产生相分离，含低熔点易挥发组元，混料易发生挥发，固化时间长，注射料不能重复利用，碳残留高等。BASF公司改进的聚醛基热塑性粘结剂保形性好，无相分离，可生产较大尺寸的产品，然而粘度高，脱脂工艺投资大，成本高。

1）蜡基粘结剂。蜡基粘结剂是研究最早、最成熟和应用最广的一种体系。这类粘结剂一般由石蜡（质量分数为70%～80%）、聚合物（质量分数为30%～20%）和少量的表面活性剂组成。所用的石蜡种类很多，如普通石蜡、蜂蜡、巴西棕榈蜡、蒙坦蜡、聚乙烯蜡、液体石蜡、微晶蜡、聚乙二醇蜡和聚烯烃蜡等。常用的聚合物中聚烯烃占多数，如有聚乙烯（PE）、聚丙烯（PP）、聚异丁烯（PIB）、聚苯乙烯（PS）、乙烯-醋酸乙烯酯共聚物（EVA）、聚甲醛（POM）和聚甲基丙烯酸甲酯（PMMA）等。表面活性剂有硬脂酸（盐）和油酸等。石蜡基粘结剂的特点是石蜡和聚合物树脂相容性好，熔点低，粘度低且粘度随剪切速率提高而迅速降低，流动性好，因而可填充各种复杂模膛的边角凹凸处，压坯强度较高，注射范围较宽，成本低，适合于生产厚度小于3mm的制品和表面粗糙度低的零件。但是，由于石蜡熔点低，在热脱脂时热变形温度低，变形率高。而且，石蜡的粘度低，不能与金属粉末产生很好的混合，易产生相分离以及在注射成形时易发生喷射和出现焊纹。另外，当石蜡从液体冷却到固态冷却时，体积收缩大（11%～20%），注射时，在厚壁与薄壁交接处产生较大的内应力，从而使坯块易坍塌，保形性差。

2）聚合物基粘结剂。聚合物基粘结剂主要组分是高分子聚合物和添加剂。聚合物强度高，注射成形后保形性好，但粘度高。添加剂用于改善某些性能，如改善应力、降低粘度、增加润湿性或润滑性等。一般根据添加剂的作用而命名为去应力剂、增塑剂、偶联剂、润湿剂、润滑剂等。通过控制相对分子质量以及相对分子质量分布，进行自行合成高分子，可以达到既具有良好的强度又有良好的流动性的目的。因此，注射成形用粘结剂的粘度可通过以下方法加以改善：①加入低相对分子质量聚合物共混或共聚改性来降低其粘度；②用化学合成方法可以得到既具有良好强度又有良好流动性的高分子聚合物。这方面的粘结剂有丙烯酸聚合物、合成聚酰胺、合成多羟基链烷酸酯（盐）、改性聚甲醛为主要成分的粘结剂。

3）油基粘结剂。油基粘结剂中低分子组分大部分为油，油在注射前后一直保持液态，注射冷却过程没有收缩，因此能减小和释放注射过程产生的应力。另外，油能方便地用溶剂溶解而脱去，脱脂快且成本低于热脱脂。油按其碘值大小可分为干性油、半干性油和不干性油。前两者受热时可能产生交联，导致粘度剧增，因此仅不干性油可用于MIM。具体有花生油/聚合烯烃、氢化油/聚乙烯、芝麻油/聚乙闹聚丙烯等粘结剂体系。

（2）热固性体系　热固性体系采用热固性有机物作为粘结剂的主要成分，注射料注入热模中发生缩合反应而固化，最早由Rivers发明。热固性体系对温度稳定性好，提高尺寸精度。但由于反应副产物导致产品多孔，使重金属粉末的混合和悬浮困难，脱脂困难，脱脂不完全，极大的影响了产品的使用性能，这种体系应用很少。

（3）凝胶体系　凝胶粘结剂在陶瓷粉末注射成形中应用较多，但它在MIM中应用较少，因为粘结剂中的水对一些活泼的金属或合金微粉有氧化作用。凝胶体系是利用特定的树脂受热产生凝胶化反应获得生坯强度。凝胶体系中水分容易蒸发，因而脱脂速度快，不需要特别设备，可生产厚度较大的产品；限制凝胶粘结剂使用的其他因素是凝胶化时间长（数分钟），粉末易氧化，压坯强度低，注射范围窄，注射坯体容易弯曲或呈现橡皮状。

（4）水溶性体系　水溶性体系是由水溶性成分和水不溶性成分组成，水溶性成分包括纤维素类、聚丙烯酸类和聚乙二醇类等，而水不溶性成分主要有聚烯烃和聚缩醛等。水溶性体系不需要有机溶剂，采用水脱脂，价格便宜，无毒，有利于环保，脱脂时间短，可生产大而截面小的零件。但是，使用该体系技术粉末易氧化，易变形、弯曲，装载量低，注射范围窄，不适用于烧结密度高产品的生产。

（5）热塑—热固性体系　热塑—热固性体系充分利用了热塑性粘结剂具有的优良的流变性能和成形性及热固性树脂对制品的保形性，使之在混炼和注射过程中表现为热塑性，从而能在热塑性设备上实现均匀混合和注射充模；而在脱脂过程中，在高温的作用下，树脂固化，粘结剂表现出热固性特点。高温下脱脂坯不会软化变形，从而提高制品的尺寸精度和保形性。

环氧树脂是在一个分子中含有两个以上环氧基 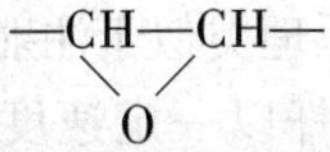 ，并在适当的化学试剂存在下能形成三维交联网络固化物的一类化合物的总称。环氧树脂在未加入硬化剂时是热塑性树脂，不会受热硬化，稳定性高，应用于MIM工艺有利于注射料混炼均匀和注射过程中喂料的流动充模。根据所采用的固化剂不同，环氧树脂可以在常温到250℃之间很宽的范围内固化，满足不同工艺的要求。环氧树脂固化时不产生副产物和气泡，因而收缩率小（约2%），是热固性树脂中收缩最小的一种。固化物热膨胀系数小，受温度影响小，用作MIM粘结剂有利于减小注射坯内由于温度变化引起的残余应力，有利于防止脱脂过程中由于粘结剂膨胀和应力释放而使脱脂坯产生裂纹甚至开裂。环氧树脂固化物为不溶、不熔物，强度高，有利于保持脱脂坯形状，提高制品尺寸精度。由于该粘结剂体系具有良好的保形性和尺寸精度控制，将可能成为粘结剂的发展方向。

4.2.4　喂料的混炼

1. 混炼

MIM喂料的混炼是在一定装置和一定温度下，将原料粉末及粘结剂进行混合并充分有效地搅拌，通过热效应和剪切力的联合作用，在"置换"、"压缩"、"剪切"三方面联合作用下使得喂料均匀化并符合注射要求的过程。由于喂料的性质决定了最终注射成形产品的性能，所以混炼这一工艺步骤非常重要。混炼是一个复杂的改善粉末流动性以及完成分散的过程。这牵涉到粘结剂和粉末加入的方式和顺序、混炼温度、混炼装置的特性、混合机制的热力学和动力学等多种因素。这一工艺步骤目前仍停留在依靠经验摸索的水平上，最终评价混炼工艺好坏的一个重要指标是所得喂料的均匀性和一致性程度。

均匀的混炼一般是先加热高熔点组元使之熔化，然后降温，加入低熔点组元，然后分批加入金属粉末。这样能防止低熔点组元的汽化或分解，分批加入金属粉末可以防止降温太快而导致的转矩急增，减少设备的磨损。混炼温度不能太高，否则粘结剂可能发生分解或者由于粘度太低而发生粉末和粘结剂两相分离；剪切力的大小要依混料方式的不同而改变。对于不同粒度粉末搭配时的加料方式，可先将粗的粉末加入粘结剂中，然后加入较粗的粉末，最后加入细粉，这样得到的最终产品的收缩变化很小。为了在粉末周围均匀涂覆一层粘结剂，还可以将金属粉末直接加入到高熔点组元中，再加入低熔点组元，然后去除空气即可。在混炼中，可用混合转矩来衡量混合的程度，即混料的均匀性可由混合转矩大小的变化情况表现出来。均匀的混合料转矩较小且变化不大，扭矩值不稳定表明混料不均匀，如转矩超过临界值，表明混料处于不稳定状态。

2. 混炼设备

混炼的目的是使粉末的表面均匀包覆上一薄层粘结剂，破坏团聚，使粉末及粘结剂在喂料中均匀分布，以得到最佳的粉末装载量、密度、粘度和良好的流动性、成形性、脱粘和烧结工艺性，这要求混炼设备混合作用柔和，转矩恒定，使各区域和混料受到同等的均匀剪切，避免颗粒和组织偏析；混炼应具有可重复性，时间短，易于清理，能耗低。目前广泛采用的有单螺杆挤出机、双螺杆挤出机、双行星混料机、双偏心轮混料器、Z 型叶轮混料器、活塞挤压机、反应釜高强搅拌器等设备。其每个装置都有一个使混合料经过合并达到高剪切速率的均匀化区域，这些装置适用于混合粘度在 1～1000Pa・s 的混合料。

单螺杆挤出机的工作原理类似于注射成形中螺杆的作用（见图 4-3），依靠螺杆以一定速度自转，通过螺杆将熔融喂料由后往前朝挤出方向输送，同时对喂料施加剪切、混合、混炼作用。

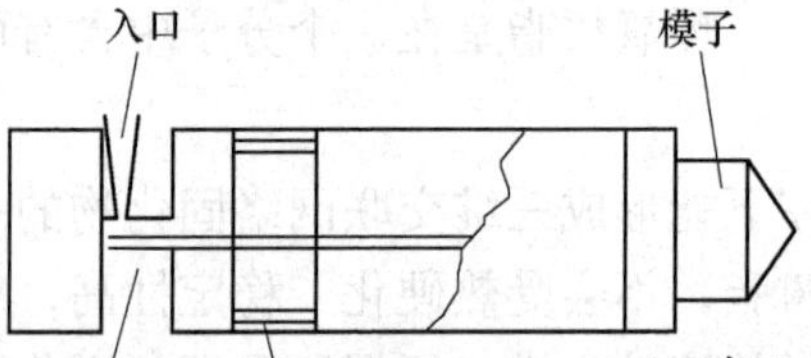

图 4-3 单螺杆挤出机工作原理

双螺杆挤出机是最常用的也是最成功的混料机，它是从单螺杆挤出机的基础上发展起来的，进一步加强了剪切作用，有利于提高混炼均匀性，并可以适用于较大粘度的喂料，适用粘度范围 102～104Pa・s。双螺杆挤出机工作原理如图 4-4 所示。由两根相互啮合且旋转方向相反的锥形螺杆组成，采用高压液压泵恒温加热，可使混合料沿加热了的挤压管形成均匀、薄的圆筒状产品。高温停留时间短，可防止两相分离及粘结剂与金属粉末的化学反应。剪切速率高，混合料均匀，各向同性，但设计制造费用高。

双行星混料机是由两个相互垂直作行星运动的转子组成的，高温热液压泵加热，通过热电偶传感器和加热功率控制加热温度，加热均匀，快速准确，双行星混料机工作原理如图 4-5 所示。装填容积可按比例扩大，清理方便。在实际生产中经常被应用于粘结剂和金属粉末的最初高精度混炼。它是费用、生产能力和混合质量三者的最优化，广泛应用于 MIM 工业生产中。双行星混料机剪切力较小，适用于球形度好、颗粒较大的粉末混炼，但对于形状不规则、亚微米级的细粉末来说，用双行星混料机很难得到均匀的混合料。

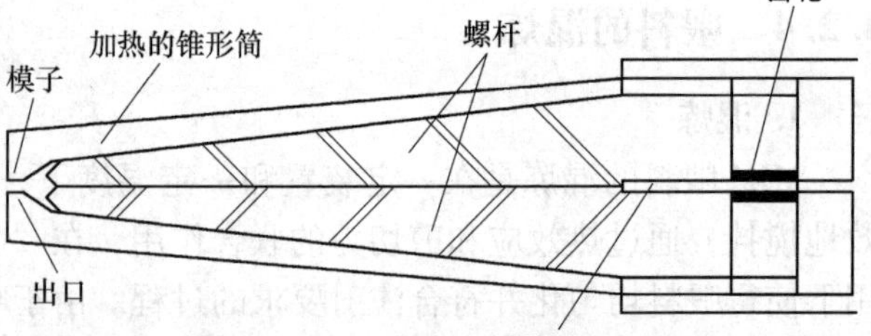

图 4-4 双螺杆挤出机工作原理

如图 4-6 所示，双偏心轮混料器用于各种金属粉粉末与粘结剂的密炼，即混合在密闭的混炼室内进行，混合料在两个作相对运动的偏心轮的捏合下，并在一定的压力下进行捏合、搅拌，产生的剪切力很大。双偏心轮混料器采用直流电动机驱动，晶闸管控制，调速平稳、范围广。在输出传动链端有转矩传感器，通过记录仪可以准确记录或反映出实际的转矩变化情况，从而可对喂料粘度和实际的混合均匀程度做出评价和判断。密炼腔采用特种钢材并喷镀特种硬质合金，硬度高、耐磨性好、耐蚀性好，能适应各种不同性能的材料，但存在较大的混炼死角，且工作容积较小。

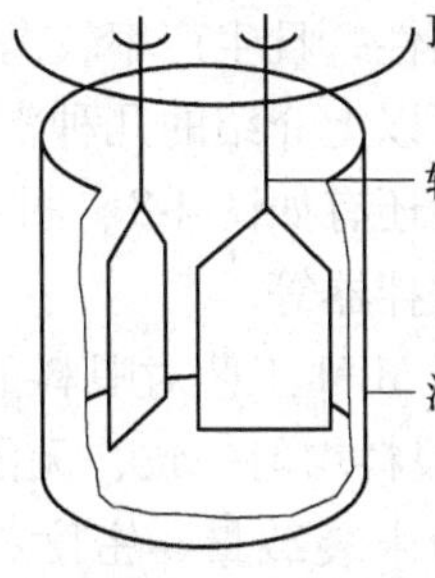

图4-5　双行星混料机工作原理

Z型叶片混料器为卧式结构，由一对Z形叶片、拌缸、加热棒组成，Z形叶轮混料器工作原理如图4-7所示。它通过浸泡在夹套内导热油中的加热棒加热，热效高，耐腐蚀，能保证原料的化学性能。2只Z形叶片在拌缸中作相对运动，特殊的叶片形状保证喂料受到不同方向的剪切和捏合作用，剪切力大，可用于各种金属粉末与粘结剂的混炼。为了避免金属粉末和粘结剂在加热时被氧化，可以在混料器外安装真空装置，使得喂料混炼在真空状态下工作，降低粘结剂的损失对喂料粘度的影响，从而保证MIM喂料的性能。该混料器的缺点是难于清理干净，最好是专机专用。

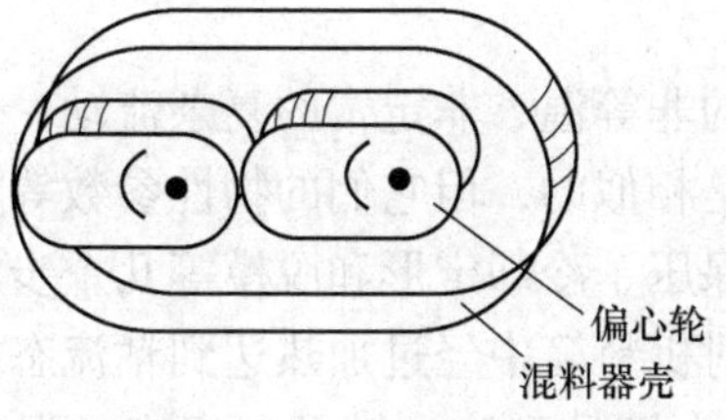

图4-6　双偏心轮混料器工作原理

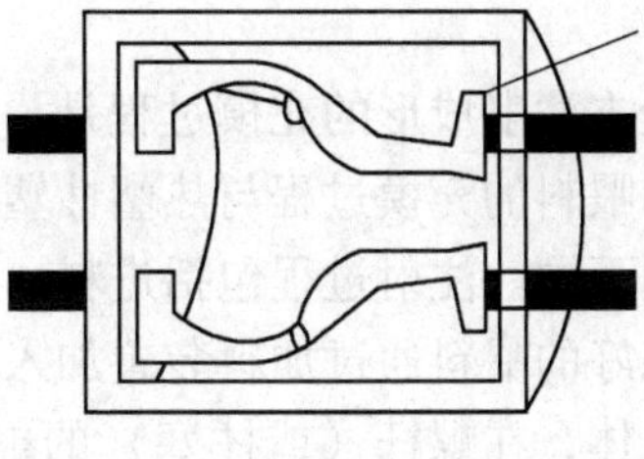

图4-7　Z型叶轮混料器工作原理

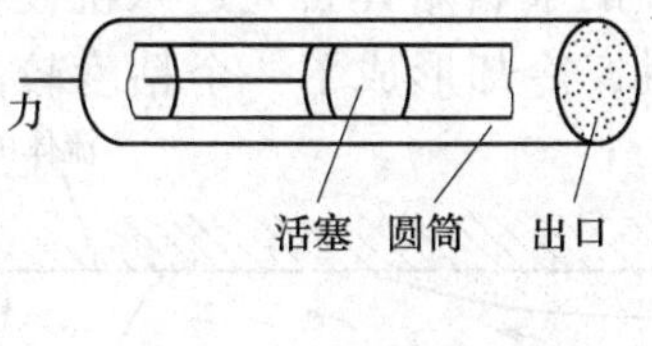

图4-8　活塞挤压机工作原理

图4-9　反应釜高强搅拌器示意图

密炼机适用于金属粉末与粘结剂的密炼。密炼机螺旋形转子是2Cr13不锈钢铸件，硬度高，耐磨，耐腐蚀。密炼机采用特制的转矩传感器、转矩测试记录仪和物料温度记录仪，可记录密炼过程中物料温度、转矩的变化情况，实时反映密炼过程中电流、速度等参数的变化。输出轴转速在20~80r/min，可平滑调节，效率高，可满足不同材料不同配方的实验要求，能产生0.1~21.5MPa的压力并在此压力下进行捏合、搅拌和剪切，从而能获得较好的组织均匀性，且生产率较高，工作环境良好。

除了以上介绍的几种混炼设备外，常用的 MIM 喂料混炼装置还有如图 4-8、图 4-9 所示的活塞挤压机、反应釜高强搅拌器等。

由于 MIM 工艺对喂料的特殊要求，混炼设备应能满足 MIM 喂料均匀一致，无团聚，不改变化学成分，获得最佳的粉末装载量、密度、粘度相流动性等性能。MIM 产业化还要求混炼设备能在线检测和评估喂料的混合均匀程度。因此，根据喂料在混炼设备当中的扩散、层流和分散运动规律设计混炼装置，提高剪切力是混炼设备研制的主要方向。

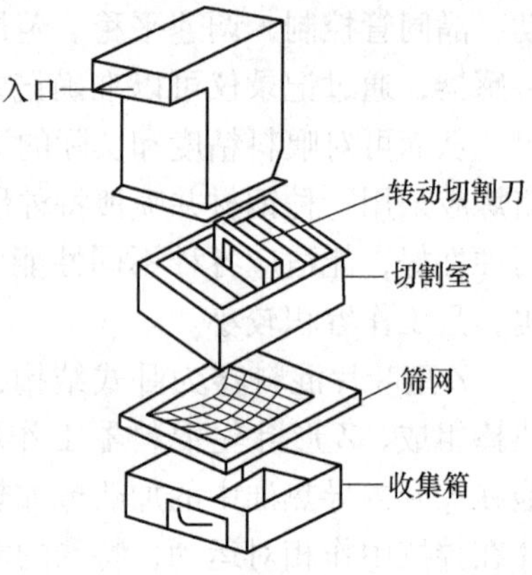

图 4-10　制粒机的工作原理

经过混炼设备混合好的喂料，还需经过制粒工序，通过制粒机把喂料制成具有一定粒度的大小一致的粒状喂料，用于注射成形。制粒机的工作原理如图 4-10 所示。

4.3　注射成形过程

金属粉末注射成形的充模过程是一个非牛顿流体的非等温、非定常的复杂流动。金属粉末注射成形喂料的充模过程与热塑性塑料的充模过程是相似的，但它们的物性参数等方面存在着明显的不同。注射过程包括进料、注射、充模、保压、冷却定形和脱模等几个步骤。进料是将混炼好的喂料通过加料装置加入料筒中，在注射机料筒中经过加热达到粘流态；注射是将喂料流体，在螺杆（或柱塞）的推动下经喷嘴射入模具型腔，模具在规定的温度下加热，使喂料充模成形；喂料充满型腔后，需要保压一定时间，使注射件在型腔中冷却、硬化、定形；压力撤消后开模，并利用注射机的顶出机构使注射件脱模，取出坯件。

4.3.1　熔体充模机理

如图 4-11 所示，在粉末注射成形充模过程中，高温的喂料熔体首先进入浇注系统，而后呈泉涌流动充入型腔。熔体的前端表面与冷空气接触，冷却形成了一个粘度较高的前沿膜。前沿膜的存在使熔体流动交替发生以下两个过程：①受前沿膜的阻止，喂料熔体直线向前推进受阻，使熔体转向模膛壁方向流动，当与模膛壁接触时，熔体将很快冷却，粘度增大，速度急剧降低，并有可能形成冷凝层；②喂料熔体中心热核冲破前沿膜形成新的前沿膜。这种注射流动是一种向前并向外的合成流动，向外流动的熔体与模壁接触，凝固而形成表皮，向前流动的熔体形成新的熔芯，后面再进入模具的熔体则沿着附有已凝固的冷凝层的流道流动，形成一种“喷泉流动”。从上面的充模过程来看，如果模具温度过低，注射压力

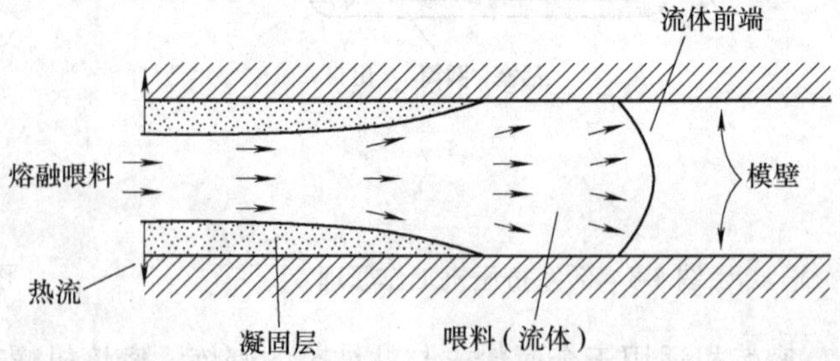

图 4-11　喂料沿模壁流动示意图

和注射速率又偏小时，第一个过程占优，靠近模壁的冷凝层将存在较大的热应力，会使坯件表面质量受到影响，因此常常出现各种皱纹和细微裂纹，而且严重的还可能引起“欠注”。相反，若注射压力和注射速率太高且喂料熔体的粘度较低时，则第二个过程占优，容易引起“喷射”，这样容易导致气孔和空洞等缺陷。

4.3.2 注射参数对成形的影响

注射参数直接影响到喂料熔体的粘度，它们对充模过程的成功与否具有重要的影响。下面讨论主要注射参数对成形过程的影响。

1. 注射温度

注射温度主要影响喂料的塑化和流动。喂料熔体的粘度与温度有着密切的关系，为了能流动，注射温度必须高于粘结剂软化温度，通常为50～200℃。温度偏低，粘度将增大，流动变缓，将导致注射压力升高，引起欠注，还会降低机器的使用寿命。而温度偏高，虽然可以降低粘度，但由于粘结剂与粉末的密度不同，它们的流动程度也不同，可能导致两相分离，以及粘结剂分解失效，引起飞边，同时冷却时间也要加长。

2. 模具温度

模具温度对注射坯的内在性能和表观质量有很大影响。当熔体以确定的充模时间充入型腔时，一方面与较冷的模壁接触形成冷凝层，并通过冷凝层而散失热量。另一方面，由于冷凝层的存在，使流道面积减小，阻碍了熔体的流动，又将产生摩擦热，摩擦热与所散失热量相抵的结果决定了熔体温度的上升或下降。而熔体温度的上升或下降又反过来影响冷凝层的厚度和熔体的粘度。若模具温度降低，则因热传导而散失热量的速度越快，熔体温度将降低，这将导致冷凝层的厚度和熔体的粘度增大，两者均使摩擦热增大，当摩擦热与散失的热量达到新的平衡时，这一调节过程才结束。

3. 注射压力

注射压力是指注射机柱塞或螺杆顶部对喂料所施加的压力，通常在40～130MPa之间。在注射过程中，注射压力能够使喂料克服从料筒流向型腔的流动阻力，提供喂料充模的速率，以及对充模熔体进行压实。注射压力对充模速度的影响最大。喂料熔体填充过程中，压力会不断升高直至模膛完全充满，然后进入保压阶段。在低的压力和温度下熔体在充模过程中热散失过大，使得冷凝层迅速增长，冷凝层会大大减小型腔内流动的截面积和增大流动阻力，从而就会产生欠注问题；在高的温度和压力下，造成过压状态，成形坯会粘模或沿分模线分开，产生飞边。因此适中的温度和压力下才能得到良好的注射成形制品。

4. 保压压力

保持压力的设定是为使喂料在冷却的过程中不致产生回流，且能继续补充因喂料冷却收缩而不足的空间，从而得到最佳的模具复制效果。保压的作用是对型腔内的熔体进行压实，使喂料紧贴于模壁以获得精确的形状，使不同时间和不同方向进入型腔同一部位的喂料熔合成一个整体，补充冷却收缩。若此时的压力过低，流道系统的熔体无法进入模膛以补偿喂料的冷却收缩，则将导致坯件的表面出现缩孔、尺寸不稳定等现象。而压力太高则会阻碍脱模，易造成毛边、过度充填浇口附近的应力集中等不良现象。保压压力的上限由产生喷射、坯件粘模、飞边和锁模力决定。保压时间阶段逐次降低（多段保压）可减少翘曲、降低从浇口到末端的成形品区域之收缩变异，减少内应力，减少能源损耗。

5. 注射速率

注射速率是指单位时间内熔料从喷嘴射出的理论容量。如果注射速率过快，在过高剪切应变率下，粘度会因喂料的非牛顿体流变特性而降低，从而喂料以高速运动，形成喷射，导致生成内部焊线或由模膛内气体来不及排出被熔体包围而形成气孔。如果注射速度过慢，充模时间将延长，喂料会在充满模膛前凝固，从而导致生成熔接线、孔洞或表面冷流动。通常较低的注射速率是为了保持喂料在充模时产生柱塞式流动，以均匀充满模膛。

当充模时间缩短时，注射速率将提高，而较高的注射速率将在熔体中产生大的剪切应变率，这必然使充满型腔所需要的注射压力提高。另一方面，熔体中的剪切应变率的提高，由于熔体的剪切变稀特性，将会使熔体的粘度降低，为此充满型腔所需要的注射压力则会降低。同时熔体中的剪应变率提高，还会使剪切发热越大，同时因时间缩短而导致热传导散失的热量减少，熔体的温度高，粘度越低，同样也会使注射压力降低。

成形中，温度和压力是两个关键因素，压力、温度和模具结构一起决定了剪切应变率。当熔体温度较高而剪切速率较低时，喂料粘度偏低，充模容易产生喷射；当熔体温度较低而剪切速率也较低时，喂料粘度过大会造成欠注。只有在适中的温度和剪切速率的情况下，才能得到理想的渐进式充模过程。

4.3.3 注射成形设备

金属注射成形技术与塑料注射成形技术最大的相同之处就是注射成形工序及其设备，即MIM技术可借用注射机或对其加以技术改造就可用来进行金属粉末和粘结剂喂料的注射成形。金属注射成形工艺就是将金属粉末与粘结剂均匀混合使成为具有良好流动性能的流态物质，在一定的温度和压力下，注入模具内成形。适用于金属注射成形的注射机包括螺杆往复式注射成形机、双回路注射成形机、双模板注射机、无拉杆注射机、全电动注射机、混合电动注射机、电磁动态注射成形机等。

螺杆往复式注射成形机是在挤出机的基础上改造而成的，它将螺杆的纯转动改成既能转动以进行喂料的塑化，又可以进行轴向移动以将喂料注入到模膛中。螺杆往复式注射成形机的结构如图 4-12 所示。注射成型的过程是喂料从喂料口进入注射机后，在螺杆的旋转作用下受到强烈的剪切，温度很快升高。当喂料沿螺杆移动到螺杆的前端时，已得到充分而均匀的塑化。螺杆一边旋转一边向后移动，当螺杆前端积聚的喂料达到所需要的注射量时，轴向动力机构以强大的推力推动螺杆向前移动，从而将喂料注入模腔。然而在生产大型制品时，螺杆后移量过大，喂料的塑化会受到限制，另外这种机器的螺杆棱峰与机筒内壁之间间隙较大，注射时易导致逆流和漏流现象，致使部分喂料反复停留，易产生焦烧，从而注射压力也受到限制，所以螺

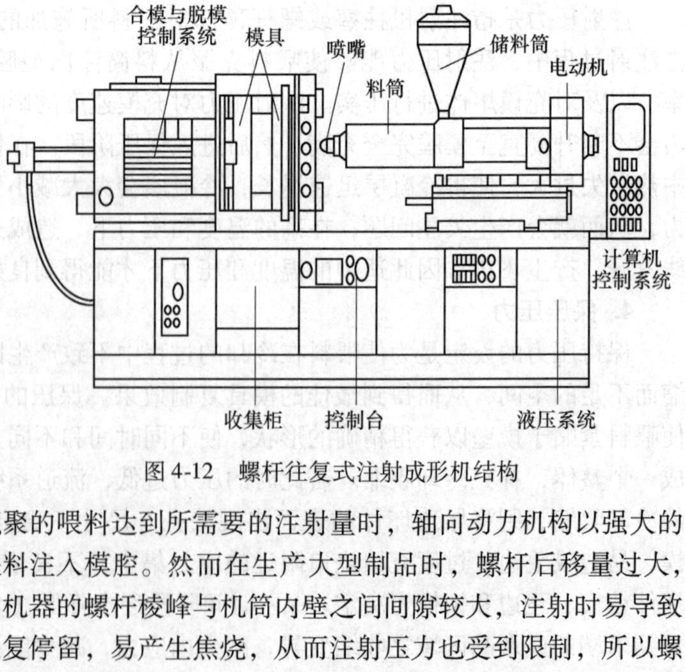

图 4-12 螺杆往复式注射成形机结构

杆往复式注射机只能用于低粘度喂料、小体积制品的生产中。由于螺杆注射机柱塞到喷嘴的压力几乎保持一致，注射参数能得到准确的控制，所以在MIM生产中被广泛应用。对螺杆几何形状进行精心设计和进行特殊的表面涂覆可以提高螺杆的耐磨性。如通过多个分布均匀的加热器来控制料筒温度，单独控制注射压力和保持压力，通过液压定时或流量控制阀来控制螺杆的速度，通过反馈调节装置来准确地控制注射周期和螺杆前进时间以及闭模时间等，通过微处理器实现对压力、不同的注射回程、速度、回转次数以及输入能量的监测和在线控制,可进一步优化工艺参数，减少产品在注射过程产生的缺陷，提高产品的精度和性能。

螺杆—柱塞式注射成形机的注射部分主要由螺杆塑化系统和柱塞注射系统组成，注射成形工艺过程为：首先将冷喂料喂入螺杆塑化系统，喂料经螺杆塑化后，挤入到柱塞注射系统中，最后由柱塞将喂料注射到模膛中。为了使喂料按照一定的顺序流动，在螺杆挤出机的端部安装一个止逆阀，喂料塑化后通过止逆阀进入注射系统中并将柱塞顶起，这时喂料不会从喷嘴出去，因为喷嘴通道狭窄，阻力大。当柱塞将喂料以高压从喷嘴注入模膛时，因为止逆阀的作用，喂料不会倒流进入注射机中。由于这种注射成形方法结合了柱塞式注射机和螺杆式注射机的优点，因此它可以生产大型、高质量的制品。塑化系统与注射系统的安装方式，有时可能会出现一些缺陷，因为最先注入注射室的喂料最后注射到模膛中，这样可能会使与柱塞端面接触的喂料停留时间太长而导致硫化，从而出现废品等问题，大型设备更容易出现这种情况。工作顺序为先进先出的注射机可以解决这一问题。先进先出注射机虽然也分成螺杆塑化和柱塞注射两部分，但这两部分是安装在一条直线上的。工作开始时，柱塞位于前面位置上，当已塑化的喂料从螺杆前端通过柱塞进入注射室后，柱塞在喂料压力作用下开始向后退，一直到注射室充满所需注射量为止，柱塞停止向后移动。接着动力部分驱动柱塞向前移动，进行高压注射。另外，喂料在进入模具之前通过一个球型分流梭时，得到进一步塑化，喂料温度更加均匀一致。

全电动注射机由美国米拉克隆（Milacron）有限公司最早开发，以电动机械驱动结构代替液压动力传动系统，它能使转矩提高，传动速度和行程控制准确。全电动注射机的研发之所以迅速成为热点，备受市场青睐，是因为它具有下列诸多优点：

1）伺服电动机仅要求机器在实际操作时才通电，预计能节省60%～80%的耗电量。

2）自动控制（AC）伺服电动机完全删去了液压装置，可降低约25%的噪声，而且可获得更干净的生产操作环境。

3）自动控制伺服电动机能获得更高的注射速率，并能准确控制压板移动位置，可使注射装置与大的合模力相结合，使大型薄壁制件的模塑获得最佳效果，并大大缩短了循环时间。

4）恒压充模有助于消除飞边、翘曲和残余压力等现象，注射精度大幅提高。

5）对于诸如注塑压缩、注射压铸和层压嵌件模塑此类的成形而言，伺服控制式压板是最佳的选择，进一步加大了各种机器的通用性。

6）简单的机器结构设计减去了传感器、油冷却器和其他与液压有关的装置，节省了维修费用并延长了使用期限。

混合电动注射机动板的导向是通过直线轴承，而不是由拉杆来起作用。定板采用中心柱由3个点支撑，以确保压板对准、平行和在低压力下分布均匀，这样可降低模具磨耗，提高制件质量。如增设多方位的模具装卸器，可在同一台机器上装上2套模具，生产相同或不同的部件，最大限度地增大注射量和机器吨位，实际上使设备的注射量翻了一番。变量液压泵和水冷式电动机构成了节能系统，标准辅助蓄能器系统可在塑化的同时进行合模，进而缩短循环周期。

双模板注射机把塑化和注射分开，塑化由挤出机稳定塑化。柱塞注射机稳定均匀，计量准确。双模板、无拉杆注射机大大简化了注射机锁模系统。

电磁动态注射成形机是在电磁动态挤出设备的基础上，将电磁场引起的机械振动场引入聚合物塑化计量、注射、充模和保压的全过程。在振动场的作用下，流体的流动性提高，注射压力降低，制品内应力减小，提高了塑化效果、制品质量和成形坯的尺寸精度，减少了缺陷的产生，为后续工序做好了组织结构和尺寸精度上的准备和保证。

4.4 脱脂

在 MIM 中，脱脂过程是整个工艺中最困难、最费时、最重要的部分。注射坯在烧结前，必须将粉末中的粘结剂除去，以防止在之后的工序中出现变形、开裂及成分污染等缺陷。脱脂的目的就是在不产生缺陷的情况下，运用粘结剂中各种成分随着温度的升高不断地发生物理、化学变化的原理，逐渐变为气态或液态物质，在最短的时间内脱离开注射成形毛坯。粘结剂脱除后，制品中出现大量的孔隙通道，坯料变得非常脆弱，难以保持形状。通常将最后的部分脱脂与烧结结合起来，在达到烧结温度之前的加热阶段完成全部的脱脂工序。随着粘结剂体系的增加和改进，形成了多种 MIM 脱脂方法。从工艺控制和成本考虑，粘结剂的脱脂时间应尽量短，且不出现缺陷或变形，碳含量要能控制在所要求范围内，以提高成品质量。目前广泛使用的脱脂方法有热脱脂、溶剂脱脂、催化脱脂和虹吸脱脂等。

4.4.1 脱脂方法

1. 热脱脂

热脱脂就是将注射坯逐渐加热至粘结剂组分能挥发或分解，从而达到脱脂的目的。根据热脱脂的方式又可分为气氛热脱脂、真空脱脂、氧化脱脂和虹吸脱脂。

最早的且最有代表性的热脱脂工艺是 Wiech 工艺。此工艺简单，成本低，无需专门设备，投资少，无环境污染。但也存在一些不足：①由于粘结剂组分的蒸发温度或分解温度均在粘结剂的软化点之上，注射坯易于变形，产品尺寸难以控制。为了提高成形性和减少脱脂变形，许多粘结剂都采用多组元体系，减少坯块的内应力，也可将样品埋入填料中，来减少坯块变形和部分虹吸脱脂。②热脱脂的时间太长，脱脂速率通常小于 1mm/ h，只适合生产小部件。

热脱脂方法是将注射坯加热到粘结剂组分能挥发或分解，从而达到脱去的目的。温度低时，粘结剂蒸气压较低，蒸发脱除缓慢，当温度升到粘结剂分解温度之上时，分解反应占主导，聚合物分解按机理分为无规则断链、端基降解等。热脱脂时粘结剂组分蒸发或分解的温度均在粘结剂软化点之上，注射坯容易在脱脂时变形，产品尺寸难以控制。

在热脱脂时可将样品放置于舟皿中或将样品埋入填料中，这样可以减小变形。气氛热脱脂可采用惰性气氛 Ar、N_2，还原性气氛 H_2 或混合气氛 H_2 和 N_2、Ar 和 H_2，脱脂气氛及脱脂工艺的选择要能控制最终 C、O 的含量。石蜡基、聚合物粘结剂多用气氛热脱脂。真空热脱脂与气氛热脱脂相比，真空压力低，更有利于粘结剂的挥发和粘结剂的带走，所以脱脂速率大于常压下的气氛脱脂。

2. 溶剂脱脂

溶剂脱脂是溶剂不断渗透到坯块内部，将坯块内粘结剂中可溶成分溶解出来的过程。根据脱脂方式的不同又分为萃取脱脂、超临界脱脂、加热溶剂两步法脱脂和冷凝蒸气脱脂。

溶剂脱脂只是溶解大部分粘结剂，留下少部分粘结剂维持坯块形状，形成连通孔的网络，在以后的热脱脂中可以缩短升温和保温时间，有助于粘结剂的分解和挥发，减少总的脱脂时间。溶剂种类不同，其溶解性能也会不同，因而选择适当的溶剂可减少脱脂时间。溶解低分子组元，适当的溶剂只需几个小时；若被溶解的是高分子聚合物，则溶解步骤包括溶胀和溶解，时间可长达20h。由于单一溶剂只溶解一种物质，从而可选用混合溶剂，以减少总的脱脂时间，如对于聚乙烯醇缩丁醛/聚乙二醇/硬脂酸凝胶水基粘结剂体系，尺寸为小于6mm ×50mm 的样品，采用水/丙酮/甲醇混和溶剂，粘结剂脱脂时间只需3h。实际上，溶剂脱脂是热脱脂技术的改进。

溶剂脱脂的特点是温度低，在粘结剂软化点之下进行脱脂，可保证试样不变形。与热脱脂相比，溶剂脱脂是溶剂从生坯外向内扩散，溶解后没有体积的成倍增加，因此缺陷少。但溶剂进入坯体内部，也可能因过分溶胀而导致坯块膨胀或开裂，而且使用有机溶剂对环境和人体有害。溶剂的选择一般是单一溶剂一步溶解，为缩短脱脂时间，需要对各种溶剂溶解速度进行筛选。

冷凝蒸气脱脂是将溶剂蒸气冷凝到试样的表面，然后扩散到试样的内部的脱脂方法。脱脂过程中溶剂随时更新，因而脱脂速率快。对于浸入法脱脂开裂的试样，用冷凝蒸气脱脂不会开裂。

超临界脱脂是在溶剂的固、液、气态共存的超临界状态进行脱脂。这种方法可选择 CO_2 等无毒溶剂脱脂。脱脂时，不会因相变而引起体积变化，可防止变形，脱脂速率高。但超临界条件往往很苛刻，对设备要求较高。

3. 催化脱脂

催化脱脂工艺是由德国 BASF 公司开发研制的，它综合了热脱脂和溶剂脱脂的优点。它利用催化气体从坯体外部向内部扩散，在气—固接触面上催化裂解聚合物，裂解产物以小分子气体的形态扩散出来，不会出现溶胀。脱脂过程需加热，但由于使用了催化剂，降解反应的温度控制在粘结剂软化点之下，脱脂快并且不易产生缺陷和变形，是目前最先进的脱脂工艺。该工艺的出现使得注射成形工艺可以连续化生产，脱脂速率达 1 ~4mm/h，保形性大约为 ±012%。

4. 虹吸脱脂

虹吸脱脂是利用毛细管力将熔融粘结剂吸出的脱脂方法，如石蜡聚乙烯采用虹吸脱脂，脱脂速率可超过2mm/h，但是虹吸料清理困难、成本高。

每种脱脂方法各有其优缺点，见表4-4，具体选用何种脱脂方法要根据粘结剂的组成和粉料的化学性质而定。

表4-4 各种脱脂方法对比

脱脂方法		原理	优点	缺点
热脱脂	气氛热脱脂	增压气氛下加热分解	成本低，无固液废物	脱脂慢，尺寸控制差，存在控碳问题
	真空热脱脂	真空中加热分解	脱脂一步完成	设备投资大，存在控碳问题
	氧化脱脂	空气中加热，氧化粉末提供强度	脱脂后坯料强度高	脱脂慢，只适用于化学稳定性低的金属
	虹吸脱脂	使注射坯与多孔物质接触，用毛细管力将熔融粘结剂吸出	脱脂时间短	有变形，虹吸粉容易粘附在产品表面，影响产品的外观和表面粗糙度，清除困难
溶剂脱脂	浸入脱脂	注射坯浸入溶剂中，脱除粘结剂中的可溶性组元	无化学反应，粘结剂不软化	工艺复杂，对环境有污染，存在变形，脱脂后需干燥
	冷凝蒸汽脱脂	溶剂蒸发后冷凝到坯料表面脱脂	温度低，变形小，溶剂更新快	蒸汽有毒，脱脂后需干燥
	超临界脱脂	溶剂液气态共存	无相变，溶胀小	温度、压力需精确控制，设备成本高
催化脱脂		在气相物质催化下，粘结剂降解排除	脱脂速率快，无变形，可生产较厚产品	分解气体有毒，需要增加专门设备和酸处理，投资增加，不利于小批量生产

脱脂工艺对于保证产品质量极为重要。在脱脂过程中成形坯极易出现宏观和微观缺陷，具有代表性的几种脱脂工艺是 Wiech 法、Injectamax 法、水溶解法及 Metamold 法。在实际生产中，单一的脱脂方式并不能完全满足工艺要求，往往采用两步法或者多步法进行脱脂。

Wiech 法经几次改进形成了 Wiech（Ⅰ）法、Wiech（Ⅱ）法、Wiech（Ⅲ）法。Wiech（Ⅰ）法是溶剂蒸汽脱脂＋热脱脂；Wiech（Ⅱ）法是蒸气法脱脂＋热脱脂；Wiech（Ⅲ）法是虹吸脱脂＋热脱脂。Wiech 实际上采用了三种形式的两步法进行脱脂，脱脂时间由最初的 3d 缩短到了 10h。但它们都存在一些缺点：Wiech（Ⅰ）法效率低，成形坯易产生变形；Wiech（Ⅱ）法脱脂炉内气氛压力需精确控制，且对于稍大相对分子质量的粘结剂组元，则蒸发法很难奏效；Wiech（Ⅲ）法存在虹吸料粘附于成形坯和污染成形坯的问题。

Injectamax 法是一种二步法脱脂工艺，是目前广泛使用的脱脂方法。该方法采用溶剂脱脂除去低熔点组分，用热脱脂脱除高熔点组分，生产简单，投资少，效率高。

水溶解法的最大优点是可以用普通溶剂来选择性地萃取 SPS 中的低分子物质，克服了使用有机溶剂的缺点。为了克服有机溶剂脱脂带来的环保问题，人们还开发了超临界流体萃取脱脂工艺。

Metamold 法是 20 世纪 90 年代初开发的一种催化脱脂方法，它综合了热脱脂和溶剂脱脂的优点，脱脂时间大大缩短，可以生产大尺寸零件，是目前最先进的脱脂方法。

脱脂方法虽然较多，但各有不足，需要开发更加先进的脱脂工艺，使脱脂时间进一步缩短并减少脱脂缺陷，以降低成本。

4.4.2 脱脂设备

随着MIM技术的产生和发展，直至工业化连续生产，各种粘结剂体系和脱脂方法的相继开发和利用，对脱脂时间和脱脂效率要求的不断提高，使得不断有相应的脱脂设备进入研发和投产。目前生产中常用的脱脂方法有溶剂脱脂、热脱脂、催化脱脂等方法。脱脂后的零件几乎没有任何强度，稍微有些振动都有可能使零件遭到破坏。同时考虑脱脂、烧结阶段尽可能地减少零件重复加热造成的能源浪费，考虑将传统的脱脂、烧结、热处理等单一工序集成为综合工序，这样可以减少生产中不确定的因素，提高成型零件质量，也大大提高了生产效率。综合工序的提出，便诞生了连续烧结设备的概念。相应配套的专业设备的开发，使得金属注射成形从实验室的试制和小规模生产走上了连续的工业化生产。考虑到各种生产规模的需要及其实际的生产情况，我们可按照脱除粘结剂的方法分为热脱脂炉，溶剂脱脂炉、虹吸脱脂炉、催化脱脂炉，也可根据设备的工作方式，把脱脂设备分为批料式和连续式两种，其中催化脱脂是最新的最先进的脱脂方法，连续式脱脂烧结一体炉被广泛应用于工业化生产中。

1. 真空热脱脂炉

大量的热脱脂研究表明，热脱脂的关键在于控制脱脂温度在低温阶段（150～350℃）慢速升温（1℃/min），以避免产生变形或缺陷，所以要求真空脱脂炉具有良好的温度稳定性和均匀性，真空脱脂炉结构如图4-13所示。真空热脱脂与气氛热脱脂相比，真空压力低，有利于粘结剂的挥发及分解物的排除，所以脱脂速率大于常压下的气氛脱脂。真空脱脂炉可用于真空或载气脱脂，适用于不锈钢基、硬质合金、超合金、高密度合金、金属陶瓷、磁性材料以及高熔点金属与其他碳化物、硼化物等金属间化合物和氧化物烧结前的真空或载气脱脂和预烧。如采用卧式水冷套结构，可前开门或前后双开门，根据炉温的高低和客户的工艺要求，采用镍铬电热合金或石墨或钼或钨作发热体及隔热屏，亦可采用其他保温材料组成的复合隔热屏。发热体可分成多区布置，各区独立控温，可编程调节。炉膛可整体移出，便于维护。炉膛设置耐热不锈钢波纹内胆，防止脂类物质污染发热体及隔热屏。配备充气装置，可向炉内充入保护性气体或工作气体，充气流量可调。配备多级水冷蝶片式捕蜡装置，脱脂完全，捕集效率高，而且清洗十分方便。配备炉内或炉外循环冷却装置，可加速炉内物料冷却，缩短工作周期，提高工作效率。

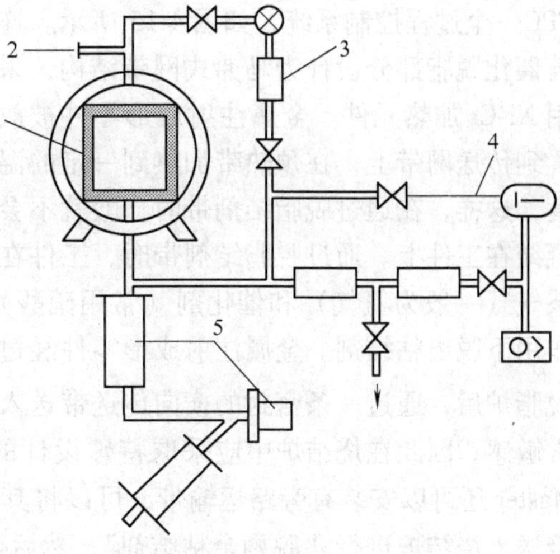

图4-13 真空脱脂炉示意图

1—炉体 2—充气系统 3—外循环系统 4—真空系统 5—捕集系统

2. 催化脱脂装置

德国Cremer公司基于聚醛树脂脱脂新工艺开发研制的批料式催化脱脂炉包括一台批料式脱脂炉和一台炉床提升式烧结炉，其脱脂原理如图4-14所示。通过将金属注射成形坯放在脱脂炉的预加热区的N_2气氛下加热至86 ℃后移入催化脱脂区初步脱脂，通过清洁室再在烧结炉的第一加热区脱除残余的粘结剂。随后可在氮气、氢气、氩气、分解氨等气氛的保护下进行烧结。该设备工作温度120～140 ℃，脱脂周期6 h，使用硝酸或草酸作催化剂。批料式脱脂炉包括炉体、注酸装置、废气烧除装置及相应的控制机构。炉床提升式烧结炉被视为纯批料炉向连续炉的一个过渡，它有烧结室和冷却室两个室。加热室进料前保持在300 ℃，通过控制机构旋转炉床，可获得均匀良好的温度分布。加热元件是钼丝，最高烧结温度1650℃。脱脂烧结是在保护气氛下进行的，产生的废气在炉顶烧除。烧结之后，零件在加热室内自然冷却至800 ℃，然后炉床降下进入冷却室，降到约60 ℃时出料，开始下一循环。此炉装料室为30L，烧结时温度均匀，非常适合金属注射成形小零件的小批量生产。

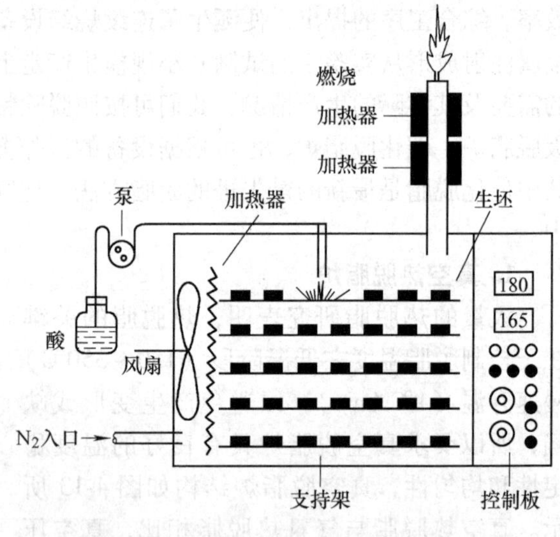

图4-14 批料式催化脱脂烧结系统

为了实现脱剩余粘结剂和烧结工序之间全连续操作，德国开发了MIM-Master催化脱脂和烧结系统。此系统包括一台连续催化脱粘结剂炉和一台步进梁式烧结炉，及附属装置，包括废气烧除、气体对流干燥装置、旁路运输带、注酸系统、电气控制柜与TPC—全过程控制系统，如图4-15所示。连续催化脱脂部分设计为马弗式网带结构，采用Ni-Cr加热元件。金属注射成形零件被放置到传送网带上，在预热带加热到一定的温度，这样，在通过脱脂结剂带时，酸就不会凝结在工件上。通过脱脂结剂带时，工件在载气（一般为氮气）和催化剂（常用硝酸）作用下脱出粘结剂。金属注射成形零件经过脱脂炉后，通过一条密封的横向传送带送入连续烧结炉。“生坯”在脱除粘结剂后对震动非常敏感，因此在烧结炉中应采取特殊设计的步进梁机构。另外，根据用户的要求，MIM—Master还可以安装有旁路运输带，可以将其他设备上预脱粘结剂的MIM零件，通过此带直接送入烧结炉进行“脱剩余粘结剂”，然后烧结。同样，其他待烧的普通粉末冶金零件也可由此传送带送入炉内烧结。所以，MIM—Master烧结系统充分考虑了设备的利用效率，具有相当好的灵活性，它既可以组合使用，完成从脱除粘结剂到烧结的连续自动化生产，也可以单独发挥作用，完成一般烧结工作。

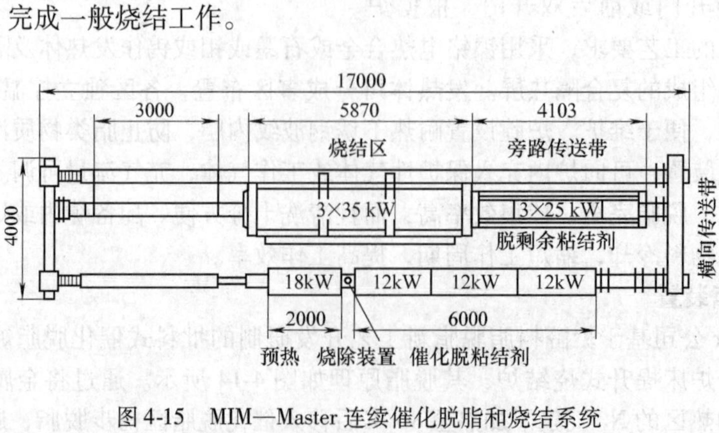

图4-15 MIM—Master连续催化脱脂和烧结系统

3. 溶剂脱脂装置

溶剂脱脂即把成形坯浸没在三氯甲烷或正庚烷等溶剂中，有选择地溶解脱除粘结剂中的可溶性组元，而不溶性组元则不溶解。这样打开孔隙通道，然后再利用热脱脂除去剩余的粘结剂。该法采用的粘结剂一般由植物油、石蜡和热塑性树脂构成，采用三氯乙烷溶剂首先除去油和石蜡。整个脱脂工艺过程时间短，只需6h，是一种快速的脱脂方法。这种溶剂脱脂+热脱脂二步法由于简单、投资少和高效率，是目前大多数MIM公司和生产厂家所采用的生产方法。

如图4-16所示，溶剂脱脂装置由脱脂槽、溶剂蒸馏罐和冷却水管三大部分组成。将成形坯浸没在脱脂槽内的溶剂中，通过槽底部电阻丝加热，可加速溶剂由外至里层层渗透推进，溶解粘结剂中的石蜡组元，达到初步脱脂的目的。冷却盘管和槽顶部的不锈钢盖板可有效防止溶剂蒸汽逸散及对操作人员造成危害。脱脂一段时间后，可通过管道把带粘结剂的溶剂抽回溶剂蒸馏罐中。通过电阻丝加热到溶剂的沸点，蒸发的溶剂被冷却管冷却后流回脱脂槽，从而实现溶剂的循环利用。

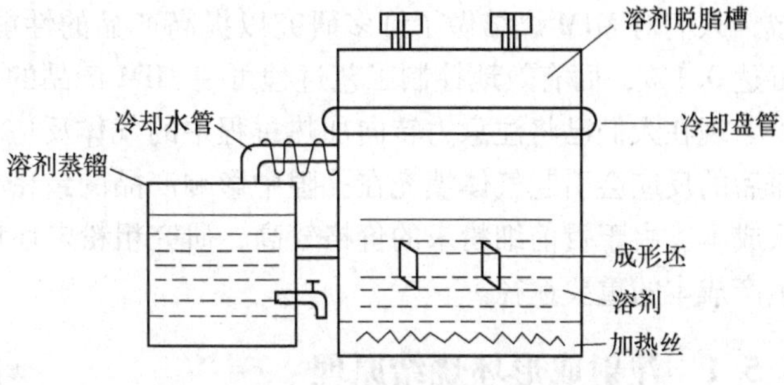

图4-16　溶剂脱脂槽示意图

对于不同的粘结剂体系，有相应的专业脱脂设备，脱脂设备是MIM实现低成本、大批量生产几何形状复杂、高精度、高性能的近净形产品优势的保证。由于脱脂是MIM生产过程中最困难和最耗时的工序，因此MIM产业化发展和先进快速的脱脂技术的产生促使设备向能对工艺过程如炉温、气氛流量和成分、脱脂剂注入量等工艺参数进行实时控制，并能实现快速脱脂以及脱脂烧结一体化的方向发展。如在真空或通入气氛气体将逐步脱除的粘结剂汽化带出炉外，将脱除的粘结剂集中冷却以利于对炉体进行快速清理，从而缩短脱脂时间。同时，环保还要求脱脂炉能对脱脂产物进行有效的处理，避免脱脂产物对环境造成污染。对于石蜡基粘结剂，真空热脱脂最适用，溶剂脱脂可与热脱脂结合使用。催化脱脂效率最快，成形性和保形性好，可实现批料和连续生产，是目前脱脂设备的发展趋势。

4.5　烧结

烧结是在真空或气氛下高温加热从而使成形脱脂坯达到最终致密化。烧结是金属注射成形工艺中的最后一道工序，其主要目的是改善成形坯的性能，如硬度、强度、疲劳寿命、韧性、延性、电导率、热膨胀、磁饱和或耐蚀性等，起到使产品致密和化学性质均匀，提高其力学、物理性能的作用。通过加热烧结使粉末颗粒牢固粘结成一个均匀的固体，使得MIM产品达到或接近全致密化。为了加快烧结速度，MIM烧结致密化通常在材料的低熔点组元熔点以上的温度进行。金属注射成形烧结通常在保护气氛或者是在真空环境中在一个较高的温度下进行，使以前充满粘结剂的空隙快速消除，并使粉末颗粒牢固地粘结在一起。伴随粉末颗粒在原子水平上的牢固粘结，烧结产品的强度、硬度以及其他性能如导电性、抗磨损和抗腐蚀性都大大提高。

虽然 MIM 的烧结方法、原理与传统粉末冶金一样，但是由于在 MIM 中采用了大量的粘结剂，烧结时收缩非常大，线收缩率一般达到 12% ~ 18%，这样就存在一个变形控制和尺寸控制的问题，尤其是因为 MIM 产品大多数是结构复杂的异形件，这个问题就显得更加突出。

均匀的喂料对减小最终产品的变形量是一个关键因素，高的粉末振实密度同样会减小烧结时的收缩量。烧结条件如温度、气氛、升温速度等会影响产品精度，对于有些材质的产品，烧结还有一个碳势控制问题，它对产品性能也有重要的影响。为了扩大 MIM 应用的领域，人们对 MIM 烧结做了许多研究以提高产品的性能和尺寸精度，现在有的产品尺寸精度可达 0.1%，而有效地控制工艺过程可使 MIM 产品的尺寸精度进一步提高。

现在人们已将注意力转向加热过程中的气体反应，特别是残留聚合物和粉末杂质反应，滞后的反应会引起气体填充在孔隙中影响产品的致密化问题。连续烧结已转向 N_2 气氛以降低成本。由于目前细粉末的价格较高，研究粗粉末坯块的强化烧结技术是降低金属注射成形生产成本的重要途径。

4.5.1 注射成形坯烧结原理

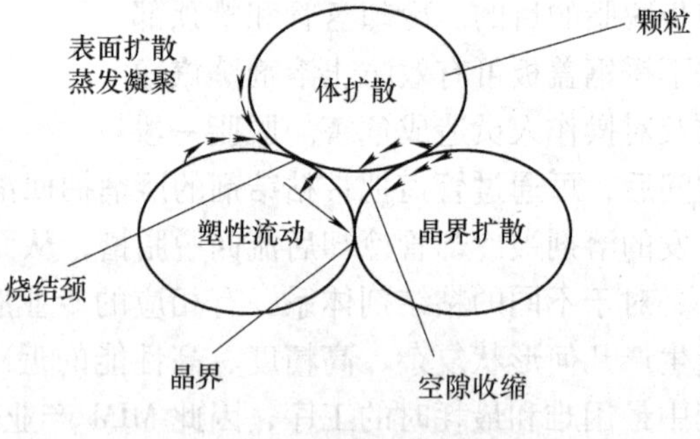

图 4-17 烧结颈的形成

烧结是加热到高温使粉粒结合在一起的过程。就微观结构而言，作为结合的烧结颈（熔结线）在粉粒接触处生成，其形成途径包括穿过晶体的原子扩散和沿自由表面的原子扩散，图 4-17 表示烧结颈的形成。

粉粒通过原子的移动烧结到一起，原子移动使得未烧结粉末高的表面能降低，由于单位体积的表面能与粉粒直径成反比，因此粉粒越细，烧结就越快。但是，并不是所有的表面能都可作为烧结的驱动力。在每个粉粒接触处，都会形成一个具有晶界能的晶界。这些晶界对原子的运动非常重要，晶界是原子活动性高的缺陷区域。物质向烧结颈的运动是自主的，因为它可以通过减少总的表面积来降低表面能，导致烧结颈生成的因素主要是扩散过程。

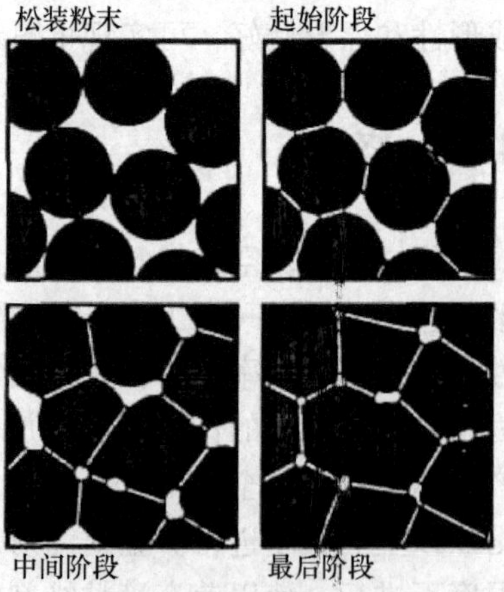

图 4-18 MIM 烧结过程中微观结构变化

随着粉粒间烧结颈的长大，如图 4-18 所示，连接粉粒间的结合不断扩大。在每个接触处，都生长出晶界来取代固—气界面。当烧结颈直径与粉粒直径之比小于 0.3 时，就出现烧结的起始阶段。在这个阶段，孔隙形状不很平滑，但已变成了开孔并完全连通。

在中间阶段，孔隙变得更平滑，并且互相连通呈圆柱形结构。成形坯的性能主要在这个阶段里得到改善。通常晶粒长大出现在烧结中间阶段的后半期，同时可能伴随有孔隙隔离现象。小的晶粒尺寸能够维持高的烧结速率，晶粒长大和孔隙从晶界中分离出来不利于注射成形坯的致密化。闭孔的出现标志着烧结最后阶段，孔隙变成球形，通过扩散机制而收缩，晶粒长大明显，致密化变慢，孔隙内的气体量将限制最后阶段致密化的程度，均匀的晶粒尺寸和真空烧结都有助于最后阶段的致密化。

烧结并不是一个单一机制的过程，许多材料的烧结都是包括多种物质流动模式作用的混合过程。由于烧结机制对各种过程参数有不同的灵敏度，因此粉末粒度、温度或时间的变化都会改变主要的烧结机制。颗粒越细，表面扩散和晶界扩散就很活跃。此外，粉粒细时烧结颈长大更快，达到致密平衡程度所需的烧结温度更低，时间更短。而粉粒粗时烧结速度就很低，达到致密平衡程度所需的烧结温度更高，烧结时间更长。

为了使金属注射零件能达到与锻造材料相等的性能，就需采取使其致密化的措施。注射成形中所采用的方法有相的稳定化、活化烧结和液相烧结。

材料的扩散系数取决于温度、晶体结构和缺陷结构等因素。活化烧结的烧结温度低，烧结时间短，在粉末中加入化学添加剂可以改善烧结性能，合适的添加剂可以为烧结过程中物质传输提供一个快的扩散路径以提高传输速度。加入活化剂后，活化剂偏析到粉粒间的接触处，形成一个低熔点相，保证了一个较低的扩散活化能，从而为高扩散率提供了一个短程路径。能够降低基体材料的液相线和固相线的活化剂是最有效的，形成液相是提高烧结速度的另一个方法。细粉粒有助于成形坯在短时间内烧结致密化。通常情况下，应该避免粗化，以避免降低成形件的力学性能。增加液体含量和固体在液体中的溶解度有助于致密化，液体体积含量约为35%时，在重排阶段可以达到完全致密，但这时可能出现成形坯坍落。因此，在金属注射成形体系中，液相的量不能太大，以免烧结过程中成形坯变形。液相烧结中，固相的量越大，晶粒粗化就越快。用于粗化的活化能与穿过液体的扩散所需的活化能一致。温度对传输速率的加快是以指数形式影响的。液相烧结与活化烧结有相似点，两者在烧结温度时都采用了第二相，以便通过一个有效的短程路径来加快物质传输。它们的一个主要区别在于达到烧结温度时出现的第二相的量，液相烧结需要更多的第二相。

4.5.2　烧结设备

烧结炉从操作方式上可分为立式和卧式两种；按烧结压力可分为常压烧结和加压烧结；按工作方式分为间断式（每次装卸料须停炉）和连续式（装卸料可在不降温的情况下进行）两类；按加热方式大体上可分为电阻加热电炉和感应加热电炉，其中又可分为对烧结体直接通电加热和间接通电加热两种形式；按烧结温度不同，可将烧结设备分为中温烧结炉（900~950℃）和高温烧结炉（1100~1700℃）；按保护气氛的不同又可分为空气烧结炉、氢气烧结炉（如钼丝炉、不锈钢管式氢气炉）、真空烧结炉等。

立式烧结炉在气氛存在的情况下温度分布非常不均匀；卧式烧结炉存炉体的曲端也存在温度偏差的现象，这样使得烧结产品质量大打折扣。

脱脂烧结一体炉有以下六部分组成，捕集系统、真空系统、充气系统、外循环系统、电气控制系统。其炉体采用夹层水冷结构，炉胆由内向外分别由不锈钢波纹外隔热毡、锆毡、发热体和耐高温不锈钢波纹内隔热屏组成。内隔热屏可防止脂类物质逸散到炉体其他部位，同时便于清理。炉采用内封门，可有效地阻止热量的散失和脂类物质的逸散。捕集系统由多级水冷碟片式捕集器、除脂罐、多级过滤器和起动阀组成，脂类物质可顺畅地流入到除脂罐内。真空系统由两级真空系统组成，旋片式真空泵和罗茨泵可根据产品材料和脱脂要求的真空度选择使用。充气系统可通过三个玻璃转子流量计控制，实现宽流量调节。外循环系统由密封的风机和热交换器组成，可实现快速冷却。电气控制系统由炉温控制系统、真空控制系统、充气控制、冷却循环系统组成。通过热电偶测定实际温度并与设定温度进行比较，改变电流及设备加热功率，实现温控，使得三个加热区同时升温。真空热脱脂通过在运行时不断地通入保护性气体，使内外炉膛形成一个较小的压力差，实现气体单向流动，有效地避免了脂类物质污染发热体和内炉膛因温差过大而变形，实现脱脂的目的。

1. 真空烧结炉

真空烧结炉的工作温度一般在 600～2200 ℃。零件在真空中加热或烧结的时容易脱气、脱硫、脱氧，有利于有害杂质蒸发分离，避免零件氧化，但真空炉工作效率较低，热损耗较大，加工成本高，操作控制和维修较难。真空烧结可使用纯度适宜的保护气氛气体作为低压渗透性气体，促进烧结，避免坯料与气体反应，可广泛用于各种金属、合金、陶瓷、硬质合金、永磁合金以及其他高熔点金属与其碳化物、硼化物等金属间化合物和氧化物的烧结中。图 4-19 为钟罩式真空烧结炉结构，主要由钟罩式炉膛、真空系统、程控系统、粘接剂捕集系统、气氛控制系统、水冷热交换系统等组成，炉膛一般位于工作面以上，钟罩可以自动升降，加热元件可根据烧结温度的高低选择铁铬铝丝、钨丝、钼丝、石墨管等。真空烧结炉的真空系统、炉体等必须对外部气体保持良好的气密性，因此炉的结构复杂，基建费用高，实现连续化比较困难。

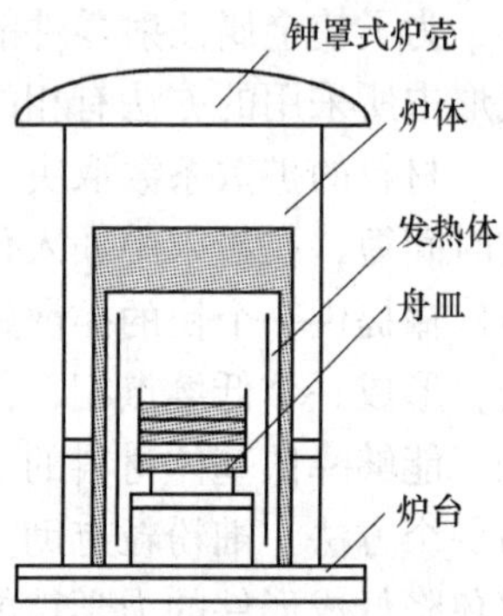

图 4-19 钟罩式真空烧结炉结构

2. 卧式推杆式烧结炉

推杆式烧结炉如图 4-20 所示，最高使用温度为 1700℃，工作温度为 1500℃，结构由炉体、炉尾、冷却系统、炉温控制系统组成，可在氢气、氩气、氮等保护性气氛下进行 MIM 硬质合金和难熔金属的烧结生产。炉体由两个加热带的三根炉管组成，第一炉管是低温带 200～800 ℃，用电熔高纯刚玉管制成，加热元件是 Cr20Ni80 合金带。第二炉管的最高工作温度达 1700 ℃，加热丝为钼丝，炉丝能在高温 1400～1600 ℃下稳定工作。钼丝由氧化铝粉埋没，形成绝热层。炉体炉管的周围由耐火保温材料和异型砖砌成，可减少热的损失。在低温带炉管中间位置用 K 分度热电偶测温，高温带炉管用高温钨铼热电偶测温，可实现对炉温进行自动检测和控制。由于炉温较高，在烧结时可选用的舟皿材料只有石墨、钨、钼，实际上，因钨、钼成本太高故多用石墨舟皿，只有在烧结高密度合金及纯钨材料时才采用钼舟。

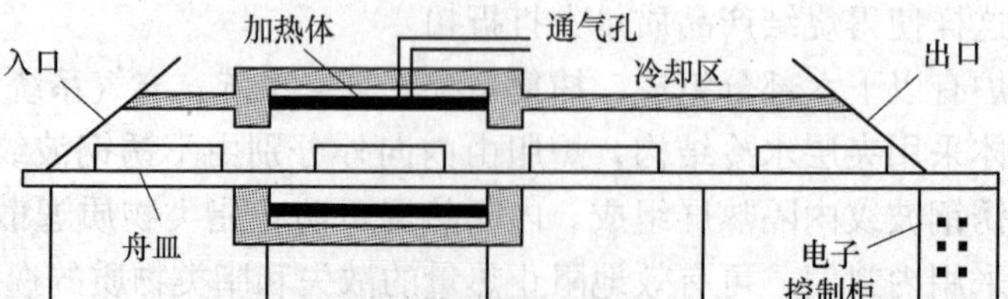

图 4-20 卧式推杆式烧结钼丝炉示意图

3. 硅钼棒管式高温烧结炉

硅钼棒管式高温烧结炉结构如图4-21所示，它的加热元件采用硅钼棒（二硅化钼），其发热部分成U字型，接线端直径为工作部分直径的一倍左右，用烧结刚玉陶瓷管作炉膛，炉膛气密性好，保温性好，温度分布均匀恒定，能在空气、非氧化保护气氛及真空中工作，特别适用于高活性金属粉末或制品如MIM钛合金的烧结。

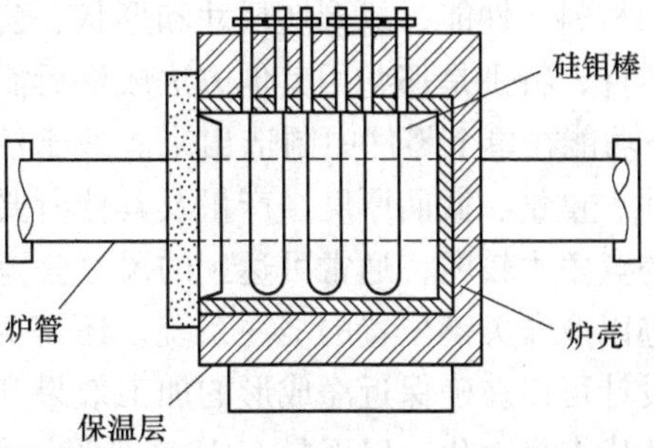

图4-21　硅钼棒管式高温烧结炉结构示意图

烧结质量虽然与各个工序都有关系，但最主要是由温度的均匀性和烧结工艺的稳定性决定的。所以，要求用于金属注射成形的烧结设备具有非常好的温度均匀性，使得MIM产品达到各向同性收缩，从而减少烧结变形和提高产品精度；要求烧结炉气密性好，保证所需温度、压力及气氛，从而实现烧结致密化；要求温度准确，控制灵敏，以实现MIM产品稳定的批量化生产。连续式的高度集成化和自动化及集在线检测和分析于一体的高效烧结设备是实现MIM产业化的重要保证。高的气密性、耐腐蚀性，温度控制的集成化和准确性，升温和降温冷却过程的加快，实现烧结和后处理一体化，是MIM烧结设备的主要发展方向。另外采用更先进的烧结致密化技术如等离子烧结、微波烧结技术等，可实现节能、循环周期短、气耗量少、无污染、加热均匀等优点，可实现降低烧结周期及能耗，提高生产效率，实现少或无人操作的全自动连续式生产。

4.5.3　产品后续处理

在金属注射成形生产工艺中，部分产品在烧结后还需进行后续处理，以进一步提高产品的性能和质量。大多数设备与粉末冶金常用的后处理设备相同，但在实际的金属注射成形产品的后续处理工序中，依据要达到的性能要求，所采用的后处理方式和设备也各不相同。这些处理主要为了改善成形坯的外表面特性，常用的方法包括机加工获得理想的尺寸，为了外观或防腐而作的电镀或涂漆，滚光以去掉锐角、分模线或浇口，喷九提高疲劳强度，研磨以去除金属注射成形零件的型孔、型腔、薄壁、成形表面的毛刺。喷砂对烧结或热处理过的金属注射零件表面进行粗糙表皮、氧化皮清理。蒸汽处理也称发蓝处理，多用于铁基金属注射及粉末冶金产品中，可进一步提高致密度和防锈性能。热处理可修整高温烧结后的金属注射成形零件的氧化表面，进一步消除空隙和烧结应力。金属注射成形产品所用的热处理设备与钢铁热处理设备稍有不同，如退火、回火、正火热处理可在有保护气氛的烧结炉进行。这些处理的着眼点在于美观、尺寸调整、防腐、去掉缺陷或表面硬化等方面。

4.6　金属粉末注射成形产品设计

注射成形的关键问题之一是产品和模具设计。MIM现在并不需使用特殊的注射机，将普通的注塑机加以改进即可，对于许多产品的注射成形已实现自动化。金属注射成形与塑料注射成型模具的设计、制作相近。对于塑料注射成形，实际模腔的尺寸与最终产品尺寸接近。实际上，许多塑料成形件顶出时会膨胀。相反，金属注射成形的模腔的大小则需根据烧结收缩率要适当放大，放大的量应由固体粉末含量和烧结收缩率决定。另外，烧结中还会由于粉末分布不均匀造成变形。因此，在设计金属粉末注射成形零件形状时必须考虑到：模具型腔必须能够被注射料完全充满以形成零件的全部形状；注射料固化必须无损于零件成形坯；成形坯必须可从模具中推出且不产生变形，可进行下一步加工。

在设计注射成形产品时，首先要找出产品适合金属注射成形制造的零件特征，包括零件的材料、性能、成形坯尺寸和形状、公差以及经济性诸多因素。注射成形适于形状复杂的小零件，特别是那些用其他方法成形后需二次加工的零件，而且，能够将多个零件、多个特征/功能在单个零件中制造出来。适于注射成形工艺的零件要满足几个条件，包括零件的尺寸、重量、截面厚度、产量及其他所要求的性能。与机械加工零件相比，在公差上烧结零件的竞争力较弱，通常可达到的尺寸公差是 ±0.3%，零件的设计应允许有分模线、顶出杆痕迹以及非关键位置的浇注系统，还需要一定的产量来适当分担模具成本。正确的 MIM 零件设计可以在确保近净成形的加工效果和要达到的目标尺寸的基础上，使 MIM 工艺的经济上的优点最大化。以下是 MIM 产品设计需考虑的最重要的几个方面。

1. 材料

可制成细粉的许多材料构成了注射成形应用的基础，大多数传统工程材料都是可行的，钢和氧化铝是应用最广泛最具有代表性的材料，如表 4-5 中所示。能否用粉末注射成形技术生产，一个关键性的决定因素是能否制得适当的粉末。铝难于烧结，因此，铝制品致密化需要采用铈添加剂的反应液相烧结。

表 4-5 金属注射成形材料

金属	铁、铜、镍、钼、钛、铌、钨、金
合金	青铜、铁—镍、镍基合金、不锈钢、钢（Fe-C，Fe-Ni-C，Fe-Cu-C）、工具钢、重合金、超合金、钴基合金、Nb-W-Ta
陶瓷及化合物	氧化铝、莫来石、二氧化硅、二氧化钛、氮化硅、镍铝金属间化合物、碳化硅、二氧化锆
金属陶瓷及复合材料	NbC-Ni，Ni_3Al-Al_2O_3，Ni-SiC，TiC，Ni-Mo，WCTaC-Co，W-Cu，WC-Ni

金属注射成形将来的发展方向之一是制造复合材料，把晶须或纤维加入细颗粒粉末中，形成高固体含量的混合料，成形的同时形成定向排列，加入晶须可显著地提高注射成形件的性能。在运用金属注射成形技术时，可以选择粘结剂体系作为最终基体相的一部分。根据这个思想，用 SiC 晶须和聚碳硅烷粘结剂，成形后粘结剂热解形成 SiC 基体，一定程度上取得了成功。这项研究采用了体积分数高达 30% 的晶须（长径比 15），为避免晶须损坏，使用柱塞式成形机注射成形。正在开发的其他体系包括 SiC 增强氮化硅材料、石墨增强镁、Al_2O_3 增强镍铝、Al_2O_3 增强二硅化铝。

2. 尺寸和形状限制

由于金属注射成形对成分很少限制，可认为只要是塑料可成形的形状，金属注射成形就能成形。零件的设计对金属注射成形的成功应用影响极大。金属注射成形的一些设计方法，能够兼顾到易于制造和降低成本。

图 4-22 给出了几种注射成形的几何形状示意图，表明了孔、销、翅、切槽、坡口、臂等的可能情况。各种各样的复杂形状广泛地与材料性能相合，构成了大量种类的注射成形产品。

表4-6列出了适于用注射成形的关于形状和尺寸的几个指导原则。这些指导原则包括壁厚、整个成形坯尺寸、成形坯重量、内孔形状的临界值等，某些限制是粉末粒度和毛细管力所决定的。一般的粘结剂，表面能在尖角所产生的毛细管力是重力的几倍，据此对棱半径一般限定为0.1mm，角半径限定为0.3mm。表4-6还列出了设计和生产注射成形坯可能的几种选择，包括方孔、平底、滚花面、外螺纹等。某些特征在设计生产注射成形坯中仅有可能性，但它们增加了设计灵活性。某些要求的因素如尺寸和重量，会随着经验积累和制造技术进步而放宽，注射成形现在已能制造10kg重、350mm长的成形坯。

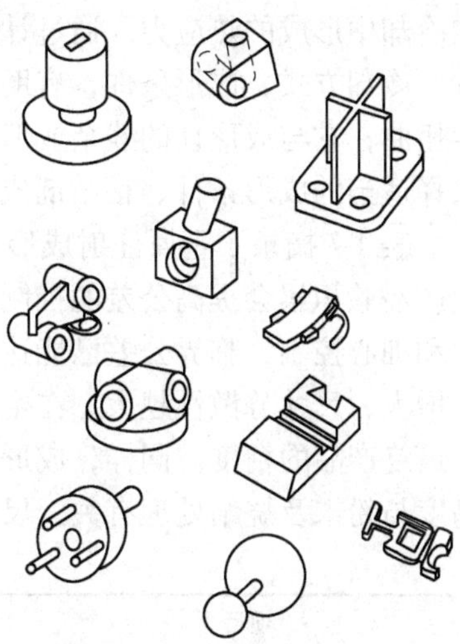

图4-22　金属注射成形的几种零件几何形状示意图

金属注射成形零件的设计应注意以下几个方面：

（1）脱模斜度　为便于从模具中取出成形的零件，零件壁应有一定的脱模斜度，实际脱模斜度大小因零件形状复杂程度而定，同一个零件上所有脱模斜度尽量相同。

（2）壁厚　成形零件各处的壁厚应尽量均匀一致，壁厚不同会导致成形零件扭曲、产生内应力、孔洞、开裂及凹陷；另外，还可能导致收缩不均匀、影响尺寸与公差。

（3）孔　用型芯成形孔可将横截面减小到规定的范围之内，获得均一壁厚，减小材料消耗，并减少或消除切削加工。孔的方向最好平行于模具开模方向并垂直于分型面。最好采用通孔，不用盲孔，内部的连通孔应相互垂直。

（4）加强筋　加强筋用于增强较薄的壁以避免厚截面，可增大簿壁的强度与刚度，此外还可以改善注射料的流动与限制变形。加强筋的厚度应小于其邻接的壁，在结构上需要较厚加强筋的部位，应用多条加强筋替代。

（5）倒角与圆角　倒角与圆角的合理应用可减小零件转角处的应力，并有利于充模，对大多数金属注射成形零件推荐采用$R=0.4\sim0.8$mm的圆角。

其他功能性与装饰性形状，如标记、滚花、零件号及型腔号之类的形状细节都可模具中成形，但它们不能成形于平行或接近平行于模具开模方向的模具零件表面上。

表4-6　金属注射成形坯设计原则

基本要求	理想的设计	允许的设计特征
无内部封闭孔腔 内孔腔无沟槽 圆角半径>0.2mm 长工件有2°脱模斜度 最小孔径0.1mm 最小厚度0.5mm 最小重量0.1g	截面厚度逐渐变化 孔或槽几何对称 最大尺寸<100mm 壁厚<20mm 组合成单个零件	孔与孔互成角度 六方孔、四方孔、盲孔和平底孔 加强筋 表面滚花 凸台和键 外螺纹 模具上零件的编号或其他标识

3. 公差

成形坯除了要达到所要求的形状和尺寸外，还必须达到要求的尺寸公差。烧结收缩是尺寸发生变化的最大起因，散装密度梯度和成形的残余应力均会引起变形。最常见的是在充模和冷却中形成的热应力。通过计算机模拟流动分析，选择适当的浇注系统尺寸、浇注系统位置、冷却方式、成形条件，有助于减少这种梯度而改善尺寸控制。在脱脂和烧结中也可能发生扭曲，它与成形坯的残余成形应力、粘结剂软化和重力诱导蠕变有关。这些问题可以通过选择适当的成形条件、粘结剂成分、脱脂温度、脱脂支架来解决。

表4-7摘录了金属注射成形工艺无二次加工的具有代表性的最小公差。一般来说，随着生产经验积累会提高公差的控制能力。起初，尺寸公差只能控制在±0.5%以内，随不断努力和细心控制，临界公差已能达到±0.1%以内。以上是公称公差，随着尺寸增大，尺寸变化增大，尺寸分散性越大。在生产中，收缩率的标准偏差为±0.4%或更小。这些变化影响了最终产品的精度。同样，成形坯密度能控制在1%以内，重量变化可低至0.1%，表面粗糙度与粉末及烧结处理有关，尺寸有可能低至1μm。

表4-7 注射成形件的公差

项目	最好	一般
角度	±0.1°	±2°
相对密度	±0.1%	±1%
重量	±0.1%	±0.4%
相对尺寸	±0.05%	±0.3%
绝对尺寸	±0.04mm	±0.1mm
孔径	±0.04%	±0.1%
孔位置	±0.1%	±0.3%
表面粗糙度	0.4μm	5μm
平行度	±0.2%	±0.3%
平面度	±0.1%	±0.2%
圆度	±0.3%	±0.3%
垂直度	±0.1%，0.1°	±0.2%，0.3°

第5章 摆动辗压

5.1 摆动辗压概况

美国 Midvale & Ordnance 公司副总裁 Slick 在 1900 年提出了摆辗工艺，并于 1906 年制造了 Slick 摆辗机。该机被应用在一条能够利用铸钢锭直接生产大型车轮坯的半自动生产线中，替代了大型锻压设备。后来由 Bethelem 钢铁公司改进为全自动的“S1ick Mill”服务于热轧制生产。1973 年美国进口一台波兰 PXW100 型摆辗机以后，开始了冷辗压成形工艺的研究。到 20 世纪 90 年代，美国已拥有多种类型的摆动辗压机在生产运行，用以生产大型热轧制锻坯及多种冷精压零件。

英国 Harold F. Massey 在 1929 年提出了一种摆辗法，设计了一种摆辗机，并获得了专利权，但没有研制成功。1964 年，英国 B&S Massey 公司继续研究摆辗技术，1966 年研制出实验用样机，1972 年制造出用于生产的 Rotaform150 型摆辗机。

波兰华沙工业大学的马尔辛尼克教授于 1967 年研制成功摆动辗压机。1968 年在波兰取得专利，1970 年由波兰锻压机械设计处设计，并由华沙第一自动压力机制造厂生产 PXW100 型摆辗机。这种机器在英、美、日、中国、瑞士等许多工业化国家用来进行冷摆辗零件加工和摆辗理论、工艺应用方面的研究，也被广泛地仿制。其中瑞士 Schmid 公司制造的 T 型摆辗机，其摆辗力达到 2000kN、4000kN 和 6300kN，结构也有所改进，自动化程度较高。马尔辛尼克教授在摆辗理论方面的另一贡献是给出比较实用的摆辗接触面积率的计算公式。波兰人还进行了粉末压制和烧结体材料的冷锻，用摆辗技术使粉末冶金材料致密化的效果大大提高。

日本名古屋工业研究所于1972年研制出实验研究用的摆辗机。日本官办的和私营的研究所对摆辗研究都很重视，对摆辗件的力学性能、摆辗变形特征、工件精度、摩擦条件、粉末成形、烧结体摆辗锻造等等方面进行了研究。目前，日本不仅用摆辗生产多种机械零件，包括热摆辗件、温摆辗件、冷摆辗件、粉末冶金件，而且有多种型号的摆辗机、轴向轧机商品出售。

前苏联于20世纪60年代末期，研制成功了能生产锥齿轮的热辗压机并申请了专利。该机摆头为锥齿轮，其倾角为其轴线与同其啮合的锥齿轮轴线的夹角，只自转不摆动。列宁格勒机械学院于70年代初期研制出СП30型摆辗机，摆头倾角3°。80年代又利用波兰PXW100型、瑞士施密特T200型摆辗机研究了温辗、冷辗工艺的工业应用，并在明斯克农机厂建立起以PXW100型摆辗机为主机的摆辗生产线。

中国的摆辗研究开始于20世纪70年代初期。最早由上海机械工艺研究所及武汉汽车齿轮厂等单位先后研制出小型摆辗机，开始研究工艺应用。我国在摆辗机研制和摆辗工艺应用方面比较成功的是卧式摆辗机及热摆辗成形汽车、拖拉机半轴法兰工艺。其中徐州锻压设备厂、徐州特种锻压机床厂制造的1600kN、2000kN卧式摆辗机已作为商品出售。再者是摆辗铆接机及摆辗铆接工艺的应用也很成功。冷摆辗成形方面，已经进口波兰PXW100型、PXW200型摆辗机多台，瑞士施密特公司的T200、T400、T630型摆辗机多台。其中，以胡亚民及其同事们在1985年所研究的用PXW100型摆辗机冷辗压成形摩托车起动齿轮工艺最早成功，为我国冷摆辗工艺应用开了先河。

近年来我国对摆辗技术的研究有了较大的发展。据全国第五届摆辗学术会议统计，我国已能采用摆辗工艺生产汽车后半轴、大直径薄壁圆盘法兰、铜锣、扬声器导磁体、端面齿轮、各种齿轮坯及各种薄壁圆盘类、饼类锻件等。汽车用行星锥齿轮、后桥被动齿轮、半轴锥齿轮和钢质同步器环等锻件的冷摆辗生产，尚处于试制阶段。另外，摆辗铆接技术的发展给摆辗技术提供了新的应用领域，目前全国已有几百台摆辗铆接机正常运行。

近年来我国用于锻件生产的摆辗机有了长足的发展，为推广摆辗成形工艺提供了一定的物质保证条件。但就摆辗机的设计、制造技术与国外相比，尚有很大差距，其主要表现在：

1）机器笨重，体积庞大，外观粗糙。

2）机身强度和刚度差，工作时机身出现晃动现象。

3）摆头半球表面上耐压、耐磨复合材料不过关，摆头和轴承易损坏，使用寿命短。

4）液压系统有漏油现象。

5）设备制造精度低，导致摆辗尺寸偏差大。

6）摆辗机多为单机生产，尚缺少配套辅机和控制微机或组件生产的配套设备和装置，难以提高摆辗生产过程的机械化和自动化程度。

5.1.1 摆动辗压机的工作原理

摆动辗压简称摆辗，所谓摆动辗压（rotary die forging）又称旋转锻造（rotary forging）、轨道成形（orbital forging）、摇动锻造等，就是一个带圆锥形的摆头以某种轨迹形式进行摆动，当坯料沿轴向进给时摆头对坯料进行连续局部加载导致工件成形。摆动辗压机和传统的锻造设备一样具有墩粗、正挤、反挤、墩挤等各种工艺性能，此外还有专门从事铆接的摆辗铆接机。

摆辗模具有两部分：上模（即摆头）和下模。摆动辗压与其他形式的压力加工方法相比，其模具之间相对运动的状况要复杂的多。上模的运动可以分解为绕自身轴线的转动，轴线绕设备主轴的摆动，下模作沿设备主轴向上的进给运动，把毛坯送进加压而达到整体成形。上模作交变频率的圆周摆动，即一面绕轴心旋转，一面在毛坯上连续不断地滚动碾压。与此同时，滑块在油缸作用下上升，并对毛坯施压，摆头每一瞬间能碾压坯料顶面的某一部分，使其产生塑性变形。当液压柱塞到达顶点位置时，最后达到整体成形的目的，即可获得所需的摆碾件。

摆辗成形过程中，摆头与坯料之间始终局部接触。俯视图中阴影为坯料与上模接触区投影。如图 5-1 所示，摆头中心线与机器主轴中心线的夹角称为摆角。当主轴旋转时，Oz 绕 OM 旋转，于是上模便产生了摆动。与此同时，下模在油缸作用下上升，并对毛坯施压，这样上模母线就在毛坯上连续不断地滚动，最后达到整体成形的目的。相当于锥体沿母线在工件上滚动 + 滑动，接触面偏向一旁，即机床承受周期变形偏心载荷。摆头与坯料之间的接触面积是整体投影面积的 $1/n$ 倍，变形力仅为原来的 $1/n$。可见摆辗成形是连续局部成形，在摆辗成形过程中锥模母线相对于工件轴线作螺旋运动，若锥模母线是一直线则工件上表面为一平面，若锥模母线为一曲线则工件表面也可相应获得一定的曲面形状，下模和一般锻压成形模具基本相同，为使上模简单，模具设计时希望把复杂的一面放在下模。

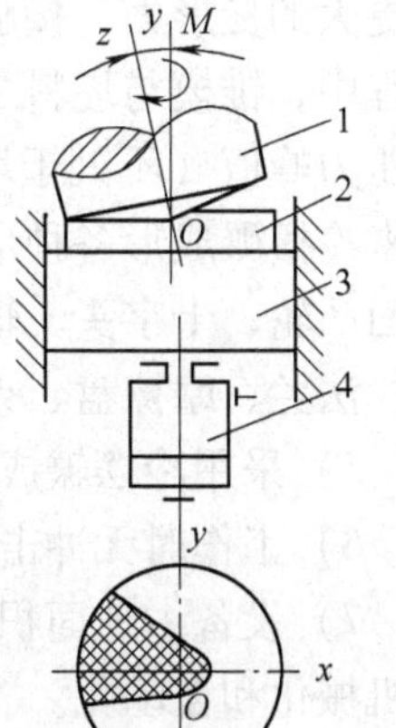

图 5-1 摆动辗压工作原理示意图

1—摆头（上模） 2—毛坯 3—滑块 4—进给油缸

与传统的塑性加工方法相比，摆辗加工的运动轨迹多样，有圆、直线、螺旋线、多叶玫瑰线等。不同的轨迹适用于不同特征的零件。

摆辗工艺主要适用于成形轴对称零件。

5.1.2 摆动辗压的特点

根据摆动辗压工艺的原理，将其归类于增量锻造工艺（Incremental Forging），此类工艺的一个共同特点是：任何时刻工件表面只有局部与工具相接触。普通锻造时锻锤与工件的接触面积是整个工件的横断面积，而摆辗时摆头与工件的接触面积是一局部的扇形面积；另外，摆辗时摆头所受的最大应力也远远小于普通锻造时锻锤所受的最大应力。纵观摆辗整个成形过程，摆辗加工具有下述优点：

1）省力。首先，由于锻压时变形力的大小是由平均单位压力和接触面积之积来确定的，而摆辗加工是偏心加载顺次加压连续局部成形的过程，接触面积仅为常规锻造接触面积的 $1/n$；其次，模具与工件之间的相对运动有滚动，摩擦系数小，降低了塑性流动阻力；再者，接触面积小，则塑性区相对厚度大，应力状态系数小，变形抗力小。综上所述，摆辗变形抗力仅为常规锻造变形抗力的 1/5 ~ 1/20。

2）精度高，成形时不易开裂，产品质量好。摆动辗压能够使锻件毛坯变形均匀，金属纤维流动合理，加上摆辗过程中的加工强化，大大提高了成品零件机械强度，且加工精度和表面质量亦大大改善，一般机械零件冷摆辗成形精度可在0.03～0.1mm，热成形精度0.1～0.5mm，成形后表面粗糙度可达R_a0.08～0.2μm，可用于少、无切削加工，节约金属材料。摆辗时的极限变形程度比普通锻造可增大10%～15%。

3）摆辗模具寿命高。摆头与工件局部接触，模具负荷低，并且是间歇性负载，因此，摆辗模具更耐磨损，失效慢，寿命高。

4）尤为适合加工外形复杂的零件，能辗压成形高径比很小、一般锻造方法不能成形的薄圆盘件，例如仅有0.5mm厚的带杆法兰盘。因为对一般锻造来说，锻件越薄，相对接触面积就越大，因而摩擦力对金属变形的阻碍作用就越大，金属的屈服条件就越难满足，就需要更大的变形力，接触面上的压力峰值（处于坯料的中心）较锻厚件时大很多。而在摆辗过程中，锥模与坯料之间很大程度上表现为辗压变形，由于接触面积小，不仅总变形力小而且压力峰值（不处于坯料的中心）也远低于锻造法。目前，冷摆碾除用来制造铆钉外，还用来冷摆碾成形各种形状复杂的轴对称件，如汽车和拖拉机的锥齿轮、齿环、推力轴承圈、端面凸轮、十字头、轴套、千斤顶、棘轮等。热摆碾多用来成形尺寸较大的工件，如汽车半轴、法兰、摩擦盘、火车轮、蝶形弹簧等。

5）采用冷摆辗成形，可省去加热设备及有关的能源消耗。

6）工作时无冲击，振动和噪声小，劳动环境好，劳动强度低。

7）设备占地面积小，周期短，投资少，可单机生产也可组线生产，容易实现生产过程的机械化和自动化。

由于摆辗工艺具有上述优点，所以它在精密成形领域具有独特的优势。

5.1.3 摆动辗压的应用

目前，摆动辗压工艺主要用于生产轴对称零件。与传统热锻工艺相比，摆辗更适于小批量、多品种、大尺寸产品的生产，这是由于随着成形载荷的降低，模具制造成本和设备成本明显下降。另外，在冷成形中，摆辗也用于小尺寸轴对称零件的生产。图5-2为几种典型的摆动辗压工艺示意图。

1. 在锻压行业上的应用

摆动辗压在锻压行业上的应用越来越广泛，主要用来成形各种饼盘类、环类及带法兰的长轴类锻件，如各种锥齿轮和端面齿轮、汽车后桥半轴、法兰盘、齿轮坯、铣刀坯、碟形弹簧坯、扬声器导磁体等。摆动辗压依辗压温度不同分热辗、温辗、冷辗三种。冷辗的特点是辗压出的锻件精度高，质量好，力学性能高，一般不用再加工，可以直接辗压出零件。冷辗的模具寿命高，每套模具寿命可达20000～30000件。但冷辗变形力大，所以每次变形不宜过大。热辗时变形力小容易成形，但锻件精度低，模具寿命短，辗压出的成品尚需机械加工，尺寸较大的锻件往往需要热辗成形。温辗是介于热辗和冷辗之间的加工方法，温辗时变形力较小，表面氧化很少，锻件质量较高，是一种很有发展前途的方法，目前国外应用比较广泛。

2. 摆辗铆接

摆辗铆接是摆动辗压技术的一个分支，现已越来越广泛地应用于装配工作，可实现精密铆接。它与气动和液压铆接相比，具有省力、无噪声、振动小、劳动强度低、铆接质量好的特点，既可用于固定铆接也可实现活动铆接。摆辗铆接可以实现圆头、平面、扩孔、翻边等铆接工序。

3. 粉末摆辗

粉末摆辗是以粉末冶金烧结体做预制坯，经过摆辗成形以获得致密度很高的各种金属制品的新技术。金属制品在摆辗成形过程中，不仅产生几何形状的变化，而且有较大的体积变化，该技术具有省力、精度高、设备噪音低和振动小等优点。粉末摆辗将粉末冶金和摆动辗压各自的优点结合起来，使粉末烧结体经摆辗成形为致密度很高的金属制品，显著地改善了烧结坯的物理性能和机械性能，从而使粉末冶金的应用扩大到高强度机械零件的制造领域中，是一种很有前途的新工艺。粉末摆辗工艺适用于制造塑性较好的低合金钢及有色金属材料的盘形或环形零件。

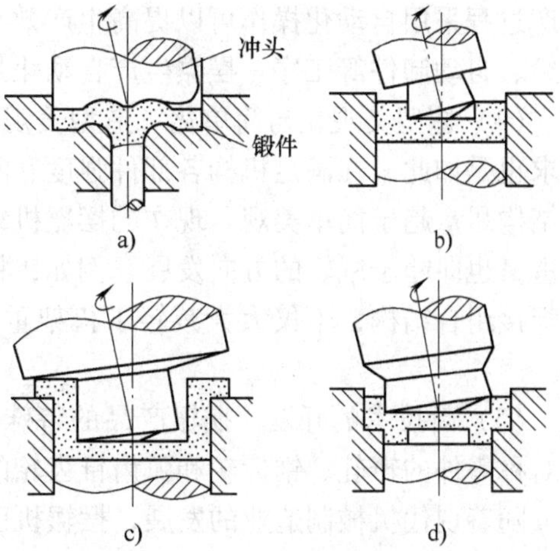

图 5-2 摆辗典型工艺示意图

a）局部成形镦粗 b）反挤

c）反挤和成形 d）正反挤联合

4. 其他摆辗工艺

摆辗精冲是使板材局部轮流承受剪切变形，因变形区受不变形区制约，可避免撕裂面的出现，从而达到精密冲裁的目的。采用摆辗方法还可以完成翻边、缩口、挤压等多种工艺。

5.1.4 摆辗机的发展趋势

随着机械制造业的发展，人们对摆辗技术的认识在逐步提高，摆辗工艺的应用范围将不断扩大，摆辗已成为塑性加工的主要发展方向之一。为使这种节材、节能、节约投资、改善环境又节约人力、实现少无切削加工的工艺在制造业中普及而发挥其应有的作用，必须对现有的摆辗机的不足之处进行改进，使之适应生产实际的需要。为适应时代的要求，未来的摆辗机大致会朝以下几个方向发展：

（1）吨位大型化　由于摆辗力仅是常规锻造力的1/5～1/20，因而一台6000kN的摆辗机其公称压力就相当于一台万吨水压机产生的压力。但摆辗机的操作更灵活、方便。最初在英国设计的摆辗机的吨位只有700kN，而现在世界上摆辗能力最大的是日本森铁工株士会社生产的10000kN冷摆辗机。

（2）系列化标准化　摆辗机是推广应用摆辗工艺的先决条件。只有制定出摆辗机的系列标准，使设备承制厂成批生产，才能适应摆辗工艺应用范围日益扩大的需要。目前，用于冷摆辗精压成形的摆辗机，瑞士Schmid公司的系列标准为T200、T400、T630，辗压成形工件直径$D \leqslant 190$mm，长度$L \leqslant 115$mm；热辗压成形的摆辗机，德国瓦格纳的系列标准为AGW63、AGW125、AGW400、AGW630、AGW800等，辗压成形工件直径$D \leqslant 1250$mm，长度$L \leqslant 315$mm。这两种设备在日本都有系列标准。因而，摆辗机的系列标准化是发展趋势。

（3）操作自动化　对于摆辗机，利用数控系统实施摆辗成形过程的计算机控制，采用人机对话界面，动态显示摆辗力、位移、液压阀的运动状态，并实现设备故障诊断。对整个生产过程采用自动化操作可以提高生产效率和产品质量。自动化包括坯料加热、自动上料、进给、自动卸件等工序。摆辗生产自动化是适应高生产率的必然趋势。

（4）造型美观化与简单化　造型美观化与简单化是当今设计的一大趋势。对摆辗机的要求也是如此。在满足机构各部件强度和刚度、满足生产工艺性要求的同时，将摆辗机的外观结构尽量趋于简单美观。现在的摆辗机结构设计比以前的设计更趋于结构合理而简单，机架重量也向趋于减轻的方向发展。例如，将老式的摆辗机机架结构由原来的铸造机架改为钢板焊接组合结构，不仅大大减轻了机架重量，而且外形美观，造型简单，更便于安装和维护。

（5）新技术的开发　摆辗产品的特殊性为摆辗设备的研制提供了广阔的发展空间，如非对称零件的辗轧、锥齿轮和弧齿锥齿轮的冷摆辗成形设备等。

随着现代机械制造业的发展，摆辗机已在以上方面取得了很大的进展，摆辗工艺的使用范围也不断扩大，相信在不久的将来，摆辗会在塑性加工领域中得到普及而发挥其更大的作用。

5.2　摆动辗压的基本原理

5.2.1　摆动辗压的运动原理

摆动辗压与其他形式的压力加工方法如一般锻造、冲压、挤压等相比，其模具之间相对运动的状况要复杂得多。如图 5-3 所示，如果以下模为参照物，则上模的运动可以分解为：公转、自转和章动等三种基本形式。公转运动即摆头中心线绕机器主轴中心线旋转，自转即锥形摆头绕自身轴心线的旋转，而章动为摆头中心线相对于机器主轴中心线的旋转。上述三种基本运动形式的不同组合，便可实现摆头的多种运动形式。

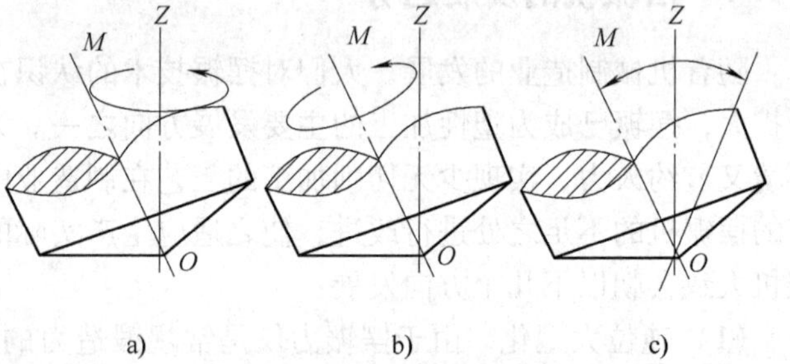

图 5-3　摆头运动的三种基本形式
a）回转　b）自转　c）章动

在摆辗机摆头结构中决定上述三种基本运动形式的基本结构为组合的内外偏心套，内外偏心套的示意图如图 5-4 所示。上模轴线上任意一点 P（即锥形上模顶点与 O_2 点连线上的任一点）在某一时刻的几何位置如图 5-5 所示，P 点的运动方程如下：

$$
\begin{aligned}
x &= r[\cos(\omega_1 t) + \cos(\omega_1 t + \omega_2 t)] \\
y &= r[\sin(\omega_1 t) + \sin(\omega_1 t + \omega_2 t)] \\
\rho &= x^2 + y^2
\end{aligned}
\tag{5-1}
$$

式中　ω_1——外偏心套的角速度；

ω_2——内偏心套的角速度；

r——偏心套的偏心半径。

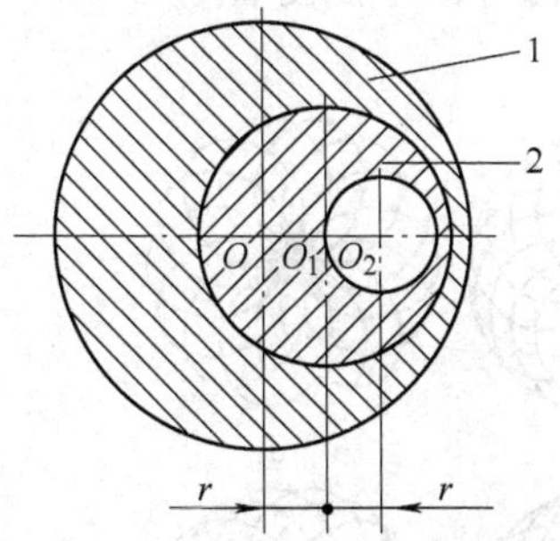

图5-4 内外偏心套的位置关系
1—外偏心套 2—内偏心套

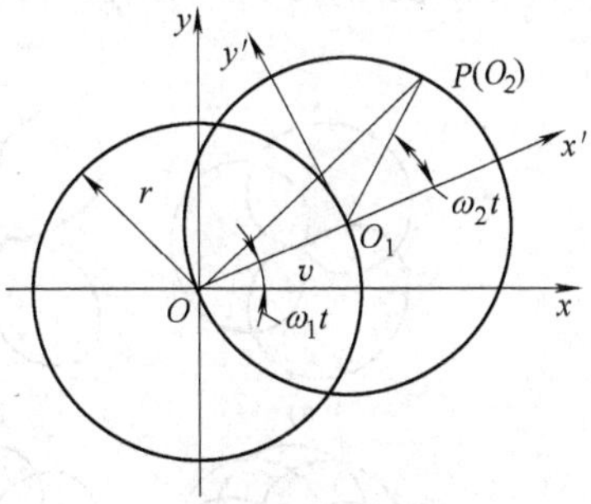

图5-5 上模轴线上任意一点 P 在某一时刻的位置

设 $\omega_2 = n\omega_1$，整理得 P 点的极坐标运动轨迹方程：

$$\rho = \pm\sqrt{2r[1+\cos(n\omega_1 t)]} \qquad (5\text{-}2)$$

$$\theta = \omega_1 t(1+n/2)$$

式中 n——外偏心套转速比。

可见，通过调节两个偏心套的转动方向和角速度便可获得不同的运动轨迹。

从摆头运动轨迹的数学表达式可以看出，摆头运动轨迹的具体形式取决于内外偏心套的转速和转向。

当 $n=0$ 时，则 $\rho=2r$，$\theta=0$，此方程为圆的极坐标方程，摆头运动轨迹为圆轨迹，如图5-6a 所示。

当 $n=-2$ 时，则 $\theta=0$。摆头运动轨迹为直线往复式运动轨迹，如图 5-6b 所示。

当 $|n|<1$，且 $n\neq0$ 时，摆头运动轨迹为螺旋线，n 取值越小，螺旋圈数越多，如图 5-6c 所示。

当 $|n|>1$，且 $n\neq2$ 的整数时，其图形为玫瑰线轨迹，玫瑰线的条数与 n 的绝对值有关，如图 5-6d 所示。

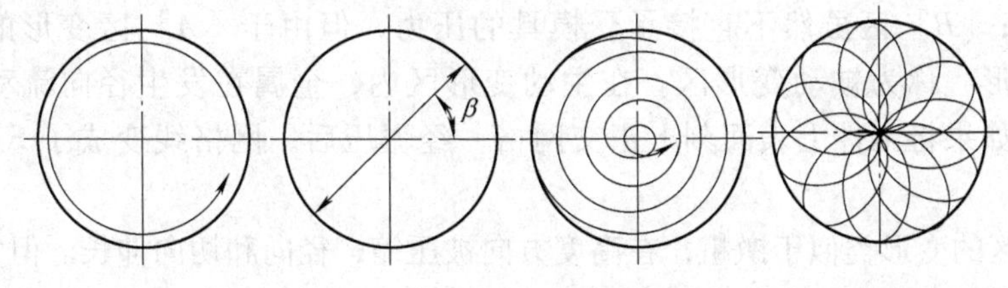

图5-6 摆头的几种运动轨迹
a) 圆 b) 直线 c) 螺旋线 d) 玫瑰线

如图 5-7 所示，如给定外偏心套的转速 $\omega_1=3$ 和偏心套的偏心半径 $r=50$，改变内外偏心套转速比 n 的取值，则有若 $|n|=4k-2$，玫瑰线条数为 $n/2$，如图 5-7a 和图 5-7b；若 $|n|=4k-1$，玫瑰线条数为 $2n$，如图 5-7c和图 5-7d；若 $|n|=4k$，玫瑰线条数为 n，如图 5-7e 和图 5-7f；若 $|n|=4k+1$，玫瑰线条数为 $2n$，如图 5-7g 和图 5-7h。由图 5-7 中绝对值相等的一组叶数相同的玫瑰线形状可以看出，当内外偏心套转速比 n 取正值即内外偏心套同

向旋转时，叶瓣较宽；当 n 取负值即内外偏心套反向旋转时，叶瓣较窄。

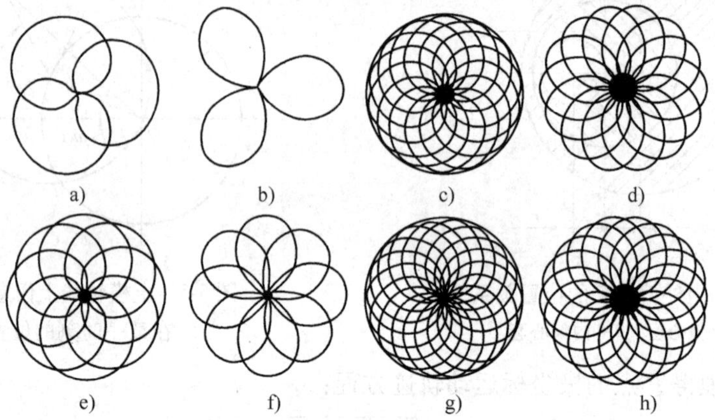

图 5-7 内外偏心套不同速度比时的摆头玫瑰线运动轨迹示意图
a) $n=6$ b) $n=-6$ c) $n=7$ d) $n=-7$ e) $n=8$ f) $n=-8$
g) $n=9$ h) $n=-9$

摆辗机是实现摆辗工艺的专用设备，而摆头是摆辗机区别于其他设备的关键部件。摆头的运动形式取决于摆头的具体结构，而内外偏心套结构可实现多种形式的运动轨迹，其运动轨迹取决于内外偏心套的转速比和转向，正确掌握摆头运动规律能够为合理指导摆辗工艺提供科学依据。

5.2.2 摆辗变形机制与变形特征

由于摆动辗压是局部加载的回转加工工艺，因此无论是圆柱件或者是环形件，在摆辗过程中工件上表面仅有局部与模具相接触，因此可以把摆辗工件的加工表面分为接触区［A］与非接触区［B］，如图 5-8 所示。［A］区直接承受模具的压力而发生塑性变形，称为主动变形区；［B］区虽然不直接承受模具的压力，但由于［A］区变形的影响也发生不同程度的变形，称为被动变形区。在主动变形区内，金属在发生径向流动的同时还发生切向流动。如果将工件上表面刻上正交网格，经辗压后，网格线变成了 S 形，如图 5-9 所示。

主动变形区的变形类似于镦粗，在高度方向被压缩，径向和切向伸长。但实际上又不同于镦粗，因为该区为楔形，其边界中只有圆弧 AB 段为自由表面，所以主要伸长方向为径向，又由于在弧 AEB 周边受到［B］区金属的不完全刚性约束，所以［A］区的金属沿切向也有所伸长，表现为压缩变形。同时，工具的圆锥面对［A］区金属的压力分布不均匀，沿摆动方向有一种赶辗作用，加剧了金属的切向流动。因此，主动变形区内金属流动趋势分为两个部分，中心区域材料以切向流动为主，边缘材料以径向流动为主。

对于被动变形区，可以将其看成是一个有缺口的圆盘，在缺口处受压应力和表面上的附加切应力，［A］区对面部分接近中心处受拉应力，接近外缘处受压应力。因此在不同的工况下，非接触区的变形有三种：①小弹性变形；②大弹性变形，发生弹性失稳，甚至翘曲和起皱；③在主动变形区的对面产生塑性变形，形成所谓塑性铰。塑性铰的外侧变厚，内侧变薄。被动变形区的变形抗力，成为主动变形区变形阻力。此阻力大小与变形体的相对厚度和摆动辗压的相对进给量有关。辗压薄件时，在主动变形区的对面形成塑性铰链。塑性铰链的外侧变厚，内侧变薄，塑性铰以外的区域是弹性变形区。辗压厚件，被动变形区为弹性变形。

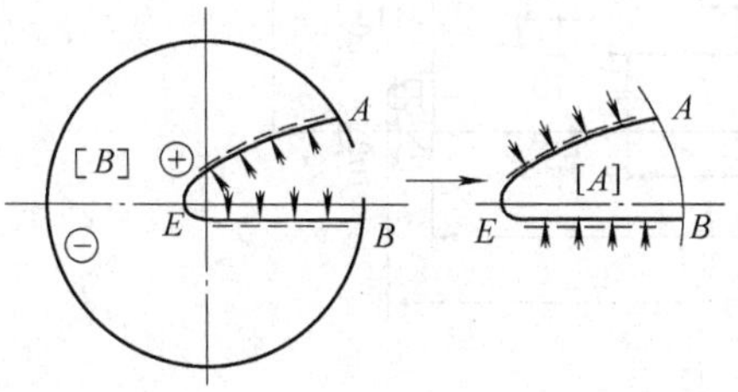

图 5-8 摆辗变形的分区及各区的受力与变形分析

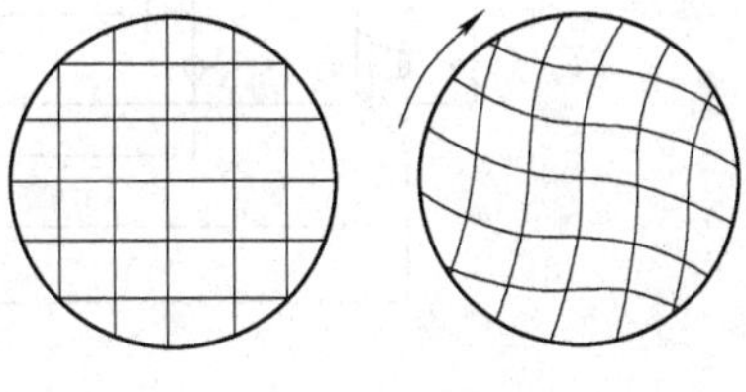

图 5-9 工件加工表面的网格畸变

5.3 摆辗机的分类

1. 按机身轴线位置分类

摆动辗压机为了适宜在不同场合使用和摆辗不同工件，将机身轴线设计成垂直于水平面和平行于水平面两种形式。由此，可将摆辗机分成立式和卧式两类。立式摆辗机是国内外最常见的一种摆辗机，如图 5-10 所示，它操作方便，受力情况较好，占地面积小，适用范围广，易于实现机械化与自动化。我国已制造出 36kN、100kN、300kN、1000kN、1600kN、2000kN、3500kN、4000kN、6300kN 九种规格的摆辗机。国外也有 6300kN 立式冷摆辗机作为商品出售。日本已有生产 10000kN 冷摆辗机的能力。一般来讲，卧式摆辗机的滑块行程较立式摆辗机长，它能摆辗加工带长轴的法兰零件。我国的卧式摆辗机主要是用来加工各种汽车和拖拉机后半轴及车床主轴等，其结构如图 5-11 所示。

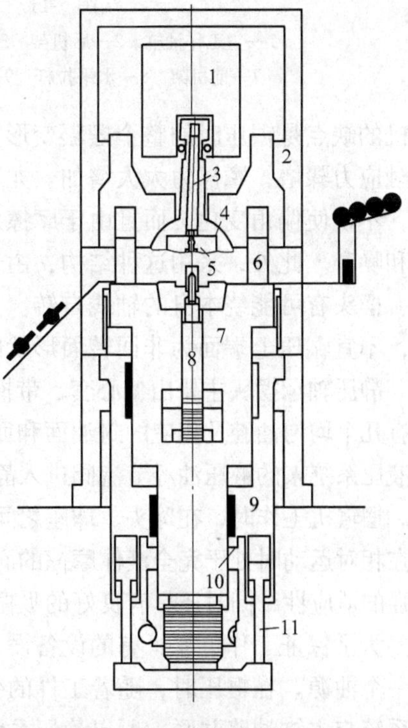

图 5-10 T600 摆辗机结构简图

1—摆动传动结构 2—机身 3—上顶料活塞 4—摆头 5—上模和下模 6—导向柱 7—主滑块 8—下顶料活塞 9—主油缸 10—上死点限位块 11—快进活塞

2. 按摆头结构分类

摆头结构的设计合理与否是影响摆辗工艺成败的关键之一。摆动辗压机按摆头结构形式不同分为滚动轴承式和滑动轴承式（含静压轴承式）两种。

滚动轴承式结构采用推力球轴承和深沟球轴承分别承受偏心载荷所引起的轴向力和径向力，结构比较简单，并且容易采购。这种结构的设备轮廓尺寸较大，但加工容易，安装调试方便。这种结构摆

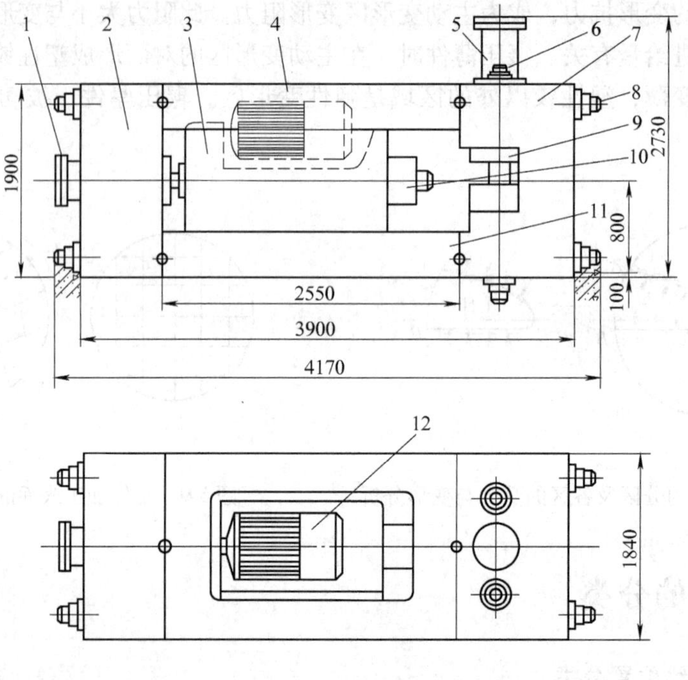

图 5-11 1600kN 卧式摆辗机结构示意图

1—主工作油缸 2—后机架 3—水平滑块 4—上机架 5—夹紧油缸 6—垂直拉杆 7—前机架 8—水平拉杆 9—垂直滑块 10—摆头 11—下机架 12—传动电机

辗机的缺点是辗压时的整个摆辗变形力仅由几个相邻的轴承滚珠承受。滚珠产生弹性变形，接触应力骤增，摩擦力大大增加。尤其是球面滚柱轴承的自位性能使滚柱和滚道产生相对位移，不仅使偏角变化，而且由于摩擦发热，滚柱发蓝，使轴承严重失油，加速磨损，造成振动和噪音。此外，采用这种结构，由于摆动模为浮动形式，在摆头轴线绕机身轴线旋转的同时，摆头有可能绕本身的轴线自转。在摆辗成形时，模具对工件之间必然发生相对位移，因此，不宜辗压上端面为非回转面形状的零件。

静压轴承摆头主要由偏心套、带柄的半球体及球座等组成。球座用球墨铸铁制成，其上开设有几个均匀油腔及相应的封油面和回油格。在床身左侧安置有相应的螺旋格毛细管节流器。由液压系统来的液压油经节流阀进入静压油腔，然后又经封油面至回油槽，最后由管道返回油箱。摆辗机工作时，在球头、球座之间建立一层静压油膜承受全部辗压力而不被挤出，保证两者在相对运动时处于完全液体摩擦的润滑状态。这种摆头结构的摩擦阻力小，对于偏心载荷有很强的适应性，同时还具有良好的吸振性能，减少摆辗时的振动对机架的影响。

为了保证工作可靠，有的设备设有压力自动跟踪装置，静压支承系统与主送进油缸合用同一个油源。在辗压时，随着工件的变形，载荷不断加大，主缸内的油压不断升高。由于静压系统与主缸油路并联，所以静压系统进油压与球座油腔的油压也随之相应提高，始终保持与外载相平衡，从而可能使球座与球头之间的间隙及油膜厚度基本保持不变，保证了摆辗件相当高的尺寸精度。

这种结构的优点是安排紧凑，刚度好，寿命长，摆头结构与球座磨损小，电机消耗功率小。但是由于内外球面加工困难，摆辗过程中接触压力绕摆辗轴线呈周期性变化（旋转），油膜的位置及球座与球头的间隙也周期性变化，给建立和保持恒定液压造成困难。另外，在热辗压或温辗压时要注意对球头冷却，否则容易因受热膨胀而卡死。

3. 按机身结构分类

摆辗机按机身结构形式可分为组合式和整体式两种。国产摆辗机大多为整体机身，波兰PXW型摆辗机亦为整体机身。圆形滑块安装在机身的大圆形导筒内。为了提高机器刚度，保证导向精度，在整个滑块行程范围内都由机身大圆形导筒导向。只为装拆模具和送出料开设了尽可能小的窗口。因此，波兰设备使用性能较好，整机刚度较好，结构紧凑，装配容易，重量轻，缺点是装拆模具麻烦。

瑞士Schmid公司在波兰PXW型摆辗机的基础上作了改进和发展，将整体机身改变成组合机身。当滑块向上运动时，没有机架本身的大圆导筒导向，只是在滑块上增加了4只导柱插入机身的导孔之中，以此保证导向精度，其结构比较复杂，对机身零件加工的要求高，装配复杂。

4. 按摆头运动轨迹分类

摆辗机的摆头运动轨迹一般有圆形和多叶玫瑰线形，圆形运动轨迹的摆辗机结构简单，制造容易，应用较普遍，我国制造的摆辗机多采用此种结构。

波兰、瑞士的摆动辗压机采用双偏心套传动，可以调节摆角，可使摆头实现圆周运动、螺旋线运动、直线运动和玫瑰线运动4种运动轨迹。在进行圆周运动时，摆角可在0～2°的范围内选择，适合于轴对称工件的成形。如果摆角增加，变形力降低，成形所需要的时间变短。当摆角从1°增加到2°时，成形时间大约可减少40%。摆角大时，生产效率高，但对产品的精度有所影响。

螺旋线运动时，有利于坯料金属的轴向流动和径向流动，中心成形较好。宜用于成形中心截面形状较为复杂的零件，因为这种运动使摆头周期性反复作用于坯料中间部位。

直线运动时，宜于成形轴向尺寸较长的零件，如五金工具中的錾子、锤子等。

玫瑰线运动轨迹宜于摆辗成形具有齿形的零件，例如锥齿轮、嵌齿式离合器盘等。

5. 按摆头运动形式分类

（1）Ⅰ型摆辗机　Ⅰ型摆辗机（见图5-12a）的摆头（锥体模）倾斜自转，并作直线运动进给，工件只作旋转运动。由于摆头只在工件的端面上滚动，此型的摆辗机又称为轴向模轧机。属于这类机器的有德国的AGW型、美国的Orbital Mill等。Ⅰ型摆辗机结构简单，采用普通轴承，广泛用于热辗压成形。

（2）Ⅱ型摆辗机　Ⅱ型摆辗机（见图5-12b）摆头的运动是摆动+自转、章动+自转或公转+自转，工件作直线进给运动。由于该类型摆辗机摆头的传动机构复杂，目前主要作为摆动铆接机使用。

（3）Ⅲ型摆辗机　Ⅲ型摆辗机（见图5-12c）摆头的运动形式是摆动、章动和无自转的公转，固定工件的模具沿机床轴线方向平移实现进给运动。其轨迹有多种形式，结构复杂。这种摆辗机又称为摆动模轧机，用于冷、温成形。

6. 按用途分

摆辗机按用途可分为锻造摆动辗压机和铆接摆动辗压机（也称为摆动铆接机）两大类。锻造摆动辗压机主要用于热辗、温辗和冷辗各类工件。摆动铆接机可以通过改变摆头倾角的大小而改变塑性变形区的深度，达到调节铆接松紧程度、实现不同要求的铆接的目的，如铰链铆接或固定铆接。

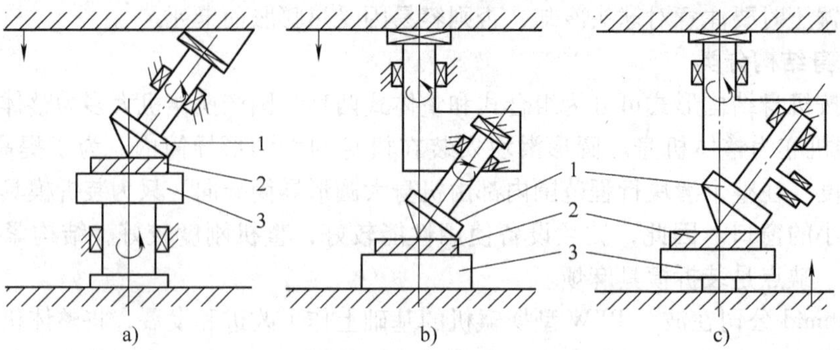

图 5-12　不同类型的摆辗机结构示意图

1—上模　2—工件　3—下模

5.4　摆辗机的主要技术参数

摆动辗压机的主要技术参数是反映一台摆辗机的加工能力，加工件的尺寸范围，及生产率等的指标。摆动辗压机的主要技术参数有公称压力、摆头倾角（摆角）、每转进给量、摆头转速、进给量和电机功率等。

1. 摆辗机公称压力

公称压力是指摆辗机的送进油缸的最大推力，是摆辗机最重要的技术参数，也是摆辗机设计和计算的主要依据。公称压力的大小对生产的影响很大，因此，根据辗压件的尺寸确定合适的公称压力非常重要。

摆辗机的公称压力是由摆辗变形力所决定的，它等于摆辗时上模与毛坯的接触面积与作用在该面积上的平均单位压力的乘积，即

$$P = Ap \tag{5-3}$$

式中　A——接触面积（m^2）；

p——平均单位压力（Pa/m^2）。

平均单位压力的确定可以采用计算轧制压力的方法，接触面积可以用理论计算公式或实验曲线来确定。

2. 摆头倾角

摆头倾角简称摆角，用 γ 表示。它是上模轴线与摆辗机主轴之间的夹角。当 $\gamma = 0$ 时，上模不摆动，工作时与一般液压机一样。因此 γ 不能太小，太小就显示不出摆动辗压的优越性了。γ 的大小直接影响到接触面积系数 A 的大小，影响到摆辗机的生产效率。一般情况下 γ 角小，金属容易轴向流动，γ 角大，金属容易径向流动。

γ 角越大，接触面积越小，金属容易变形，轴向力减少，径向力和切向力增大，总的辗压力减小，即 γ 角越大越省力。

但如果 γ 角过大，省力的效果反而逐渐减小，作用在摆辗机机身和导轨上的水平分力却加大了，使机器的振动加大，机床精度降低，轴承寿命减小，从而对摆辊机的刚度设计提出很高的要求，例如加大导向面积，使机器变得庞大。

γ 角过大，还会使金属变形不均匀，蘑菇效应更强，使摆辗成形件上端面的不平度加大。

冷摆辗时一般取较小的摆头倾角和每转进给量，通常 $\gamma=1°\sim2°$。热摆辗时变形抗力小，如果辗压时间长，温度降低，则使变形抗力增大，影响模具的使用寿命，也使金属不易充填模腔，因此热辗压时希望尽量缩短辗压时间，一般 $\gamma=3°\sim5°$。铆接时为了加快金属径向流动通常取 $\gamma=4°\sim5°$。

3. 每转进给量

每转进给量 s 为摆头旋转一周时，工件在机器主轴方向上的送进量。每转进给量的大小直接影响到设备的吨位、主电机功率以及摆辗成形质量等。如果每转进给量过大，则摆头与工件的接触面积增加，要求设备的吨位和主电机功率也随之增大；如果每转进给量过小，则生产率降低，模具寿命缩短，变形不均匀。增大每转进给量 s 值，固然能缩短辗压时间，提高生产率，使工件变形程度较为均匀，产品质量高，但由于摆辗力显著提高，则增加了液压油泵容量和摆头电机功率。s 值一般取 0～5mm/r，冷辗时取小值，热辗时取大值。

4. 摆头转速

摆头转速 n 是指摆头在驱动电机的带动下每分钟的转数。它不仅影响到设备的生产效率和摆头电机功率，而且影响摆辗机的轮廓尺寸和摆辗机生产率。摆头转速越高，生产率越高，反之，生产率越低。一般情况下，摆头每分钟旋转次数的高低对摆辗件的成形性能影响不大。只要摆头旋转的次数数值完全相等就会产生等效或近似等效的成形效果，因此，在摆头转速低的情况下，可以延长辗压时间。一般情况下，为了提高生产率可使摆头转速高些。但对于大吨位的摆辗机，要注意增大电机功率，增大机架刚度．否则在增加摆头转速高的情况下，会使机架受力恶化，振动加大，机器容易发生故障，也使成形件表面的粗糙度增大。国产的锻造摆辗机转速一般为200r/min，而日本的摆辗机摆头转速可达500r/min。摆铆机的转速可高达1000 r/min，以满足铆接工艺的要求。

高转速能够缩短摆辗成形时间，使坯料在模腔中的滞留时间缩短，对延长模具的使用寿命有好处，对于温、热摆辗是很受欢迎的。

5. 摆头驱动电机功率

摆头驱动电机功率是设计摆辗机的主要参数之一，选取过大，则浪费能源，机器庞大。如果选取不足，则会产生闷车现象，影响生产率和产品质量。摆头电动机功率与辗压件直径、摆角、每转进给量等因素有关。摆头驱动电动机功率可采用下式计算：

$$N=1.275\times10^{-8}\times\frac{Pn}{\eta}\sqrt{DS\cos^{-1}\left(1-\frac{2S}{D\tan\gamma}\right)} \tag{5-4}$$

式中　P——机器的实际吨位（N）；

n——摆头实际转速（r/min）；

D——工件最大直径（m）；

γ——摆角（°）；

S——每转进给量（m/r）；

η——传动部分总效率。

该式适用于接触面积小于1/4圆的情况，在初步设计摆辗机时可采用此式。

5.5　摆动辗压机的结构

5.5.1　通用摆辗机结构

摆动辗压机主要由机架、摆头、滑块、送进液压缸和机械传动系统等五部分组成，如图 5-13 所示。摆辗机的结构类似液压机，只是多一个摆头机构和相应的传动系统。

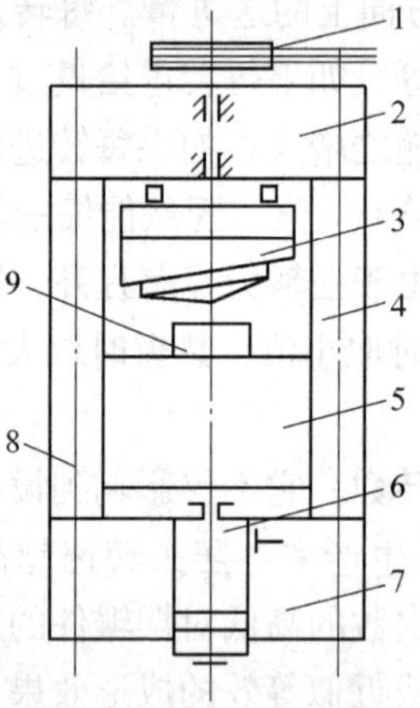

图 5-13　摆辗机结构示意图

1—机械传动系统　2—上横梁　3—摆头　4—立柱　5—滑块　6—送进油缸　7—下横梁　8—拉杆　9—坯料

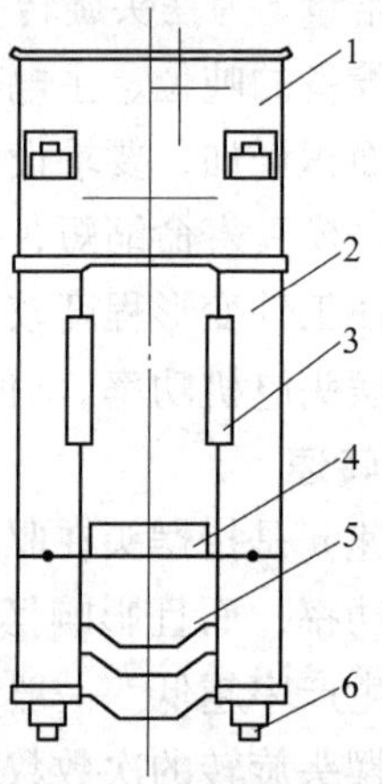

图 5-14　组合式摆辗机

1—横梁　2—立柱　3—导轨　4—下模垫板　5—下横梁　6—拉紧螺栓

1. 机架

机架是摆辗机的主要承载部件，多采用框架式结构，可分为整体式和组合式机架两种。整体式机架刚度好，强度高，但加工装配量大，运输也比较困难。组合式机架由上、下横梁，左、右立柱，导轨和四根紧固螺栓等组成，上、下横梁和立柱通过紧固螺栓组成一个整体，如图 5-14 所示。组合式机架易于加工和运输，在保证加工和装配精度的前提下，使用效果较好，摆动辗压机大多采用这种结构。

2. 摆头

摆头是摆动辗压机所特有的，是实现辗压过程的关键部件，它决定摆辗机的使用性能和整机的结构形式。

（1）摆头结构　根据摆头主轴轴承的不同形式，分为滚动轴承式摆头、滑动轴承式摆头和静压轴承式摆头三种。

滚动轴承式摆头的结构如图 5-15a 所示，在传动主轴上安装一个上端为水平面，下端为与水平面成 γ 角的单面倾斜的回转盘。当空转时，主轴带动锥形模旋转而不摆动；当锥形模与工件接触后，由于变形摩擦力大于轴承中的摩擦力，锥形模只摆动而不转动。该结构的优点是结构简单，容易加工，使用维修方便，功率消耗小，多采用推力调心滚子轴承，适用于 2000kN 以上的大型热摆辗机。

滑动轴承式摆头的结构如图 5-15b 所示。这种结构的特点是在摆头上装有一个或内外两个偏心套和一个滑动球头，偏心套内有一偏心孔，其轴线与偏心套轴线的夹角为γ，滑动球头的尾柄嵌在偏心孔中，于是滑动球头的轴线与机器主轴倾斜γ角，滑动球头的上端面与球面衬套（球铰座）相配合。当主轴转动时，带动偏心套转动，从而滑动球头带动上模作摆动运动。该结构的优点是摆头承载能力大，传动平稳，结构简单、紧凑，使用命长。

静压轴承式摆头结构如图 5-15c 所示。该结构的特点是在滑动球头和球面衬套（球铰座）之间建立一层静压油膜，用以承受全部摆辗力，并保证两者在相对运动时处于完全液体摩擦的润滑状态下。该结构承载力大，摩擦系数小，功率消耗低。

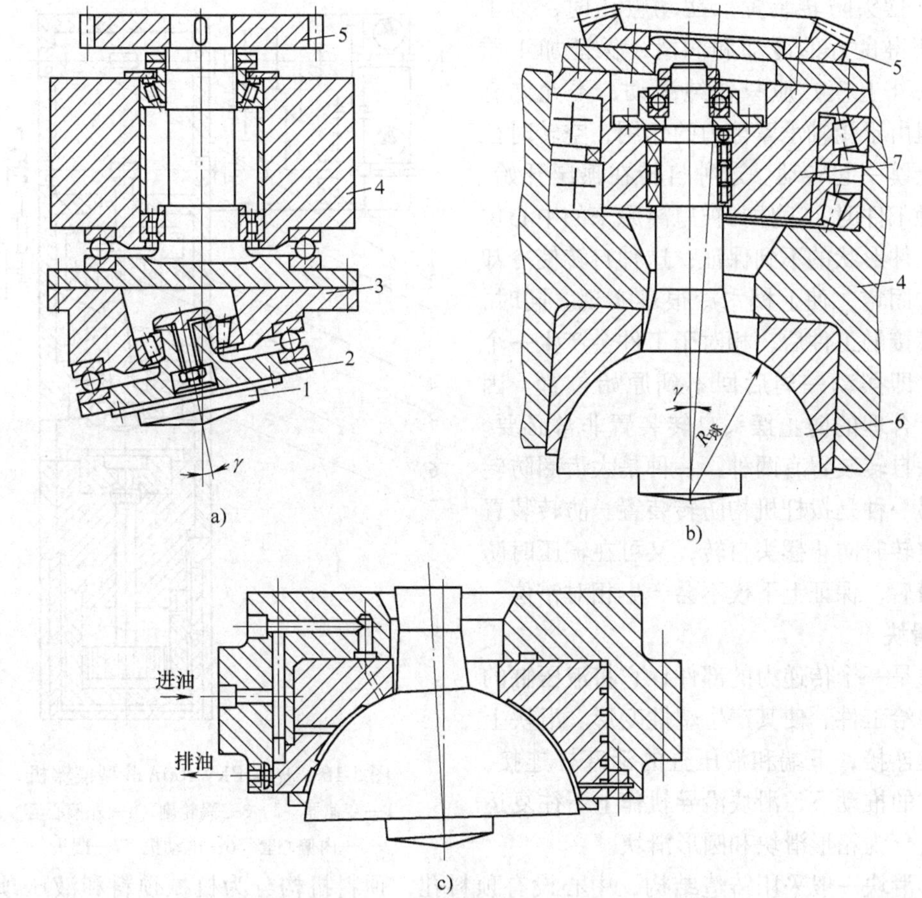

图 5-15 摆头的三种结构形式

a）滚动轴承式摆头 b）滑动轴承式摆头 c）静压轴承式摆头

1—摆头 2—摆座 3—楔形偏心盘 4—机架 5—传动齿轮 6—球头 7—偏心套

（2）摆头运动轨迹 摆头的运动轨迹对金属流动和充填影响很大，特别是对不同形状工件成形的影响更大。摆头轨迹有四种：直线轨迹、圆轨迹、螺旋线轨迹和玫瑰线轨迹。

摆辗机可以只有一种轨迹，也可以同时有多种轨迹。单一轨迹的摆辗机结构简单，制造维修方便，适于大批量生产。多轨迹的摆辗机使用范围更广，但结构复杂。波兰 PXW100Aab 型摆辗机靠内外偏心套的同向或反向、同速或不同速旋转而产生四种不同运动轨迹，其结构如图 5-16 所示。

当内偏心套与外偏心套同向同速旋转时，摆头运动轨迹为圆形，适合辗压各种圆形工件。

当内、外偏心套反向旋转，且内偏心套角速度是外偏心套角速度的两倍时，摆头运动轨迹为直线轨迹，适合辗压椭圆或长轴类工件。

当内、外偏心套同向旋转，且外偏心套角速度大于外偏心套角速度时，摆头运动轨迹为螺旋线轨迹，适合辗压具有不同直径台阶的工件。

当内、外偏心套反向旋转，且内偏心套角速度是外偏心套角速度的 n 倍时，摆头运动轨迹为玫瑰线轨迹，适合加工齿形工件。

（3）摆头防转装置　摆动辗压时，为了使上模获得良好的冷却和润滑，保证加工质量，摆头（上模）应只作纯滚动，不允许有自转。但由于受轴承摩擦力的作用，空转时往往带动上模一起转动。这种自转在辗压开始，上模接触工件时，工件常被甩离原来的中心位置，使工件形状的不到保证；这种自转使冷却水管无法固定，使上模水冷很难实现。同时，摆头上模接触工件后，相对于工件会产生一个滞后角，即摆动一周后回不到原始位置。因此，设计合理的防止摆头自转装置非常必要。防止摆头自转装置有两种：一种是大齿圈防转装置，另一种是拨杆机构防转装置。防转装置既可在空转时防止摆头自转，又可在辗压时防止上模滞后，保证上下模不会产生相对错位。

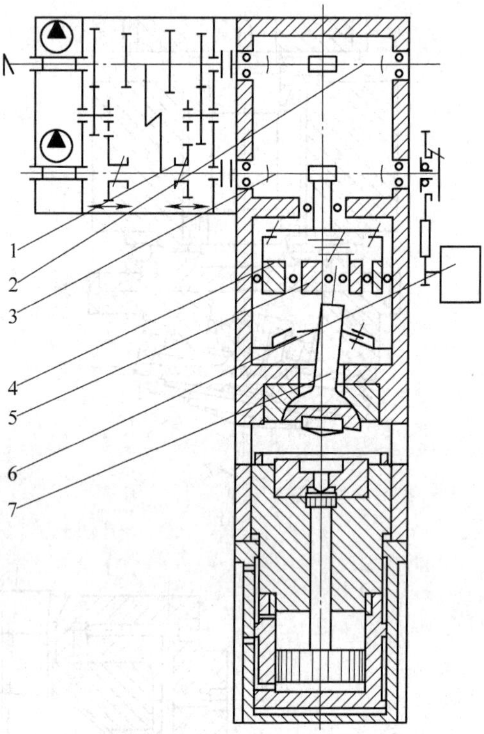

图 5-16　波兰 PXW100Aab 型摆辗机

1—变速器　2、3—涡轮副　4—外偏心套　5—内偏心套　6—电动机　7—摆头

3. 滑块

滑块是一个传递力的部件，它将液压缸的推力传递给工件，使其产生塑性变形。滑块上端和上模连接，下端和液压缸的活塞杆连接。在液压缸的推动下，滑块沿导轨作上下往复运动。滑块分为箱形滑块和圆形滑块。

箱形滑块一般采用铸造结构，中心设有顶料孔，顶料机构分为机械顶料和液压顶料两种，如图 5-17 所示。机械顶料结构简单，易于制造，顶料准确，但行程不能调整，效率低。液压顶料的顶料力和行程均可调整，生产率高，但结构复杂。箱形滑块为保证导向精度，在滑块的 4 个角上均有导向面，以便和机身上的导轨滑动配合。导向面要有足够的长度，一般滑块的高宽比要大于 1。导轨和滑块导向面应保持一定的间隙，一般为 0.1mm 左右，这个间隙能够调整，具体视机器的精度和工作力大小而定，间隙的调整靠一组推拉螺钉来实现。

由于摆辗机滑块在 360°方向上承受交变载荷作用，箱形滑块的刚性在各个方向上不一致，加工中会产生较大幅度的摆动，将滑块做成圆形滑块可以得到很大的改善。圆形滑块导轨在 360°方向上刚性一致，受力和变形相同；圆形滑块与导轨的接触面积较大，磨损较小；圆形滑块与导轨制造易保证精度，安装调试方便；圆形滑块导轨只是一个圆筒，容易紧固。但缺点是圆形滑块导轨间隙不能调节，磨损后不易修复。

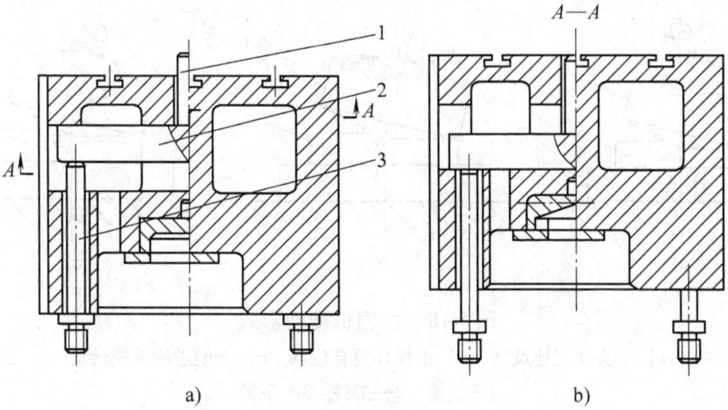

图 5-17 箱形滑块及顶料机构结构

1—顶料杆 2—顶料板 3—固定杆

4. 液压缸

滑块的进给可以采用柱塞式液压缸或活塞式液压缸。柱塞式液压缸只能单向作用，需配备回程缸。柱塞式液压缸分为简单液压缸和复合液压缸两种，复合液压缸还可实现液压顶料。

5. 传动系统

传动系统用于实现摆头的摆动送进动作，这种运动是由匀速旋转和进给两个运动合成得到的，设备也是由旋转运动和直线进给两个运动系统组成。这两种运动可以用同一个能源来实现，也可以分别用两个不同的能源来实现，即传动系统可以有一套，也可以有两套。目前，国内外摆辗机大都采用分别传动的方式，即用液压或气压传动实现进给运动，用机械传动实现摆动。运动的合成方式主要有以下几种：

1）摆头和下模分别传动。摆头作均匀摆动，下模带动工件作匀速或变速进给运动，如图 5-18a 所示。这种传动形式结构简单，容易实现，维修方便，国内外大多数摆辗机采用这种传动形式。

2）上模作匀速摆动的同时作上下往复运动，下模固定不动，如图 5-18b 所示。这种传动形式较复杂，但结构紧凑，适用于小型摆辗机。

3）上模倾斜一个角度，既作绕轴自转，又作上下往复运动，下模通过机械传动或液压马达作旋转运动，如图 5-18c 所示。

4）上模轴线固定只作自转，下模作螺旋运动，如图 5-19 所示。这种传动形式可以消除由于摆动而产生的交变偏心载荷，机身受力均匀稳定，辗压精度高，不需要防转装置，可以加工非对称锻件。

5.5.2 专用摆辗机

通用的摆辗机主要是立式结构，用于生产圆环类、饼盘类、法兰类等短轴类锻件，此外还有一些专用摆辗机，如用于加工汽车半轴等长轴类锻件的卧式摆辗机，用于铆接的摆动铆接机等。

1. 卧式摆辗机

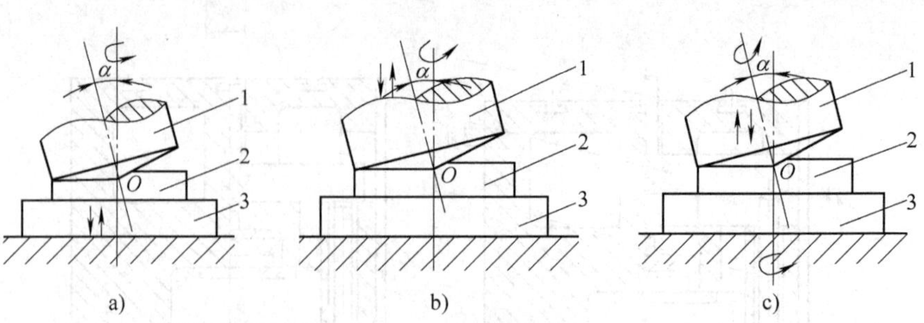

图 5-18　摆辗机传动形式

a）摆头作匀速旋转　b）上模作复合运动　c）上模进给下模转动

1—上模　2—工件　3—下模

卧式摆辗机主要由于加工长轴类工件，它与立式摆辗机的主要区别是上下机架变为左右机架，凹模由上下两个半模组成，加工时，上半模需作上下往复合模运动。在我国，加工各种汽车和拖拉机半轴类零件多采用卧式摆辗机，该工艺产品精度高，投资少，劳动环境好。

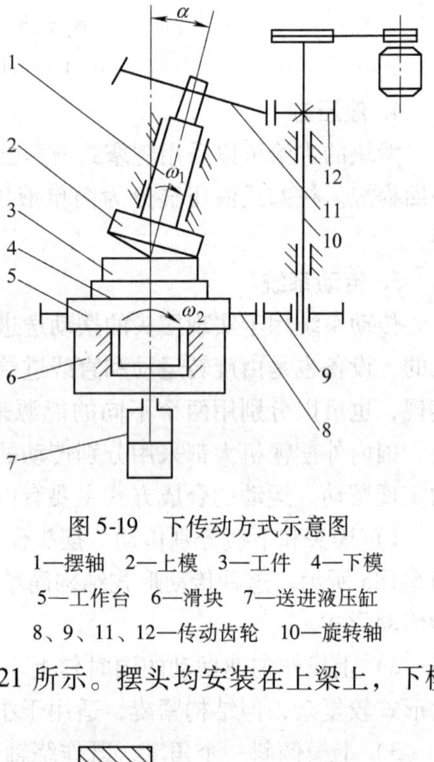

图 5-19　下传动方式示意图

1—摆轴　2—上模　3—工件　4—下模　5—工作台　6—滑块　7—送进液压缸　8、9、11、12—传动齿轮　10—旋转轴

2. 多用摆辗机

多用摆辗机是一种水平装出料、立式摆辗加工的设备，由于水平装出料可以将较长的轴类工件装入模具，因而既适用于圆盘等短轴类锻件，也适用于带法兰的长轴类锻件。多用摆辗机和立式摆辗机结构基本相同，只是在滑块上增加了一个旋转机构，可将滑块旋转 90°，进行水平装料，复位成立式摆辗加工后再转动 90°水平出料，完成一个加工周期，滑块旋转机构如图 5-20 所示。

3. 双轮摆辗机

双轮摆辗机采用两个摆头进行摆辗加工，如图 5-21 所示。摆头均安装在上梁上，下模

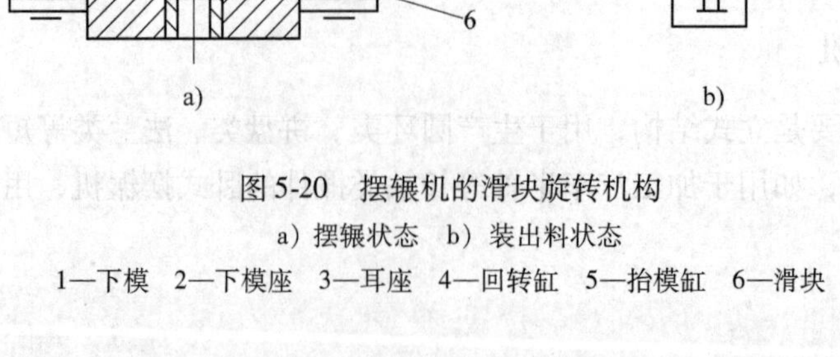

图 5-20　摆辗机的滑块旋转机构

a）摆辗状态　b）装出料状态

1—下模　2—下模座　3—耳座　4—回转缸　5—抬模缸　6—滑块

安装在可以上下运动的工作台上，两个摆头的对称放置，其中心线与机器中心线重合。由于上模对称安装在摆头旋转中心的两侧，其摆角、转速等工艺参数相同，因此摆头不受偏心载荷作用，噪音小，运行平稳，不仅可以热辗、冷辗，还可以进行铆接。

4. 摆动铆接机

摆动铆接是摆动辗压加工的一个重要分支，主要用于铆接。

（1）摆动铆接工艺的优点　铆接力小，约为传统铆接力的8%～9%。在加工中没有冲击振动，噪声小。可使热铆变冷铆，简化工序。可以铆接脆性材料和薄零件，铆接的松紧程度和尺寸精度可以控制，利用异形摆杆可在不易施铆的部位铆接，易于实现自动化，可组装在自动线上。

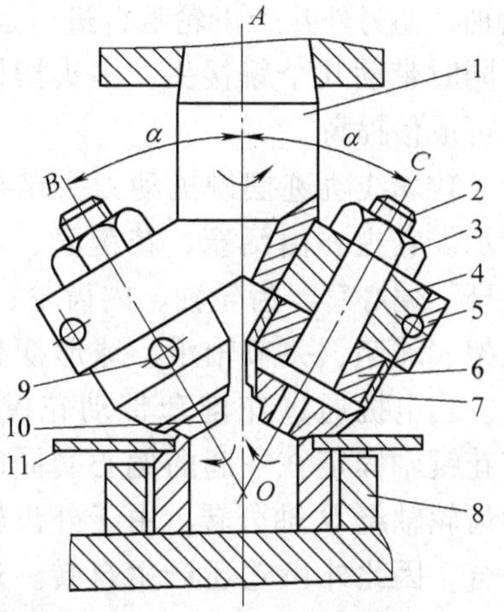

图 5-21　双轮摆辗机的摆头结构

1—摆头体　2—轴　3—螺母　4—套　5—圆锥销　6—垫套　7—锥形套　8—下模　9—螺钉　10—上模　11—工件

（2）摆动铆接机的结构　摆动铆接机基本结构如图5-22 所示，主要由机架、升降机构和动力头组成。摆铆机根据摆铆头运动轨迹不同可分为圆轨迹摆铆机和玫瑰线轨迹摆铆机。

圆轨迹摆铆机动力头结构如图5-23 所示。动力头主要由电动机、花键套、花键摆轴、铆接头、空心活塞杆、液压缸、限位螺母和轴承等组成。电机轴和花键摆轴通过花键套联结在一起，安装在活塞杆内。花键摆轴下端和铆接头联接，实现铆接头的圆轨迹摆头。同时，活塞杆在液压或气压推动下带动铆接头上下运动，摆杆接触铆钉即开始铆接。活塞运动距离由限位螺母来限定，尺寸精度可达0.02mm。

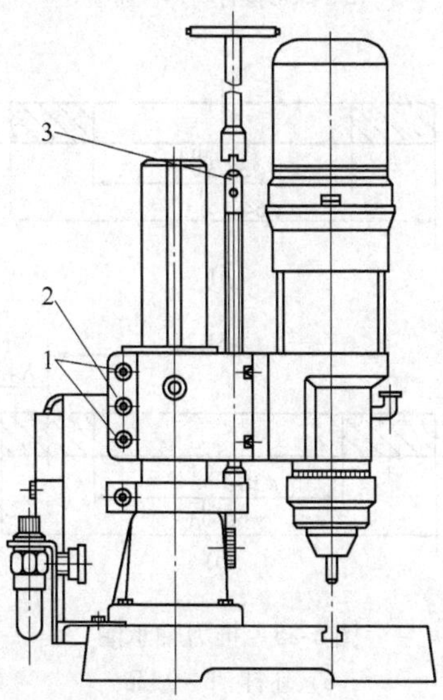

图 5-22　摆辗机的基本结构

1—机座　2—升降机构　3—摆铆动力头

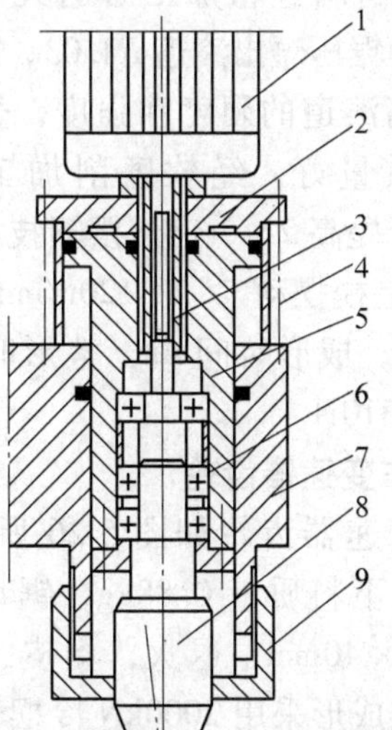

图 5-23　圆轨迹摆铆机动力头结构

1—电动机　2—花键套　3—花键　4—油缸　5—空心活塞　6—轴承　7—机身　8—铆头　9—限位螺母

花键摆轴下端和铆接头联接方式主要有两种，一种是螺纹联结，可带动一个铆接头；另一种是齿轮传动，花键摆轴下端加工成齿轮轴，与另外几个齿轮啮合进行运动的传递，可同时带动几个铆接头，多头摆铆机铆接效率可成倍提高。

玫瑰线轨迹摆铆机动力头结构如图 5-24 所示。它主要由活塞、花键套、花键轴、活塞杆、偏心套、齿轮轴、内齿轮、调节螺母、机架、球座、关节轴承、球形摆杆、铆模组成。当电机通过花键套带动花键轴转动时，与花键轴固定在一起的偏心套同时旋转，带动齿轮轴绕 O 轴公转，由于外齿轮同内齿轮啮合，因此外齿轮还产生自转。这样，圆柱中心便形成玫瑰线轨迹。活塞和活塞杆在液压或气压的推动下向下运动，铆模接触工件进行铆接。铆接高度由调节螺母来调整，精度可达 0.01mm。

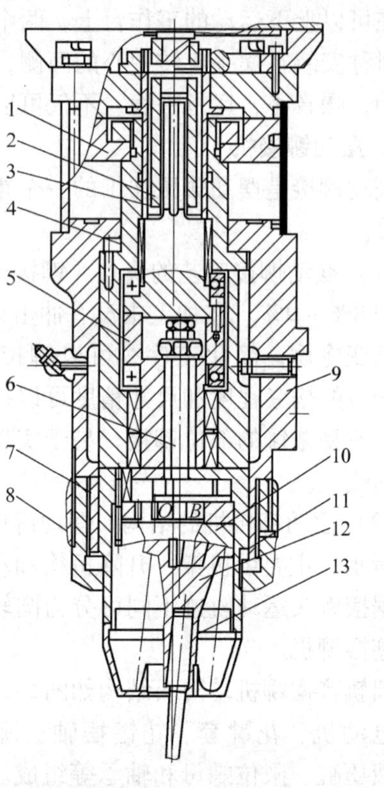

图 5-24　玫瑰线轨迹摆铆机动力头结构
1—活塞　2—花键套　3—花键轴　4—活塞杆　5—偏心套　6—齿轮轴　7—内齿轮　8—螺母　9—机身　10—球座　11—关节轴承　12—球形摆杆　13—铆模

5.5.3　典型摆辗加工零件

1. 推力轴承套圈

推力轴承圈如图 5-25 所示。材料：轴承钢 GCr15。材料经粗加工后退火处理，磷皂化。冷摆动辗压辗出滚道 $R4.03$，利用冷变形强化以提高滚道的硬度和强度，金属流线组织连续，质量好，经软磨削加工后，套圈使用寿命可提高 2～3 倍。摆辗技术参数：摆角 2°54′，上模摆动速度 120r/min，进给量 0.125mm/s，成形时间 4s，整形时间 2s，摆辗力 190～310N。

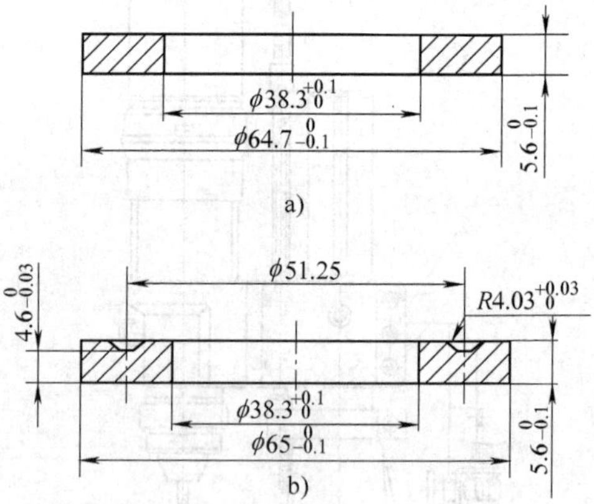

图 5-25　推力轴承圈
a）坯料　b）成品

2. 汽车变速器齿轮

汽车变速器齿轮如图 5-26 所示。材料：20CrMnTi，下料质量 0.88kg，锯切下料，坯料 ϕ60mm × 40mm，退火，剥皮，磷皂化处理。冷摆辗成形采用 2000kN 冷摆辗机，预制 ϕ55mm 凸台和 ϕ35mm 孔，可为下一道工步定位和中心孔成形，成形后退火，磷皂化。冷摆辗精锻成形采用 3000 kN 冷摆辗机，模锻斜度上模 5°，下模 3°。最终冲孔成形，锻件质量 0.80kg。

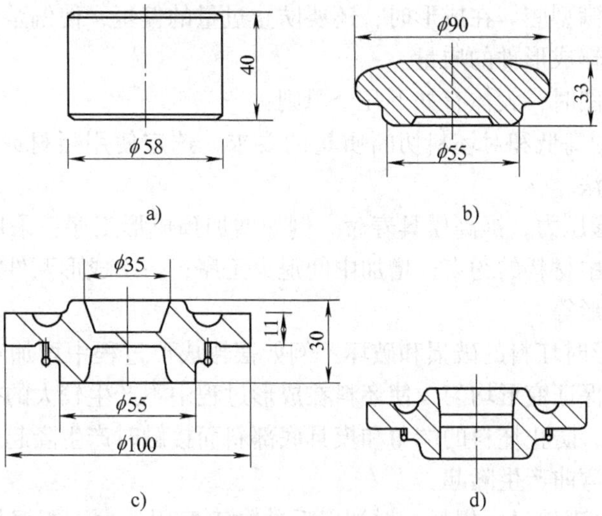

图5-26 汽车变速器齿轮

a）工步1：下料 b）工步2：冷摆辗成形 c）工步3：冷摆辗精锻成形 d）工步4：冲孔

5.6 摆辗模具设计

5.6.1 摆辗成形件图设计

摆辗成形根据辗压温度的不同分为热辗、温辗、冷辗三种。热辗压优点是省力，可辗压成形大锻件。但由于摆辗是多次重复加压，模具与热坯料接触时间长，模具受热影响大，热疲劳严重，因此热辗压模具寿命短。另外，高温使氧化皮的生成和晶粒的粗大化都变得严重，因而工件表面状态和力学性能都不如冷辗成形件。冷辗压的优点是工件精度高，如ϕ100mm的工件，在保证模具加工精度的情况下，制件尺寸精度可达0.025mm，并且产品的力学性能好，模具寿命也较高，但摆辗力较大，工件成形性受材料冷塑性成形极限的限制。温辗在500～800℃的范围内进行，介于热辗和冷辗之间，综合了冷辗和热辗两个方面的优点。温辗的辗压力比冷辗约可减少1/2，并且比冷辗不易产生镦粗裂纹，温辗件表面光滑，几乎能达到与模具表面粗糙度相同的等级，所以温辗也很有发展前途。因此，一些国内外公司及科研机构也在转向冷、温摆辗工艺研究。

热摆辗成形件是根据成品零件（图）来制定的。成品零件的形状和尺寸在很大程度上取决于该零件的使用条件和制造工艺。在设计摆辗件时，除了必须对所使用的摆辗设备的性能、结构有比较透彻的了解以外，还必须熟悉零件的工作状况，负载条件。热摆辗时，影响工件尺寸精度的因素很多，例如辗压温度、模具材料、润滑条件、坯料的氧化、脱碳等，过分地追求热辗件的尺寸精度是不经济的或不可能的。

根据多余金属流出的方向不同，模具分为闭式模和开式模两种。多余金属流出的方向与工件轴线平行的叫闭式模，而与工件轴线垂直的叫开式模。相应的摆动辗压工艺称为闭式辗压工艺和开式辗压工艺。一般只有辗压外轮廓形状是非回转体的成形件时才采用开式模，如辗压六角螺钉头、锥齿轮、偏心螺杆等。但闭式辗压对坯料尺小要求严格，坯料大了容易过载，坯料小了不易充满型腔。在成形时，还要防止过量的偏歪，使偏歪的另一侧的摆辗件充填不满，严重影响摆辗成形件的质量。

设计摆辗成形件图时，大体有如下几个原则：

1）根据生产率的高低和对坯料切断质量的要求，选定使用板材或棒材作为原始毛坯，确定采用某种切断方法。

2）减少摆辗成形压力，提高模具寿命。例如增加预成形工序；采用中间有孔的空心坯料；减少模具对成形中材料的约束；增加中间退火工序；一次成形两件或多件，使不对称零件对称布置后摆辗成形等。

3）防止摆辗成形时坯料的破损和破坏。例如摆辗成形过程中增加对材料的约束，防止侧向自由扩展，尽量保证变形均匀，使坯料在成形过程中不产生较大的拉应力；增加预成形工序和中间退火工序；防止坯料的端角和模具底部斜面接触时产生隆起形成折叠；防止由于坯料周围凸缘的纵向弯曲产生隆起。

4）避免金属不合理地过度损耗，增加以后的加工费用。由于摆辗是局部连续成形，变形力小，金属容易充填模具型腔。摆辗件的拔模斜度和摆辗件圆角可以设计得比传统模锻件的小。热摆辗件的的尺寸精度一般都高于传统模锻件。

具体设计摆辗成形件图时，应确定分模面，作出分模线，给出余量和公差，规定模锻斜度和圆角半径等。

（1）分模面　摆辗模具的分模面，可以是水平面或圆柱面。上、下模之间的分模面的形状取决于摆辗成形件的外形。选择分模面的基本要求是要保证摆辗成形结束后摆辗件能从模腔中方便取出。在摆辗件上，凹腔可设计在下部，由凹模成形，亦可设计在上部，由摆头成形，其高径比不应大于1:1。

（2）余量和公差　摆辗成形件的精度可用摆辗成形后摆辗件的尺寸与摆辗件公称尺寸的偏差程度来确定。摆辗件图上所指出的公称尺寸所允许的偏差称为尺寸公差，摆辗成形件的尺寸可以比公称尺寸大，也可以比公称尺寸小。在尺寸增大的一边，对公称尺寸允许偏差的程度称为上偏差或正公差 y；在尺寸减小的一边，允许公称尺寸偏差的程度称为下偏差或负公差 x。尺寸的总公差 $\Delta = 2\left(\frac{x}{2}+\frac{y}{2}\right) = x + y$。

在公差内包括各种对公称尺寸的偏差，造成这些偏差的原因可能是：摆辗压下不足，没有摆辗到所需的高度；型槽没有完全充满，坯料尺小；凹模型槽或摆头发生磨损或制造得不精密；热摆辗时，摆辗件冷却收缩的程度不一致；坯料轴线发生弯曲或截面有椭圆度；各种外部缺陷：凹陷、氧化皮、伤痕等；冲孔时的偏心度等等。

如果摆辗成形所保证的摆辗件的表面粗糙度能完全满足成品零件的要求，那么摆辗成形件的尺寸公差总是毫无例外地直接加在成品零件的相应尺寸上。冷摆辗成形件的公差可以放至最小程度，甚至与成品尺寸的公差完全一致，能够满足摆辗成形后不再进行任何机加工即可装配使用的要求。例如扬声器导磁体摆辗成形后的导磁体摆辗件，只需进行镀锌处理即能完全满足图样要求。

摆辗成形时，提高摆辗成形件精度的基本措施大体有下列几条：

1）采用具有足够吨位的摆辗设备，精确备料以减少摆辗件辗压不足的现象。

2）改进加热方法，尽可能采用感应加热装置加热坯料，减少金属的烧损和脱碳层，提高原材料利用率。

3）采用气体或水力清理，减少或消除热摆辗成形件上的氧化皮。

4）严格控制热摆辗成形时的终辗温度。终辗温度过高，不仅使摆辗件尺寸在冷却时的收缩率增大，而且容易使摆辗件晶粒粗大，产生过热的缺陷；终辗温度过低，则使摆辗成形力急剧增加，影响摆辗模具的使用寿命。

目前，摆辗件的公差、余量还没有标准，一般可综合具体情况确定，或参考曲柄压力机模锻的标准选用。

（3）模锻斜度　同一种类金属的模锻斜度值相差不大。对于钢摆辗件，不必考虑其牌号差异。

在具体的生产条件下，模锻斜度值随摆辗件的外形和尺寸而定，摆辗件的宽度越大，高度越小，斜度可选较小值。

一般摆辗机的滑块内都设计有顶料杆，模锻斜度在2～6°，冷摆辗时模锻斜度可取1～3°，甚至为0°。

（4）圆角半径　摆辗时的模具圆角，不管是摆头上的，还是凹模上的，都应在保证摆辗件加工余量的前提下，尽可能大。这样不但使摆辗成形容易而且能延长模具寿命。但这并不是说摆辗成形模具的圆角半径一定要很大。例如冷摆辗就能达到$R0.2\sim0.4$mm的圆角半径。

摆辗件的圆角半径越小，那么金属要充填型槽内的凹角就越困难。除此以外，在型槽上相应于小尺寸、凸圆角半径的地方，摆辗时受力条件恶劣或应力集中，会产生裂纹，从而导致失效破裂。

在与摆辗件凹圆角半径R相应的型槽的凸圆角半径上，被摆辗的金属在其周围往往发生剧烈的流动。凹圆角半径R较小时，会使模具上相对应处的锐棱很快地被压塌，并会使具有模锻斜度的侧壁向内凹进，从而导致摆辗件卡死在模具上，这样的型槽就必须要修整或更换了。

此外，小的凹圆角半径还会使型槽的锐棱咬住被摆辗的金属，使摆辗成形件的纤维割断，在表面上形成裂纹，或在本体内形成很深的折缝。

（5）飞边　在型槽四周所形成的飞边，对摆辗模锻成形过程和原坯料尺寸有很大影响，并影响着所需的摆辗力。

摆辗时飞边具有如下作用：

1）在摆辗成形终了阶段，飞边在锻件的周围形成阻力，其作用犹如一个箍，能防止金属从摆头与凹模之间的分模面上流出，还能保证金属清晰地充满型槽。

2）由于坯料尺寸和模具型槽的偏差，实际上极难使坯料的体积和型槽的容积精确地吻合。因此，坯料体积应比型槽容积稍大，多余的金属可以作为飞边流出，这样可以防止由于充填不足而产生废品。

3）飞边具有缓冲器的作用，可减弱下模和摆头的受力情况，防止模具压塌变形或崩裂。

摆辗件越复杂，不可避免地流入飞边槽内的金属也越多。因此，飞边槽的容积也越大。与模锻一样，摆辗成形件的飞边体积也不是任意给定的，它的大小应能使摆辗件很好地成形。飞边槽的容积与坯料尺寸和型槽尺寸有关。

应该注意，金属压入飞边槽内的体积随着型槽磨损程度的不同发生变化。如果在新模具的情况下，飞边槽可以完全充满，那么，随着摆辗成形模具的磨损，飞边槽的充填程度不断减少。

5.6.2 摆辗成形模具设计

对于摆辗成形模具的设计来说，希望能充分发挥模具材料的潜力，用到接近其抗拉强度的极限值，还希望摆辗件能够合理成形，不产生任何成形缺陷，不需要或减少后续的机械加工。

作用在摆头与凹模上的压力往往都大大超过被加工材料在加工温度下的变形抗力或抗拉强度。这个压力也可能引起摆头与凹模内产生大于摆头和凹模材料弹性极限的压应力。热摆辗成形时和冷摆辗成形时都能使摆头和凹模的温度上升。由于负载造成的弯曲与挤压拉伸和温度分布不均匀而在摆头与凹模内产生拉应力。一般模具硬度越高，耐压和耐磨的性能越好，越容易因拉应力产生裂纹。因此在模具容易产生裂纹的情况下，必须选择高韧性材料或能用适当的热处理工艺。

为了减少模具的弹性变形，可以在设计模具时有意识地放大体积，或者选用超硬合金等弹性模量高的材料。

摆辗模按结构可分为垂直摆辗模与水平摆辗模两种。垂直摆辗模适用于立式摆辗机，水平摆辗模适用于卧式摆辗机。

摆辗成形模具结构的设计与一般的热模锻压力机用模的设计基本相同，特别是固定凹模，其设计过程与参数选择基本一样。例如型槽形状与尺寸可按热模锻压力机锻件图上相应的形状和尺寸设计，并考虑其余量和公差，只是摆头设计略有不同。

摆动模（或称之为摆头）是一个具有锥顶角为 $180° \sim 2\gamma$（γ 为摆头倾角，单位为度）的圆锥体（圆锥或圆锥台），锥体母线的长度即为摆辗件相对应部位的半径，垂直母线的高度就是摆辗成形件凸起的高度。平行于摆辗件底面的各个面（直线），在摆头上就是平行于锥体母线的面（直线）。若母线是一条直线，则辗压变形时摆头与工件接触部位为一曲面，近似可看做平面。若母线是一条曲线，则与工件接触部位是一个空间回转曲面。

摆头中心线与摆辗机中心线的交点一般称作摆动中心。摆头工作部分的倾角应该与摆头摆辗成形时的摆角一致。摆头的顶点以位于旋转轴线上最佳。即摆头中心线与摆辗机主轴中心线的交点应该与摆头顶点重合，保证工作偏差不大于5mm，否则在摆辗件上划圆，会使端部不平整，尺寸与锻件图不符。摆辗机一般都具有顶出装置，故拔模斜度和圆角半径均按热模锻压机模锻模具的拔模斜度与圆角半径选择。摆辗成形件上若有非圆部分，即使呈轴对称布置一般也不宜将型槽设计在摆头上，应该将其设计在固定模的型槽内成形。这是因为摆头在成形时进行轨道运动，得不到精确的较为复杂的摆辗成形件。摆辗模的分模面应尽可能选择在固定模的上表面，但固定模中必须设置顶出装置，否则辗压件不易脱模。摆辗成形件上有大圆角的一面，应设计在固定模上，摆辗成形件图上凡与轴线相垂直的各圆台台阶平面在摆头中都必须设计成台阶式的圆锥面，其圆锥角均为 $180° \sim 2\gamma$。摆动模和固定模的间隙，原则上应保证所得到的飞边或飞刺越小为好。但需避免摆动模与固定模在摆辗成形的最后阶段相接触，当摆辗成形件直径为 $\phi 80 \sim \phi 350$mm 时，单边间隙可取为 0.2 ~ 0.5mm。成形件直径越大，间隙越大。另外，当摆动模外形为 $180° \sim 2\gamma$ 倒截锥形时，固定模与摆动模相配合部位的模锻斜度可取为0.5γ。

在摆辗工作一段时间以后，模具发生磨损。对摆辗模具进行修复时，必须刨削支承平面，修整型槽。一般热摆辗成形用模具磨损、坍陷的部位，可进行焊补，从而延长模具的使用寿命。焊补前可先将模具退火，焊补后将型槽修磨打光再重新进行热处理。也可不对模具退火，直接向坍陷处点焊。但是焊前应该把施焊处用砂轮清理，并预热至100°左右，这样效果较好，不易发生裂纹。焊后的摆辗模具寿命能达到原来的40%～50%。但如果在易磨损处预先镶嵌凸台镶块，那么只需更换镶块，在制作模具时，要制出与镶块配合的嵌槽或孔。

采用镶块式的组合模结构，在易磨损处可采用优质高强度、高硬度的材料，例如W6Mo5Cr4V2、Cr12Mo、3Cr2W8V、高温陶瓷、高温合金等，其他部分可采用一般热模具钢和普通碳钢，如CrMnMo、40Cr、30CrMnSi、5CrNiMo等。

镶块如果考虑热装模套，也要制成一定的锥度，锥角为0°30′。过盈量不仅要考虑材质的膨胀系数和模套外壁强度，还要考虑退火温度应高于工作时可能达到的温度，否则在工作过程中容易引起松动脱落。但若模套预热温度提高到850～890℃，会造成模套过大的预应力，如该预应力超过模套外围强度极限，会造成模套开裂。

5.6.3 摆辗模具寿命

摆辗相对于锤或压力机锻造来说，毛坯停留在模具中的时间较长。例如热摆辗汽车半轴，从开始送进到摆动模接触锻件用时8s，摆动模辗压锻件用6～8s，锻件与夹紧模退回到取出用时8s，摆辗一个周期之内固定模与锻件接触时间共为22～24s。由此可见，摆辗成形时，固定模与摆辗锻件接触的时间远比其他锻压设备锻造接触的时间长。夹紧模的升温可达700～850℃。因此，在热摆辗时，热应力较大。因为在摆辗成形过程中，由工件到模具的直接接触热传导比在间隙期仅以辐射和对流的方式热传导要强得多，模具表面的每一点都连续地承受着热冲击。摆动模锥尖部从辗压过程的开始一直到结束均与高温锻件接触，模具急剧升温，引起模具在工作中回火，从边缘向中心越来越显著，造成硬度逐步下降。硬度下降最大值达25～30HRC，因而摆动模锥尖容易在压力作用下沿金属受力方向产生塑性变形——坍陷，并容易粘附氧化皮，大大降低了冷却效果。从而使锻件表面产生严重拉痕。此外，由于频频的冷热交变作用，摆动模中心承受很大的热应力，其中心易产生裂纹并逐步破碎，故热摆辗模具寿命一般较低。为了减少型槽凸出部分的受热时间和受力情况，提高模具寿命，应设计合理的制坯工序。

冷摆辗模具因为在室温条件下工作，寿命则稍长。有的可达10000件以上，摆辗各种齿轮、非回转体法兰零件等时，模具寿命可达10000～50000件。

要提高模具寿命，就必须合理选用模具材料，在工作时注意摆辗前对模具预热，摆辗过程中对模具冷却、润滑。

1. 合理选择模具材料

（1）热摆辗模具材料　摆动辗压模具材料的选择与常规锻造设备上用的模具是有区别的，因为摆辗模具在工作时不承受巨大的冲击力。摆辗模应具有良好的耐热疲劳性能，即在频繁的冷热条件下能够抗热疲劳裂纹的产生；应具有良好的耐回火性和热硬性，使模具不因受热而产生硬度下降发生塑性变形。还应具有良好的淬透性能、导热性能、加工工艺性能和经济性等。

目前用于摆辗工艺的热锻模具材料有 5CrMnMo、5CrNiMo、3Cr2W8V 和国内研制的 MA 金属陶瓷材料及 GH 高温合金等。前三种材料制作的摆辗模具寿命大致为 500～2000 件，而 MA 制的摆辗模具寿命则有较大的提高。

1）5CrMnMo 和 5CrNiMo 钢。5CrMnMo 和 5CrNiMo 钢均为锤锻模钢，其中碳的质量分数在 0.5%～0.6%，具有较高的冲击韧性和耐热疲劳性。5CrMnMo 钢具有非常良好的淬透性和较高的综合力学性能。5CrMnMo 钢不含镍，符合我国镍藏量较少的资源情况，以锰代镍并不降低钢的强度，但塑性和韧性有所降低，其淬透性比 5CrNiMo 钢稍差，过热敏感性稍大。5CrMnMo 和 5CrNiMo 钢由于碳化物形成元素含量低，二次硬化效应微弱，热稳定性差，高温强度低，适合制作上、下锤砧，不适合制作有型腔的成形模。

2）3Cr2W8V 钢。3Cr2W8V 钢是我国传统的热作模具用钢，它属于高热强钢种，该钢合金元素含量多，特别是钨含量高，因而具有较高的淬透性、耐回火性和热硬性。但其冷热疲劳抗力差，在急冷、急热条件下工作容易出现冷热疲劳裂纹而失效。但若采用合理的热处理工艺，仍将使其具有较高的寿命。例如某汽车配件厂应用 3Cr2W8V 钢制作摆辗模具，其热处理采用 1060℃淬火，550℃与 600℃两次回火，热处理硬度为 44～48HRC，使其寿命达到常规锻造模具寿命。

3）H13 钢(4Cr5MoV1Si)。H13 钢属高强韧性热作模具钢，其中碳的质量分数为 0.4%，铬的质量分数为 5%，能提高淬透性，钢中的钼、钒元素能产生二次硬化，从而提高钢的热硬性，但由于此类元素含量较低，二次硬化效果不明显。因此，该钢材与 3Cr2W8V 相比耐热疲劳性和韧性好，热硬性稍差。因此该钢材是较理想的热摆辗模具的材料。

4）MA 金属陶瓷材料。MA 材料是金属相钨（或添加钼）和陶瓷化铝（Al_2O_3）等经烧结压制而成的复合材料。它具有优良的高温性能和合适的硬度。在 900～1100℃能承受较大的压应力和交变剪切载荷，并有自润滑性能，在工作时不发生模具和工件的粘连，因此 MA 材料是一种值得推广的高温热摆辗模具材料。但其成本较高，脆性较大，使用中要注意防止模具表面受冲击。目前，国内自行研制成功的 MA 高温陶瓷材料已用于热辗压蝶形弹簧、不锈钢铣刀片、汽车离合器盘毂等零件，显示出使用寿命高、模具性能稳定、经济效益显著等优点。用它制作的模具，每修磨一次可辗压 1500～2500 件。每副模具可修磨 5～6 次，寿命达 10000 件以上。MA 材料的抗拉强度为 1100～1500MPa，1000℃时的抗拉强度为 1000MPa，能够用硬质台金刀具加工 MA 材料且能获得较小的表面粗糙度。

（2）冷摆辗模具材料　钢在冷摆辗成形时的变形抗力较大，模具工作部分将产生很大的应力和受到剧烈的摩擦，引起模具表面物质的消耗，造成不同程度的磨损伤痕，严重的磨损将使模具的尺寸发生变化或改变模具的表面状态，使之不能继续使用。

摆辗模具在摆辗过程中还可能出现裂纹甚至发生破损而丧失生产能力。开裂方式主要有两种：一种是在严重超载或模具材料严重脆化（如过热、过烧、回火不足、严重的应力集中）时，在磨损严重处或由掉块所产生的尖角部位引发裂纹，而该裂纹一旦萌生后即失稳扩展，使模具突然断裂；另一种开裂形式是微裂纹缓慢扩展，直至发生失稳扩展，模具发生脆性断裂。

冷摆辗成形时，由于塑性变形功以热能的形式释放出来，会引起冷摆辗成形件和模具温度升高，所以冷摆辗成形模具材料亦应具有良好的热稳定性。从制造工艺出发，要求模具材料具有良好的冷加工性能（如容易切削，能得到较小的表面粗糙度等）和热加工性能（锻造性能好、热处理淬透性高和变形小等）。

因此，摆辗模具应具有高的强度、硬度、韧性和耐磨性。为了使模具具有高的耐磨性，要求模具材料在硬度高的基体中均匀分布大量细小坚硬的碳化物。近年来多采用表面处理（氮化、软氮化、渗硼和渗铬等）方法提高耐磨性。进行氯化或软氮化的模具钢，应在处理温度下具有足够的热稳定性。

目前，用于冷摆辗模具的材料主要有以下几种。

1）Cr12 型钢。Cr12 型模具钢主要有 Cr12、Cr12Mo、Cr12MoV 等 3 种，它们主要用来制作高耐磨的冷冲压模具，国内从 1985 年开始应用于制作摆辗模具。该种材料具有高的淬透性、强度和耐磨性。但在 Cr12 钢中，碳化物分布不均匀性比 Cr12Mo 和 Cr12MoV 钢严重，从而导致韧性、强度等力学性能不及它们。因此目前常常选用 Cr12MoV 钢作为冷摆辗模具材料，并通过适当的热处理工艺如中温淬火（1030 ~ 1050℃）、中温回火（400 ~ 425℃），可提高模具寿命。

2）高速钢。用于模具材料的高速钢主要有 W18Cr4V、W6Mo5Cr4V2 等。其中 W18Cr4V 钢具有高强度、高硬度、高耐磨性和高热硬性，但脆性大，导热系数小，在热加工过程中极易出现裂纹，而 W6Mo5Cr4V2 与 W18Cr4V 相比，钨含量大大降低而钼含量大大增加，且钒含量也有所增加，因此 W6Mo5Cr4V2 除具有高强度、高硬度和高耐磨性外，其韧性还高于 W18Cr4V，因而在高速钢中 W6Mo5Cr4V2 是比较理想的冷摆辗模具材料。

3）基体钢。基体钢是指具有高速钢正常淬火后基体成分的钢。这类钢的碳的质量分数一般为 0.5% 左右。合金元素的质量分数在 10% ~20% 范围内。由于其含碳量比高速钢低，所以淬火后过剩碳化物少，在具有一定耐磨性和硬度的前提下，抗弯强度和韧性得到显著改善。因而这类钢较适宜制作冷摆辗模具，目前国产基体钢主要有 65Nb（65Cr4W3Mo2VNb）、012Al（5Cr4Mo3SiMnV Al）、CG22（6Cr4Mo3Ni2WV）等 3 种钢。但这类钢耐磨性稍次，若在模具表面实施强化处理，如氮-碳共渗，硼-硫合渗、PVD 氮化钛涂层等，可显著提高模具耐磨性。另值得一提的是 012Al 和 CG22 两种基体钢除适用于制作冷摆辗模具外，还是热摆辗模具的理想材料。

4）LD 钢（7Cr7Mo3V2Si）。LD 钢是一种新型的高强韧耐磨钢。它在高速钢基础上保持含碳量不变，去掉钨，增加铬和钒的含量，从而提高了强韧性，并具有比基体钢高的耐磨性。某厂用 LD 钢代替 Cr12MoV 钢制造摩托车启动齿轮冷摆辗模具，并采用真空热处理，其热处理工艺为：550℃和 850℃两段预热，1080℃油淬，570 ~ 630℃三次回火，使模具寿命提高了 2 ~3 倍。因此 LD 钢是制作冷摆辗模具的理想材料。

2. 模具的预热和冷却

在热摆辗开始前，一般预热模具使其温度保持在 150℃左右。模具预热的作用主要是消除或降低模具与锻件的温度差，减小温度应力，同时有利于摆辗件的成形，降低了变形力，对热摆辗模具有益。

在冷摆辗的过程中，模具的温度也会升高，对于某些特定零件的摆辗成形，为了保证其形状和几何尺寸的高精度，也应对模具预热。

热摆辗时，摆辗成形件的热量通过模具向工作台及摆头各部件传送，各部件受热影响也不同。通常会使机构的配合间隙减小，运动件卡死。对液压系统来说，热量过高还会使元件密封破坏，液压油粘度发生变化，造成系统泄漏。同时，液压油随温度升高会形成胶状物，并在摆辗机零件局部高热的表面上形成沉积，堵塞过滤器，堵塞通道，致使液压系统不能正常工作。

因此，在辗压过程中要注意对模具的冷却。在热摆辗时，可以提高摆辗机摆头的转速和每转进给量快速成形，减少坯料在模具中的滞留时间，减少温升。不少摆辗机以冷却水循环流动带走模具中的热量，在设计时考虑摆动模与固定模的冷却系统。也有不少厂家采用喷水冷却，即对模具表面直接水冷，使用时要注意喷洒均匀，切忌总是冷却局部，采用这种方法往往因为冷却速度过激使模具表面产生裂纹。比较合理的冷却形式是封闭水冷，温度可以调节。因为过低的模具温度也会促使裂纹的形成，如果摆动模只作摆动而不作垂直方向的运动，则可在摆头内部设计一套冷却系统，用水或油将工件传给摆动模和固定模的热量带走，把摆动模和固定模控制在一定温度范同内。这样，可降低摆动模和固定模的热应力，提高模具使用寿命。

3. 摆辗成形过程中的润滑

摆动辗压过程与其他压力加工过程一样，都希望金属容易流动、容易充填型腔、消耗较少的能量就能摆辗成形出合格的零件，因此希望在成形过程中的摩擦力越小越好。

选择温摆辗、热摆辗时的润滑剂必须考虑的条件是：

1）在摆辗成形过程中能够形成足够的润滑层，不致因在摆辗成形压力及高温下被全部挤走或损失掉。

2）摩擦系数要小，使摆辗时对模具产生的平均单位辗压力、总辗压力、辗压功率变小。

3）防止热胶着，保持工件表面状态良好。

4）好的热绝缘性能，防止模具过热和毛坯激冷。

5）价廉，化学性能稳定，无害，不会改变所锻金属的性质，易涂抹和易去除，能保证模具表面光洁。

总之，润滑剂的使用条件是要求能很好地粘附在模具或坯料表面，而且能很好地随金属表面变形，又不会形成对成形件精度有不良影响的残渣物和厚膜。

对于钢件的温辗来说，市场上供应的石墨系（含石墨2%～3%的油剂及1/15～1/30的水剂）及钼系水剂润滑剂较为适用，有单位在热摆辗中使用石墨水溶剂，润滑效果很好。还有单位用盐水、重油、玻璃粉及二硫化相、铝粉、石墨和泡油的混合润滑剂。

冷辗时润滑要求摩擦系数保持在0.05～0.1。磷化—皂化处理就是冷摆动辗压成形时减少坯料金属与模具壁之间摩擦力的一种有效方法。在具体冷摆辗成形过程中，有时还需要涂抹动植物油、二硫化钼、石墨、四铅化碳、酒精溶液等混合物润滑。

石墨系及二硫化铂系润滑剂的摩擦系数比无润滑或者玻璃系润滑剂的摩擦系数要小，将水溶性润滑剂涂在摆辗模具上还有冷却模具的效果。石墨在540℃时，在空气中会发生氧化，有润滑作用。

在工件表面刷上一层薄薄的铜膜，也能起润滑作用。

二硫化钼的润滑效果比皂化好，它的摩擦系数低，稳定性好。纯二硫化钼的熔点是1185℃，其分解温度超过1000℃，能在400℃以下保持热稳定性。在500℃时，二硫化钼才转变成没有润滑性能的三氧化钼，在热摆辗成形时常采用二硫化钼和含石墨2%～3%的机油的混合物。二硫化钼适用于冷、温及热成形。

第 6 章 高能率成形

高能率成形技术是靠能量的瞬间释放产生高压使金属塑性变形，用以制造工件的锻压成形技术。高能率成形技术是从 20 世纪 50 年代迅速发展起来的，主要包括高速锤锻造、爆炸成形、电液成形和电磁成形。成形使用的能源可以是电能或化学能，通过气体或液体的传递转化为变形力。高速锤锻造主要用于模锻和挤压，其他 3 种方法主要用于板料冲裁、拉深、胀形、切断和精整等。一般来说，高能率成形设备简单，能耗少，产品表面光洁，精度高，可改善材料的塑性及流动充填性能，能完成一些用常规方法难以实现的特殊工件的成形。

6.1 高能率成形的特点及适用范围

6.1.1 高能率成形概念及分类

高能率成形（又称高速成形）是利用炸药或电装置在极短的时间里释放出的电能或化学能，通过介质以高压冲击波作用于坯料，使其产生变形和贴模的加工方法。常见的方法有：爆炸成形、电液成形、电磁成形及高速锤成形等。采用高速成形可对坯料进行拉深、翻边、胀形、起伏、弯曲、冲孔等冲压工序，而且工件精度高并能加工一些难以加工的金属材料。其加工时间短，设备费用较低。缺点是噪声大，单位时间内的产量低。

6.1.2 高能率成形的特点

与常规成形方法比，高能率成形具有的特点：

1）模具简单，仅用凹模即可。节省模具材料，缩短周期，降低成本。

2）零件精度高，表面质量好，减少回弹，毛坯表面不受损伤，变形均匀。

3）可提高材料的塑性变形能力，尤其对塑性差的难成形材料。

4）利于采用复合工艺。用常规方法需多道工序才能成形，高能率一道即可。

（1）爆炸成形的特点　除了高能率成形共有的特点之外，还有：

1）简化设备。一般情况无需冲压设备，生产条件简化。

2）适于大型零件成形。用常规成形方法加工大型零件，需要制造大型模具，且需大台面的专用设备。爆炸成形不需专用设备，而且模具及工装简单，周期短，成本低。爆炸成形尤其适于大型零件成形。

（2）电液成形及电磁成形的特点

1）设备通用性强。设备实际上是一套提供能量的电器装置，只要改变放电元件参数及模具类型就可完成多种加工工序。

2）能量易于控制，利于实现机械化和自动化。电液成形及电磁成形能量决定于设备电容器的电容及电压，这些参数的控制和调节简单方便，重复性好。因此，利于实现生产过程的机械化和自动化。

（3）高速锤成形　利用高压气体（140 个大气压的空气或氮气）的突然膨胀，推动锤头系统和框架系统作高速相对运动，使金属坯料在高速冲击下成形。变形能在瞬间促使变形金属的温升也有助于金属的流动，因此高速锤能锻出轮廓清晰的复杂形状锻件。

6.1.3　高能率成形方法的应用

高能率成形方法主要有以下几个方面的应用：

（1）板料成形　如拉深、胀形、压印、翻边、弯曲、冲裁等。电液成形及电磁成形尤其适用于管类零件的成形，如缩口、扩口、胀形、翻边及异形管成形。

（2）联接及装配　常用于管—管连接、管—杆连接、管—板连接等。电磁成形还可完成零件的铆接工艺。

（3）焊接　尤其是爆炸成形可使两种金属间形成牢固的连接，用以制造多层金属板或金属管。如在碳素钢上蒙上一层不锈钢。

此外，高能率成形方法还可用于粉末压实、表面强化等。

6.2　爆炸成形

爆炸成形是利用爆炸物质在爆炸瞬间释放出巨大的化学能对金属坯料进行加工的高能率成形方法。

爆炸成形目前主要用于板材的拉深、胀形、校形等成形工艺。此外还常用于爆炸焊接、表面强化、管件结构的装配、粉末压制等方面。爆炸成形装置如图 6-1 所示。爆炸成形装置简单，操作容易，加工工件的尺寸一般不受设备能力限制，在试制或小批量生产大型工件时经济效益尤其显著。

6.2.1 成形过程

爆炸成形时，爆炸物质的化学能在极短时间内转化为周围介质（空气或水）中的高压冲击波，并以脉冲波的形式作用于坯料，使其产生塑性变形并以一定速度贴模，完成成形过程。冲击波对坯料的作用时间为微秒级，仅占坯料变形时间的一小部分。这种高速变形条件，使爆炸成形的变形机理及过程与常规冲压加工有着根本性的差别。

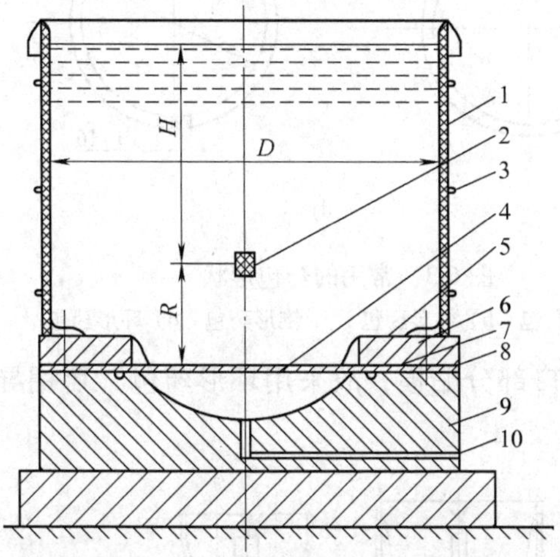

图6-1 爆炸拉深

1—纤维板 2—炸药 3—绳索 4—坯料 5—密封袋 6—压边圈 7—密封圈 8—定位圈 9—凹模 10—抽真空孔

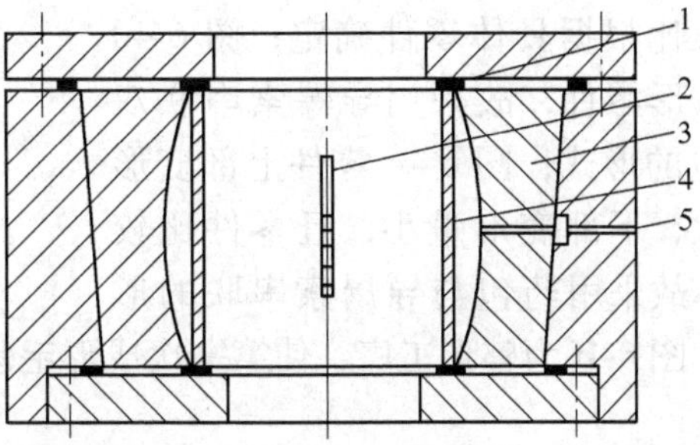

图6-2 爆炸胀形

1— 密封圈 2—炸药 3—凹模 4—坯料 5—抽真空孔

图6-1和图6-2为爆炸拉深与爆炸胀形示意图。药包起爆后，爆炸物质以极高的传播速度在极短时间内完成爆炸过程。位于爆炸中心周围的介质，在爆炸过程中生成的高温和高压气体的骤然作用下，形成了向四周急速扩散的高压力冲击波。在爆炸中心周围一定距离上，冲击波压力是时间的函数。当冲击波与成形毛坯接触时，由于冲击波压力大大超过毛坯塑性变形抗力，毛坯开始运动并以很大的加速度积聚自己的运动速度。冲击波压力很快降低，当其值降低到等于毛坯变形抗力时，毛坯位移速度达到最大值。这时，毛坯在冲击波停止作用后仍能继续变形，直到成形过程结束。

6.2.2 工艺参数选择

爆炸成形常用的炸药有梯恩梯（TNT）、黑索金（RDX）、泰安（PETN）、特屈儿等。药包可以是压装、铸装或粉装的。常用电雷管做为起爆物质，用起爆器起爆。

爆炸成形需要确定的工艺参数主要是围绕装药的一些内容，如药形、药位、药量等。

1. 药形

目前生产中常用的药包形状主要有球形、柱形、锥形及环形等（图6-3）。

药包形状决定其产生的冲击波波形，是保证爆炸成形顺利进行的重要因素之一，应该根据成形零件变形过程所要求的冲击波阵面形状来决定。药包形状选择见表6-1。图6-4为几种类型胀形零件采用的药包形状。图6-4a零件短而直径大，用一个短柱形药包就能使载荷均匀地作用在毛坯上；图6-4b零件下部变形量小，只在上部加一个药包，下部用一刚性反射板足以成形。此时，上部所用药包其长度与直径比一般为1.5～4；图6-4c零件比较长，毛坯变形量比较均匀，采用细长药包为宜，其细长比根据具体零件确定；图6-4d双鼓形零件，故采用导爆索串联双药包的形式；图6-4e零件上部变形量大，下部变形量小，且零件比较长，故采用药包与导爆索串联的形式；图6-4f为整形工序，使第一次成形毛坯的上口部分贴模，故采用环形药包（可用导爆索）。

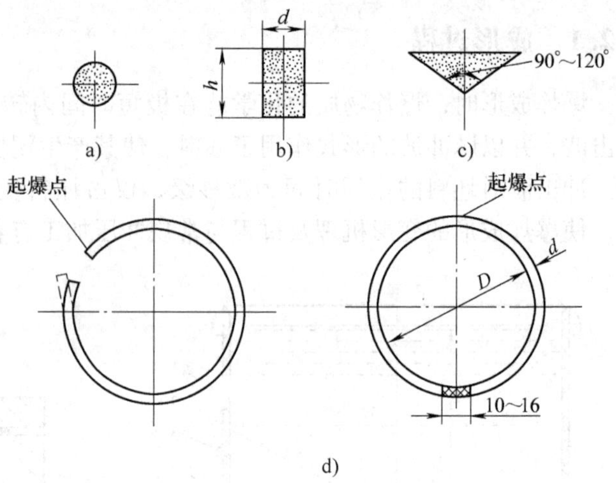

图6-3　常用的药包形状

a）球形药包　b）柱形药包　c）锥形药包　d）环形药包

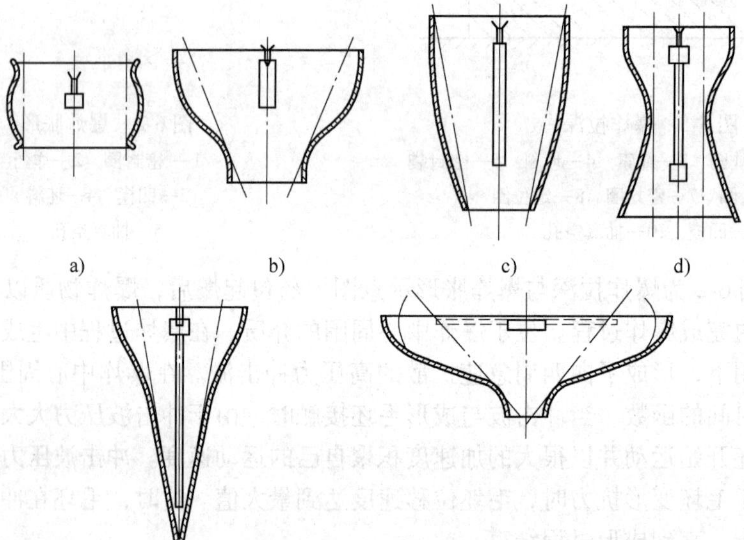

图6-4　几种胀形零件的药包形状

2. 药位

药位是指药包中心至坯料表面的距离（图6-1中的R）。它对工件成形质量影响极大，药位过低导致坯料中心部位变形大、变薄严重；过高的药位，必须靠增加药量弥补成形力能的不足。生产中常用相对药位R/D（D是凹模口的直径）的概念。

短圆柱形、球形、锥形药包：$R/D=0.2\sim0.5$。

环形药包：$R/D=0.2\sim0.3$。

药包中心至水面的距离为水头（图 6-1 中的 H）。一般取 $H=(1/2\sim1/3)D$。

表 6-1　药包形状选择

零件特点	药包形状
1. 球形、抛物面形零件拉深	球形、短圆柱形、锥形
2. 大型封头零件拉深	环形
3. 筒形或管子类零件胀形与整形	长圆柱形（长度与零件长度相适应）
4. 大中型平面零件的成形与整形	平板形、网格形、环形

药位的选择除了与零件形状有关外，还与零件的材料性能和相对厚度有关。对于强度高而厚度又大的零件，药位可低一些，反之药位应高一些。

3. 药量

药量的正确选择对爆炸成形是非常重要的。药量过小将使变形无法完成；药量过大将使零件破裂甚至损坏模具。目前，爆炸成形所需药量的理论计算方法还很不完善，通常都是根据经验对比的方法对药量做初步估算，然后用逐步加大药量的方法最后决定合适的药量。

6.2.3　成形装置

爆炸成形装置可分为无底凹模与有底凹模两种形式，图 6-5 是无底凹模爆炸拉深装置。该装置结构简单，但零件外形主要靠控制工艺参数保证，零件精度低，只适用于形状简单而精度不高的零件。

有底凹模又可分为抽真空凹模和自然排气凹模两种形式，其选用视模腔内需要排出的空气量大小及排气的可能性而定。图 6-1 和图 6-2 所示模具，模腔里的空气不易排出，其结果不但阻止了毛坯顺利贴模，而且会因模腔内气体的高度压缩而烧伤轻金属零件的表面。在这种情况下，应在成形前将模腔里的空气抽出，保持一定的真空度。

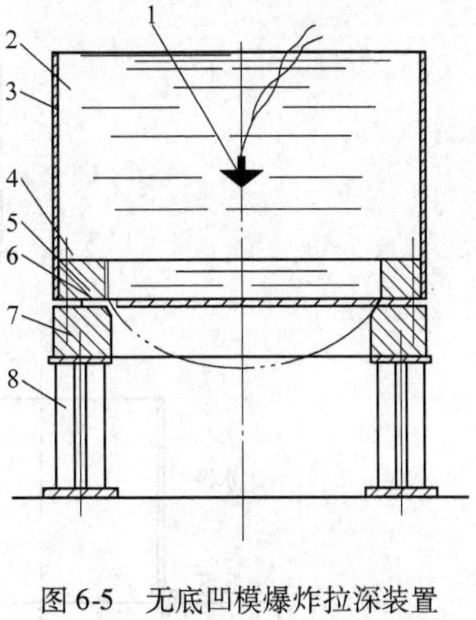

图 6-5　无底凹模爆炸拉深装置
1—药包　2—传压介质　3—水筒
4—压边螺栓　5—压边圈　6—毛坯
7—凹模　8—支座

抽真空的模腔必须采取密封措施。小批量生产时，可用简单密封方法，如用粘土与油脂的混合物等。大批量用密封圈的结构，一般用 O 形密封圈。

自然排气模具结构主要适用于：变形量很小的校形工艺；形状不规则的零件（不易解决密封和抽真空）；黑色金属和厚板铝件的爆炸成形。

图 6-6 为自然排气有底凹模爆炸拉深装置。在保证模具强度的情况下，应尽量多设排气孔。排气孔应设在毛坯最后贴模部位，不连通的模腔应分别设置排气孔。自然排气爆炸胀形装置又可分为自由界面、加水帽及加反射板三种。

图 6-7a 为自由界面自然排气装置。在装置中，界面与毛坯端面平齐，毛坯端面为自由界面。由于自由界面附近冲击受到很大削弱，效率低，零件上口贴模不好，因此实际应用较少。

图 6-7b 为加水帽自然排气装置。由于水帽使介质自由界面远离毛坯端部，因此提高了炸药的能量利用率，同时有利于零件上口部的贴模。水帽一般用 2～3 层沥青纸制造。对于直径小于 300mm 的零件，水帽高度为 100～200mm；对于直径为 300～600mm 的零件，水帽高度为 200～350mm。

图 6-7c 为反射板自然排气装置。反射板是一块具有一定质量和一定大小的金属板。反射板与毛坯上端保持一定间隙，其大小靠木块调整，木块在每次爆炸后飞走。若考虑安全或多次使用可做成固定在模面上的橡胶块。在使用此装置时，应采用反射架以防止反射板在爆炸时飞走。反射板装置可克服自由界面装置的毛坯上端贴模不好及水帽装置的憋气现象。

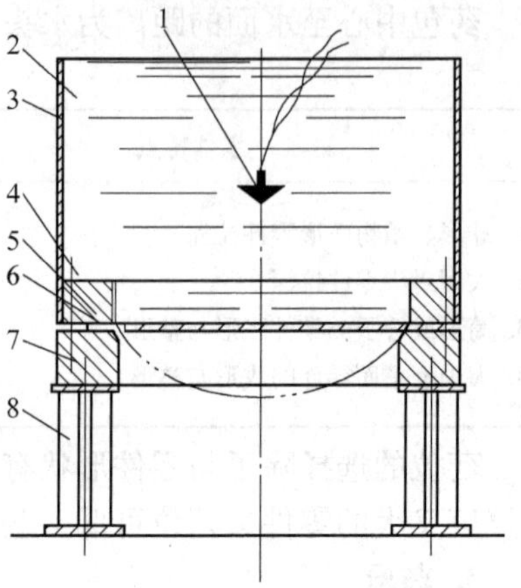

图 6-6 自然排气爆炸拉深装置
1—药包 2—传压介质 3—水筒
4—压边螺栓 5—压边圈
6—毛坯 7—凹模

爆炸成形装置中的水筒一般用 20～30mm 厚的钢板制成。水筒可以安放在地面上，也可以做成爆炸井，即将水筒放于地下，筒口与地面平齐，水筒四周用钢筋混凝土充实。为减轻筒壁负荷，可以在筒壁部分采用橡皮或压缩空气泡的气幕保护（图 6-1）。

在大型或厚度大的零件成形时，或在成形形状不规则零件、不易解决模具密封问题时，也可采用一次使用的临时水筒。此时，水筒可用塑料薄膜或沥青纸制造，同时要用纤维等材

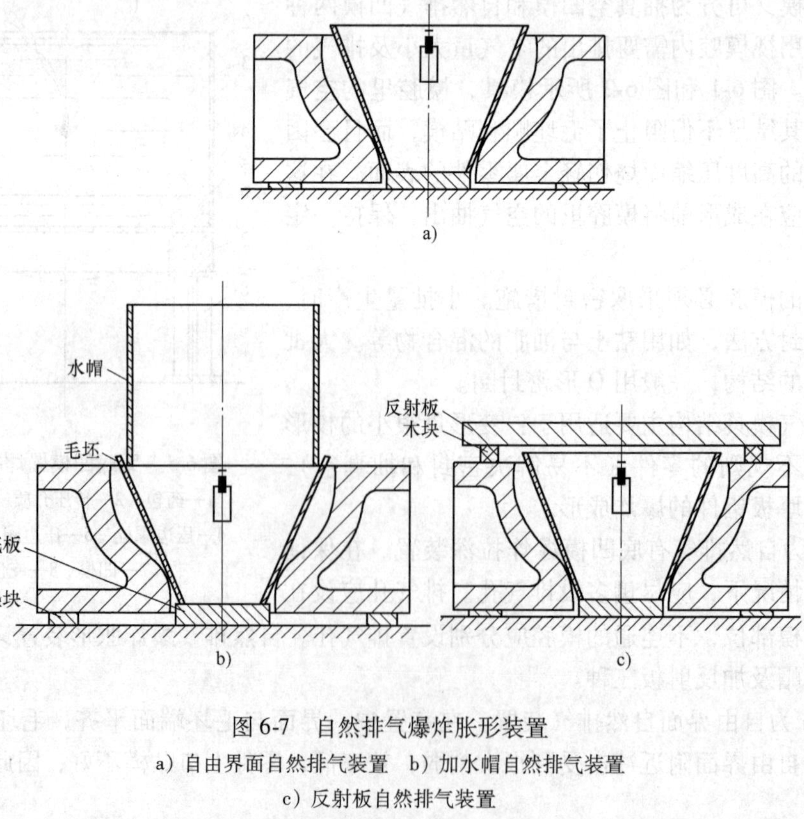

图 6-7 自然排气爆炸胀形装置
a）自由界面自然排气装置 b）加水帽自然排气装置
c）反射板自然排气装置

料支撑或维持形状。水筒高度方向尺寸一般可取 $H = D/2$。

常用爆炸成形模具材料见表6-2。

表6-2 爆炸成形模具材料的选用

模具材料	特　点	适用范围
锻造合金	抗冲击性能好，尺寸稳定，成形工件精度高，表面质量好，寿命长，但加工困难，制造周期长，成本高	适用于形状非常复杂、尺寸精度要求高、厚度大、强度高而尺寸不大的工件的成形与胀形，批量较大
铸钢	基本同前项，但冲击能力稍差，成本稍低于锻钢	适用于形状复杂、尺寸精度要求较高、厚度较大的黑色金属或高强度的非铁金属工件的成形与胀形，批量较大
球墨铸铁	成本低、易于制造、能保证一定的成形尺寸公差，但抗冲击能力差	适用于一定批量的黑色金属与非铁金属的成形模
锌合金	可反复熔铸、加工方便，制造周期短、成形低，但强度低，受冲击后尺寸容易变化，成形精度不高，而且寿命较低	中小型工件、小装药量、精度要求不严格的成形模。单件试制与小批量生产
水泥本体用玻璃钢或环氧树脂衬里	成本低，容易制造，不要求模具加工设备，但抗冲击能力差，寿命很低	适用于大型、厚度小的工件成形。单件试制与小批量生产

6.3 电液成形

电液成形是利用强电流脉冲在液体中放电时所产生的强大冲击波，使金属板料和管材塑性变形的成形方法。当高压直流电向电容器充电到一定数值时，辅助间隙被击穿，高压电便加在由两个电极形成的主间隙上，将其击穿和放电，形成强大的冲击电流，在介质水中引起冲击波和高速水流动压使金属成形。电液成形的特点和应用范围与爆炸成形相似，可以进行板料的拉深、冲孔、压印及管材的胀形等。这种方法主要适用于中小型工件，因操作方便，可用于批量生产。

6.3.1 成形原理

电液成形装置的基本原理如图6-8所示。该装置由两部分组成，即充电回路和放电回路。充电回路主要由升压变压器1、整流器2及充电电阻3组成。放电回路主要由电容器4、辅助开关5及电极9组成。来自网路的交流电经升压变压器及整流变压器后变为高压直流电并向电容器充电。当充电电压达到所需值后，点燃辅助间隙，高压电瞬时加到两放电电极所形成的主放电间隙上，并使主间隙击穿，产生高压放电，在放电回路中形成强大的冲击电流，结果在电极周围介质中形成冲击波及液流冲击而使金属坯料成形。

电液成形的加工能力决定于电容器所储存的能量，由下式计算：

$$E = \frac{1}{2}CU^2$$

式中 E——电容器储能（J）；

C——电容量（μF）；

U——电压（kV）。

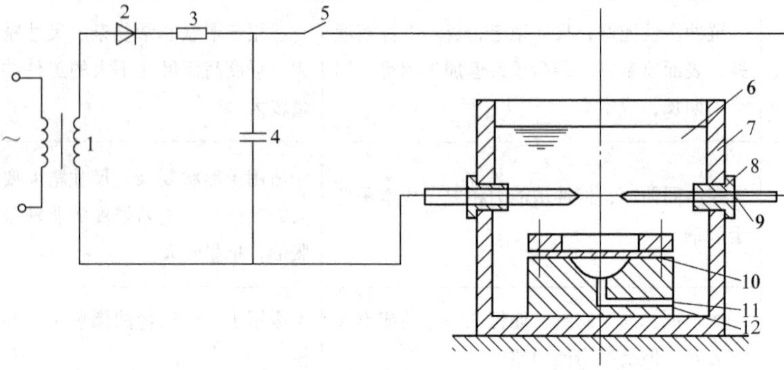

图6-8 电液成形基本原理

1—升压变压器 2—整流器 3—充电电阻 4—电容器 5—辅助开关 6—水 7—水箱 8—绝缘 9—电极 10—毛坯 11—抽气孔 12—凹模

电液成形的效率是指工件变形功与电容器放电能量之比。放电能量中，由于电容器放电能量有一部分消耗于主间隙击穿前的泄漏、辅助间隙及线路之中，而主间隙放电中又有辐射能、热能、化学能等形式的损耗，电液成形效率最高可达30%。要达到最高效率，一是要提高主间隙放电能量，为此，必须合理选择回路中各元件的结构布置、接线方式及参数的配合，以便减少辅助间隙与线路损耗及泄漏能量；二是提高冲击波能量及其利用率。

6.3.2 放电室

电液成形可分为开式成形（见图6-8）和闭式成形（见图6-9和图6-10）。放电室是电液成形装置的重要组成部分。放电室一般由水箱、放电电极和模具组成。水箱外壳和上盖应具有足够的机械强度。为了保证贴模精度，模具型腔内的空气应在放电前排出，所以放电室常附设抽真空系统，介质常用自来水。

电极为电液成形中的放电元件，进行结构设计时，要便于调整间隙大小与吊高，同时应保证绝缘强度。电极形式、电极间隙及电极位置的选择是电液成形工艺过程设计的重要内容。

1. 电极形式

电液成形所用的电极有多种形式，常用的有对向式（见图6-9）、同轴式（见图6-10）、活动式（见图6-11）及平行式等。生产中常用对向式和同轴式。

对向式电极结构简单、绝缘材料易于解决，但电极固有电感较大。

同轴式电极固有电感小、成形效率高，但电极结构复杂，对绝缘材料有较高要求。

活动式电极的活动电极置于空气介质中，放电时借助于机械动作与固定电极接近，当极间距离减少至一定值时发生放电现象，因此可省掉放电回路中的辅助间隙，与放电室外壳同电位而不存在绝缘问题；但由于每次放电间隔存在差异，会引起压力及压力分布的不稳定，从而影响成形质量。

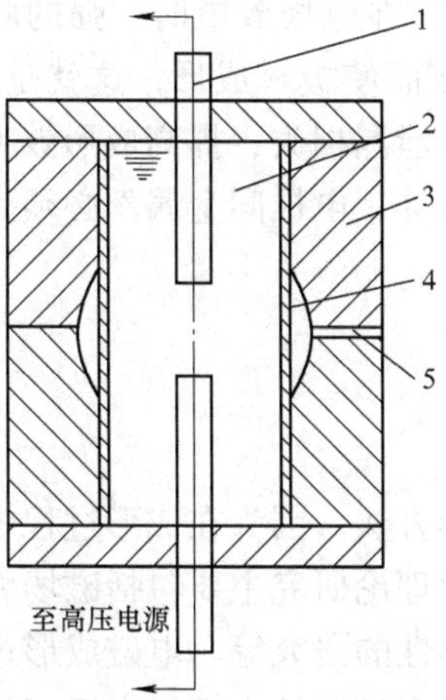

图 6-9　对向式电极的闭式成形装置

1—电极　2—水　3—凹模
4—毛坯　5—抽气孔

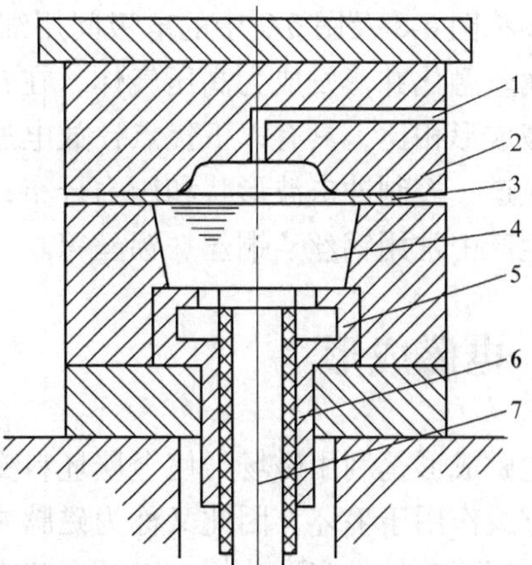

图 6-10　同轴电极的闭式成形装置

1—抽气孔　2—凹模　3—毛坯　4—水
5—外电极　6—绝缘　7—内电极

2. 电极间隙

改变电极间隙的大小将直接影响冲击电流的波形、压力峰值及成形效果。在确定的条件下，对应于零件最大变形量的电极间距离称为最佳间隙。最佳间隙受电压及电容的影响。实验表明，随着电压值或电容值的升高，最佳间隙增大。最佳间隙值可由放电电流分析法判定。在实际生产中，可由实验方法确定。用自来水作介质时，最佳间隙可由下式近似计算：

$$\lambda = 4 + 0.9U$$

式中　λ——最佳间隙值（mm）；

U——电压值（kV）。

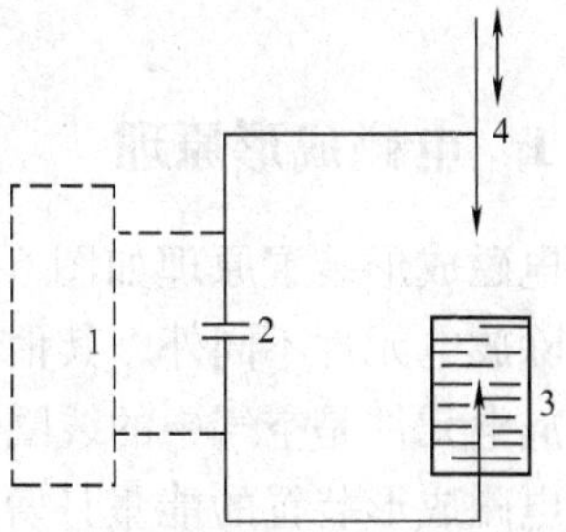

图 6-11　活动式电极结构

1—充电装置　2—电容器
3—放电室　4—活动电极

3. 电极位置

电极在液体介质中的位置由水深和吊高决定。水深是电极至液面的距离，吊高是电极至工件表面距离。

从变形效率考虑，电液成形必须保证足够的水深，但水深大于一定数值后，对变形效率的影响已不显著。

吊高的大小直接影响变形深度和成形效率。实验表明，相对静压（对应于同一变形深度所需的静压力）与吊高平方成反比。因此，为了得到较大的压力、获得较高的成形效率应尽量减少吊高。但吊高过小将引起压力分布不均匀，影响成形效率。吊高值可通过实验确定，一般情况下，为了避免电极对工件放电，吊高不能小于间隙的1/2，必要时，可在工件表面加绝缘膜。

电极材料可用铜、黄铜、钢、不锈钢等。

6.3.3 电爆成形

如将图 6-8 及图 6-9 中的电极间用细金属线联结起来，在电极放电时，强的脉冲电流会使金属丝融化并蒸发成为高压气体，在介质中形成冲击波而使板材成形，这就是电爆成形。与电液成形相比，具有以下优点：放电过程稳定，可降低泄漏损失，提高成形效率；可改变放电弧道，控制冲击波形状和压力分布；提高冲击波压力等。电极间金属丝必须是良好的导体，生产中常用钢丝、铜丝、铝丝等。

6.4 电磁成形

电磁成形是利用磁场力使金属坯料变形的高速率成形方法。因为在成形过程中载荷以脉冲的方式作用于毛坯，因此又称为磁脉冲成形。电磁成形理论研究主要包括磁场力分析和磁场力作用下工件的变形分析，以及高速率条件下材料成形性的研究等。电磁成形过程涉及电动力学、电磁学、塑性动力学、热力学以及应力波理论等多学科的内容，由于多学科交叉的复杂性及多种高度非线性，使电磁成形理论研究变得非常复杂。

随着汽车、航空航天等制造业结构轻量化的发展趋势，高强度低成形性材料（如钛、铝、镁合金等）应用日益增加。由于电磁成形可以提高难成形材料的成形性并减小工件回弹，因此，可以克服这些材料的成形困难，促进其在轻量化结构中的应用。

目前，这种方法适用于以导电材料为原料的中小管件、板件的胀形和缩口等，也可用于把金属管、板件压合在陶瓷、玻璃和塑料等非导体上。电磁成形无需传送介质，可在高温或真空中成形，能量和形状易精确控制，操作简单，制品光洁，适用于中小件的批量生产。

6.4.1 电磁成形原理

电磁成形装置原理如图 6-12 所示。与电液成形装置的基本原理图（见图 6-8）比较可见，除放电元件不同外，其他都是相同的。电液成形的放电元件是水介质中的电极，电磁成形的放电元件是空气中的线圈。

电磁成形装置的能量计算公式与电液成形一样。板料电磁成形的效率为 10% ~40%。

如图 6-13 所示的线圈，当开关接通时，在线圈 1 中通过很强的脉冲电流 i，此时线圈空间就产生一种均匀强脉冲磁场 2（见图 6-13a）。置于线圈内的管状金属坯料 3 的外表面就会产生感应脉冲电流，该电流在管坯空间产生感应脉冲磁场 2′（见图 6-13b）。放电瞬间在管坯内部的空间，放电磁场与感应磁场方向相反而相互抵消，在管坯与线圈之间方向相同而加强。其结果是使管坯外表面受到很大的磁场压力的作用（见图 6-13c）。如果管坯受力达到屈服点，就会引起缩径变形。若将线圈放到管坯内部（见图 6-14），放电时，管坯内表面的感应电

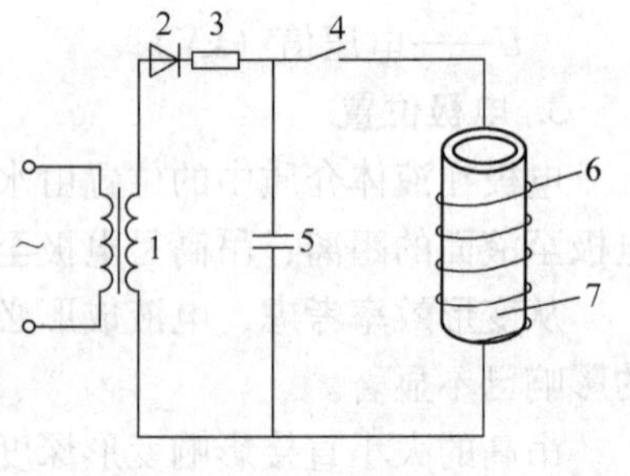

图 6-12 电磁成形装置原理图

1—升压变压器 2—整流器

3—充电电阻 4—辅助开关

5—电容器 6—工作线圈

7—毛坯

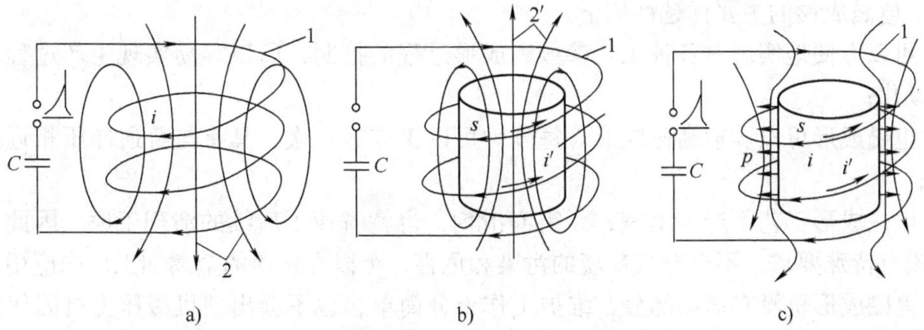

图 6-13　电磁成形磁场力分析

a）线圈内放电磁场　b）线圈内感应磁场　c）线圈内管坯受力情况

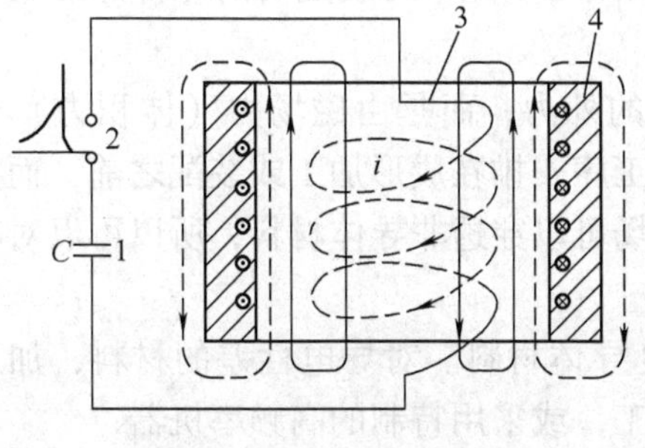

图 6-14　管坯胀形变形

1—电容器　2—辅助间隙　3—工作线圈　4—工件

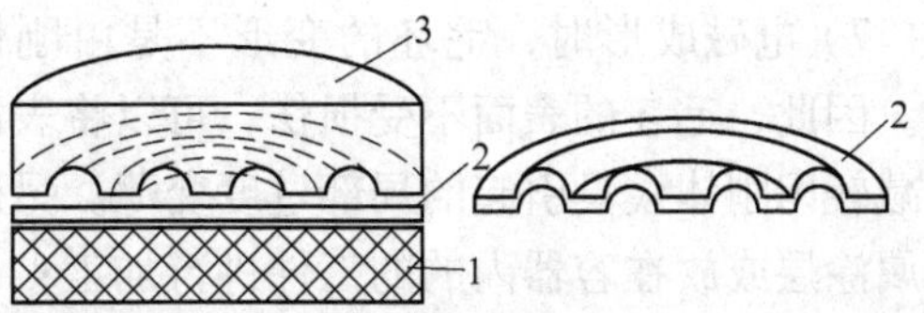

图 6-15　平板件电磁形成原理图

1—平板线圈　2—工件　3—模具

流与线圈内的放电电流方向相反，这两种电流产生的磁力线，在线圈内部方向相反而相互抵消，在线圈与管坯之间方向相同而加强。其结果是使管坯内表面受到强大的磁场压力，驱动管坯发生胀形变形。

平板电磁成形的原理如图 6-15 所示。工件 2 置于平板线圈 1 和模具 3 之间，平板线圈 1 通电后，在脉冲磁场力的作用下，将工件 2 压向模具 3 使其成形，用这种方法可以完成压印和冲裁等工艺。

除了上述通过线圈放电使毛坯成形之外，也可使电流直接通过工件而使之变形，如图 6-16 所示。电流由管状导电工件的下端流向上端，再经管内导体流回。由于管件和内部导体所通过的电流方向相反，使工件受到向外扩张的力而成形。这种方法要求管件和管内导体接触良好。同时，由于管件和管内导体电感较小，因此要求回路有较小的电感，从而提高效率。

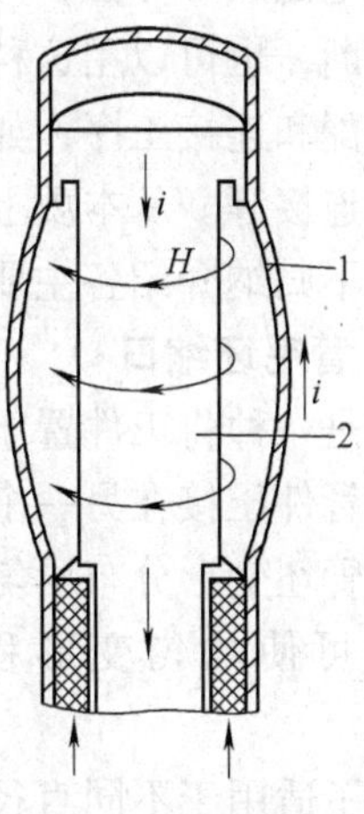

图 6-16　工件直接通电成形

1—工件　2—导体

6.4.2　工艺特点及应用范围

由于电磁成形具有许多显著的优点，非常适合于某些特殊零件的生产，近期获得了极大的进展。电磁成形的主要优越性如下。

1）可以方便地实现对各种工艺参数和成形过程的控制，所以容易实现生产过程的机械化和自动化；

2）电磁成形可以实现高速成形，每分钟可以工作数百次，具有与普通冲压相近似的生产效率；

3）电磁成形工艺不产生摩擦，无需润滑剂，也就省掉了后续的清理工序。因此，对生产环境没有特殊要求，不会造成环境的污染和危害，可以在普通的金属加工厂内应用。

4）电磁成形机没有运动部分，维护工作十分简单，也不会出现机械压力机因使用不当而出现的超载损坏等问题；

5）电磁成形工艺装备及模具十分简单，只需要一个凸模或凹模即可实现加工，所以模具及工装费用低；

6）电磁成形机可以实现金属与非金属零件的联接与装配，对装配前的零件加工精度无特殊要求，而且不必担心非金属装配零件的损坏；

7）电磁成形时，毛坯的变形不是由刚体模具的外力，而是由磁场力（体积力）引起的。因此，毛坯的表面不受损伤，可以将表面抛光工序安排在成形加工或装配之前，而且可以减轻因刚体模具引起的局部过度变薄。另外，磁场可以穿透非导体材料，所以可以对有非金属涂层或放在容器内的的工件进行加工；

8）电磁成形工艺适合加工铜、铝和低碳钢等良导体材料。对导电性差的材料，加工效率低，但可以利用良导体材料作驱动片进行间接加工，或采用特制的高频率机器；

9）电磁成形后的零件精度高，残余应力低，形状冻结性好，有利于提高产品的质量和使用寿命。

用电磁成形方法，可以实现多种冲压加工工序，其中常用的有缩口、胀形、翻边、冲孔、切断，也可以用这种方法完成铆接、粉末压制、板材的复合等。电磁成形工艺也常用来完成装配和连接工序，如管件之间的连接、管件与杆件之间的连接、杆件之间的连接以及管与板的连接等。从本质上来看这些连接方法的变形不外乎是扩口、缩口、胀形、翻边等。因此，以下归纳介绍各主要工艺的变形过程及主要工艺参数对变形的影响等问题。

1. 管毛坯缩口

这是一种将工件置于线圈内，脉冲磁力很快向内压缩而使工件成形的工艺方法，常用来将一个管件压接在另一个零件上形成组件，图 6-17 是利用缩口变形实现连接。由于电磁成形时，管坯变形分布均匀，而且变形硬化不显著，因此提高了材料塑性变形能力，实验结果表明，可使均匀变形程度提高 30%。

为了适用于不同直径的工件，可在线圈和工件之间插一个叫做“磁集中器”或简称“集磁器”的导体工件，可用一个线圈来成形不同直径和不同形状的工件。根据需要，集磁器可以设计成使磁场集中在整个工件表面上，也

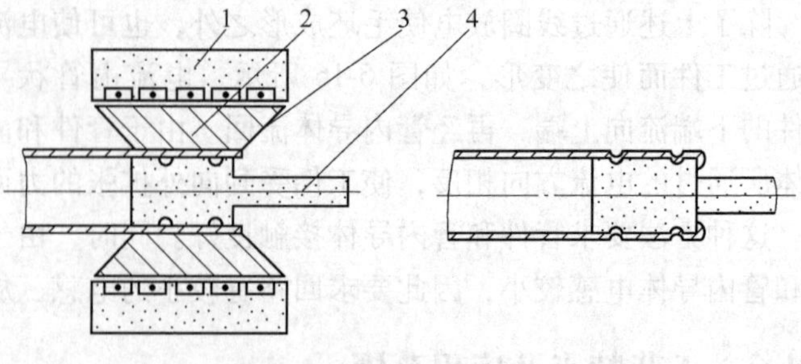

图 6-17 管毛坯电磁成形典型加工方法

1—加工线圈 2—集磁器 3—毛坯 4—工件

可集中在工件的一个或多个部位上（见图6-18）。

图6-18是集磁器的原理图，它的作用是把磁场移向集中器内部。当线圈1通过脉冲大电流时，在集磁器2外表面产生感应电流，该电流沿缝隙表面流入，经内表面再回到外表面构成回路。如果集磁器内表面做成局部凸起，就可以把磁场集中在局部高度上而有利于局部成形。

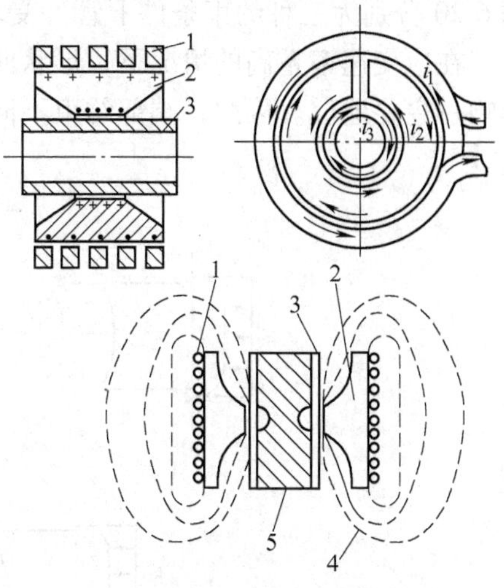

图6-18　集磁器原理图
1—加工线圈　2—集磁器　3—毛坯
4—磁力线　5—模具

另外，集磁器2外表面感应电流产生的磁场大部分和线圈电流的磁场相互抵消，内表面电流产生了强磁场，使绝大部分冲击力作用于集磁器的内壁上，承受了线圈1所受的巨大磁场力。由此可见，集磁器有效地减少了线圈直接受力，大大降低了线圈损坏和疲劳强度。集磁器的具体形状由成形工艺而定，铝、铜和低碳钢都可以用来制作集磁器。由于制作集磁器的材料要求具有较高导电率、强度和刚度，因而普遍认为铜材料最好。

实验表明，随电压或能量的升高，均匀变形程度增加。

线圈砸数对缩颈变形量有重要影响，在能量相同的情况下，随线圈砸数的增加，变形量提高。

线圈与管坯之间的间隙影响第一个波的冲量占总体冲量的比值，该比值的大小直接影响成形效率的高低。随着间隙的减小，该比值增大，变形效率亦即提高。若间隙小于1mm，则可近似认为只在第一个波内受到磁脉冲力。

改变线圈与工件的耦合长度（即线圈与工件轴向相对位置），则放电电流随着耦合长度的变短而变小，且第一个波的冲量占总体冲量的比值降低，成形效率降低。

2. 管毛坯胀形

管毛坯胀形是电磁成形的主要加工方法，如图6-14所示。与管毛坯缩口同样道理，电磁成形胀形使材料塑性变形能力提高，与静态冲压方法相比，电磁成形方法的管坯胀形可提高胀形系数30%～70%。

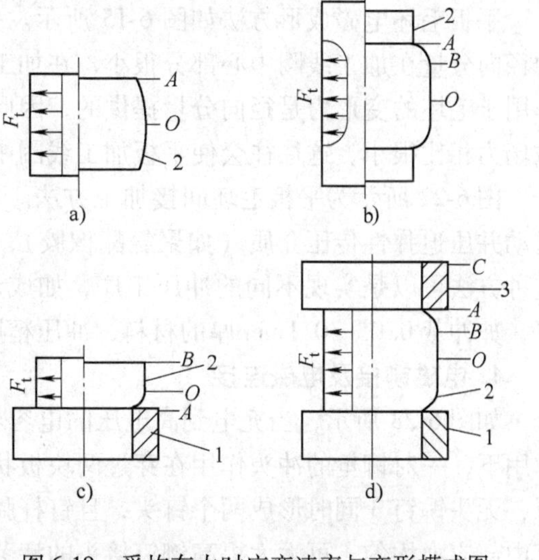

图6-19　受均布力时应变速率与变形模式图
a）端部无约束自由胀形　b）双端无约束局部加载自由胀形
c）单端约束胀形　d）双单端约束胀形
1—下约束环　2—工件　3—上约束环

管件电磁胀形的变形模式是由约束条件、外载荷形式（峰值、脉宽）及外载荷分布决定的，并且是一个随时间变化的过程。线圈与工件的相对位置不同，工件的受力分布、放电回路电参数不同，管件将按不同的变形模式变形，由此可以预测管件的中间变形过程和最终状态。图6-19和

图 6-20 分别为三种约束条件下管件受均匀分布力和非均匀分布力时的变形模式图。由图可见，在应变速率越高的情况下，形状曲线与载荷分布曲线越相似。但在约束点附近，约束的影响占主要地位。因此，端部约束不同，调节脉冲力形式和分布，可实现电磁成形的多种工艺。

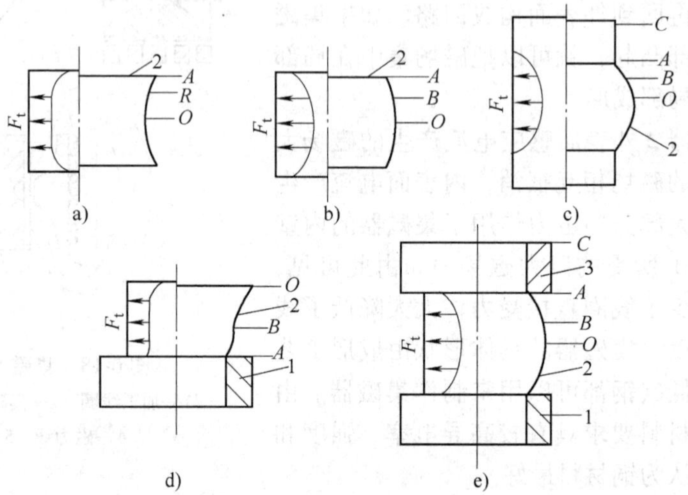

图 6-20　受非均布力时应变速率与变形模式图

a）端部无约束两端脉冲力大时的胀形　b）端部无约束两端脉冲力小时的胀形

c）端部无约束局部加载胀形　d）单端约束胀形　e）双单端约束胀形

1—下约束环　2—工件　3—上约束环

如采用图 6-21 所示的管端约束条件及工装，可实现管材的翻边成形。

3. 板毛坯成形

平板毛坯电磁成形方法如图 6-15 所示。平板加工线圈的磁场分布是很不均匀的，磁场的径向分量在加工线圈中心部分很小，在加工线圈的半径中部最大。平板毛坯加工时，磁场作用于毛坯的变形力是径向分量提供的，因此平板加工线圈中心部分的磁场力与半径中部的磁场力相比很小，这往往会使平板加工线圈中心部分的毛坯出现冲压不足的现象。

图 6-22 所示为平板毛坯间接加工方法。加工时，加工线圈放电，磁场力使驱动块向下运动并压迫弹性传压介质（如聚氨酯橡胶），被压迫的弹性传压介质使毛坯在模具内变形。这种方法可以是实现不同的冲压工序，如成形、冲裁、精压等。此方法对薄板冲裁效果最好，如冲裁 0.05 ~0.1mm 厚的材料，冲压精度很高，且无毛刺。

4. 电磁铆接及电磁连接

如图 6-23 所示，当充电到高电压的电容器向两个平板线圈 1 放电时，在强大的电磁力作用下，一对铆枪的冲头作用在穿过两块板状工件 2 中的柱形无头铆钉 3 上，在强烈的冲击下，无头铆钉 3 同时形成两个钉头，且钉杆膨胀，完成干涉配合铆接。这种电磁铆接后的铆钉内部应力均匀，可大大提高铆钉接头的疲劳性能，而且在不加任何密封剂的情况下，可保证铆接的气密性。图 6-24 是前苏联研制的一种轻型结构的铆接锤。

电磁铆接在装配领域得到了广泛的应用，不仅可对多块复合平板进行铆接加工，还发展出小型铆接枪，这些铆接枪小巧灵便，噪音小，可对大型或复杂形状零件方便地进行铆接加工。以波音公司的波音—747 机翼大型壁板、波音—737 及波音—767 的机翼大梁，每根大梁约 2900 个铆钉均由自动电磁铆接枪完成。电磁铆接不但具有设备投资少、占地面积小、噪音低、设备维修简单及被铆接工件尺寸不受限制等优点，而且铆接效率高、质量稳定。

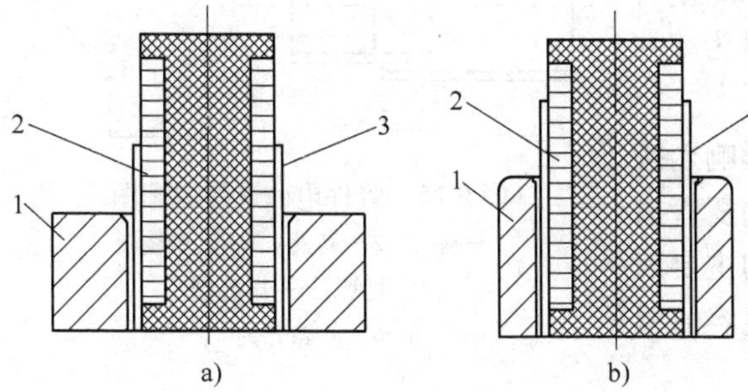

图 6-21　管材翻边实验工装示意图

a）翻边角度≤90°　b）翻边角度≤180°

1—模具　2—线圈　3—工件

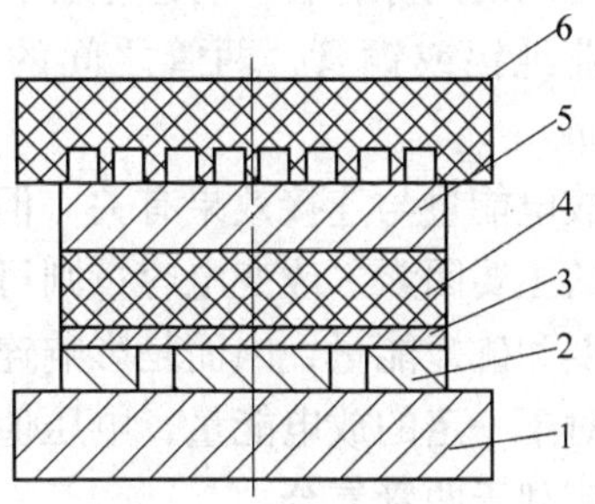

图 6-22　平板毛坯间接成形方法

1—底板　2—凹模　3—毛坯　4—聚氨酯橡胶　5—驱动块　6—线圈

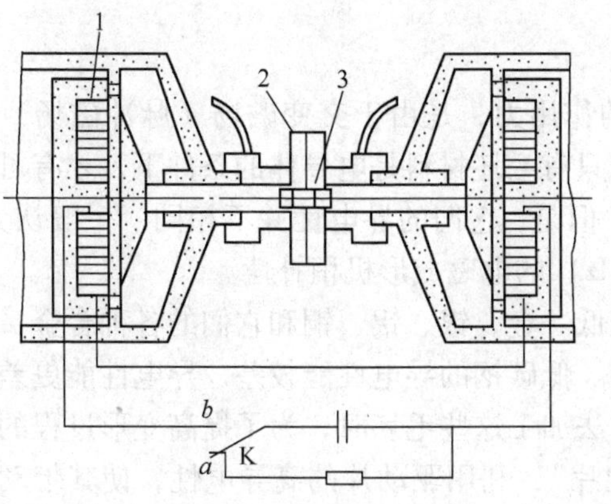

图 6-23　电磁铆接枪工作原理图

1—平板线圈　2—被铆件

3—柱状铆钉

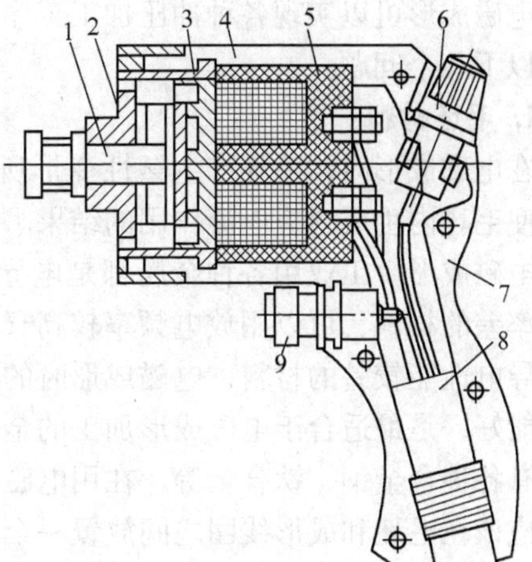

图 6-24　轻型结构的电磁脉冲铆接锤

1—锤头　2—盖　3—电枢　4—壳体　5—感应器

6—信号灯　7—手柄　8—电缆　9—控制按钮

电磁连接可实现管与芯轴、软管与接头、管与管、管与板的连接，图 6-25 是两管之间连接原理图，管件电磁连接实际上是金属管坯在脉冲磁场力驱动下高速碰撞产生复合的过程。采用电磁连接管件，生产效率高，而且适于不同材质的管件连接。

影响两金属管坯复合质量有以下主要工艺参数：两管之间的间隙、管间初始角度、放电能量、材料性能以及碰撞点速度等。

如果两管间隙过小，则在脉冲磁场力的作用下，金属运动速度不够，复管没有发生足够的塑性变形。如果两者之间间隙过大，由于金属变形量的增大，就需要消耗更多的塑性能量，又因为材料在脉冲载荷作用下的过程分为加载和卸载两个阶段，这样复管撞击基管的速度下降，达不到两管复合的要求。因此，对于需连接两管件之间的间隙存在一合理范围，直径50mm左右的工业纯铝或铜管，两管之间的合理间隙为1～1.5mm。

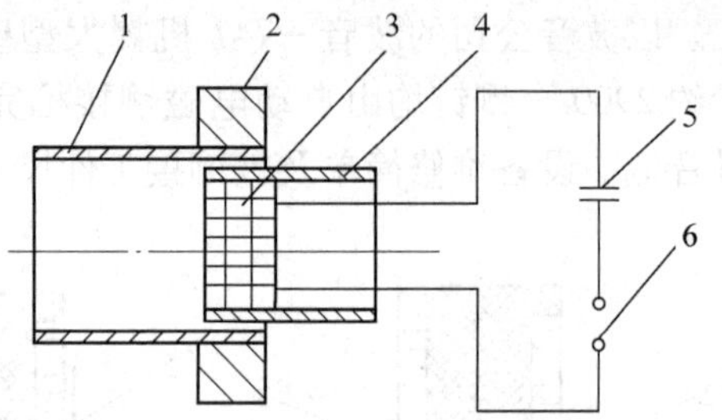

图6-25 管件电磁连接原理图
1—基管 2—靠模 3—工作线圈
4—复管 5—电容器
6—间隙开关

放电能量与连接效果有关，但并不是影响连接效果的主要因素。改变电容量则可大大影响复管撞击速度和碰撞能量，因而是影响连接效果的主要因素。对于一定的放电能量，电压值越高、电容值越小越有利于两管复合。

采用电磁成形方法代替传统的焊接工艺，实现汽车传动轴管和传动轴花键与传动轴万向节叉的连接，不但提高生产效率，而且增加连接可靠性、加少加工工序、降低对管件的内径精度要求，大大降低产品成本、提高产品质量。

6.4.3 电磁成形工艺设计要点

电磁成形可以实现各种冲压加工工序。在制定电磁成形工艺过程时，应着重分析和正确处理以下几个问题。

1. 毛坯材料

在电磁成形时，毛坯产生塑性变形所需要的作用力，是由于交变磁场（脉冲磁场）的作用使毛坯内生成感应电流作用的结果。因此，只有毛坯材料是电导体的条件下，才有可能进行电磁成形。工业用各种金属都是电导材料，但是，它们的导电性并不相同。一般认为，导电率差的材料，可以用放电频率较高（>50kHz）的电磁成形机稍补偿。

导电性能较差的材料，电磁成形时的效率较低。金、银、铝、铜和它们的各种合金，导电性能好，是最适合于电磁成形加工的金属材料。低碳钢的导电性能较差，导电性能更差的金属有各种合金钢、钛合金等。在用电磁成形方法加工这些毛坯时，为了提高变形过程的效率，应该在毛坯和成形线圈之间放置一个“驱动片”，利用驱动片的高导电性，使其带动低导电性材料变形，如图6-22所示。

驱动片材料应具有良好的导电性和低的强度，在生产中常用经退火的紫铜制成驱动片。驱动片的形状应保证能够产生较大的磁场力，对毛坯的合理作用和尽量少地消耗能量。因此，驱动片的厚度应适宜。太薄时，磁场扩散透过了驱动片，作用力减小。驱动片太厚时，则由于驱动片本身的变形耗能太大，而减小了工件的变形效果。实验表明，对于某一确定的条件，驱动片厚度有一最佳值。例如，对0.5mm厚不锈钢平板毛坯变形时驱动片厚度最佳值为0.4mm。

2. 毛坯几何形状

毛坯的几何形状必须保证感应电流不受阻碍，畅通无阻。因此电磁成形用的毛坯上不应开有细长的孔，以免切断感应电流的通路。

从原理上讲，电磁成形毛坯的厚度与尺寸的上限是没有的。只要电磁成形机的能量足够，大尺寸零件的成形应当是不成问题的。但是，目前最大的电磁成形机的能量是500kJ，常用的电磁成形机的能量是10～50kJ。因此，从经济角度出发，电磁成形零件的尺寸与厚度均不宜过大。电磁成形零件的厚度不宜过小，否则成形效率低，而且严重时可能影响效果。电磁成形零件的最小厚度决定于被加工金属的种类，电磁成形机的放电频率等因素。如果被加工材料的导电磁性能良好（金、银、铝、铜、镁等），而且应用放电频率较高（50kHz）的电磁成形机时，材料的最小厚度可达0.3～0.5mm。

3. 模具

电磁成形模的模腔形状，与成形件相应部分的形状、尺寸相同。电磁成形时，毛坯以很快的速度向模具表面贴靠，所以模腔内应设有足够的排气孔，必要时，应设有抽真空系统。排气孔的直径可取为成形材料厚度的一半。

电磁成形模的材料取决于成形零件的形状、厚度和材料的力学性能。当成形零件的生产批量大，所用的原材料较硬时，应采用合金模具钢或工具钢等。在小批量生产而且成形件的原材料较软时，也可以用非金属模具，如玻璃钢、增强树脂等。冲孔模材料应采用工具钢或冷冲模具钢。

在选用模具材料时，应尽量避免使用导电性能好的材料。当采用导电性能好的材料制作模具时，工作线圈的脉冲电流也将在凹模内产生感应电流，其结果能阻碍毛坯向模具贴靠，有时甚至可能对毛坯产生排斥作用。尤其当成形的毛坯较薄时，这种现象更为严重。

4. 工作线圈

工作线圈的作用是把电流转变为磁场能量，它是使毛坯产生塑性变形的关键元件，其结构型式及电参数将直接影响成形效果。由于电磁成形工艺的种类及成形件形状的不同，实际上有多种形式的线圈：按使用情况，工作线圈可分为一次性使用线圈和多次性使用线圈；按成形工艺性质，工作线圈可分为缩口用线圈、胀形用线圈及平板毛坯成形用线圈；按结构形式，有螺旋型线圈、平面线圈及带集磁器线圈。

图6-26是几种最普通的工作线圈，其中图6-26a是胀形用工作线圈，图6-26b是缩口用工作线圈，图6-26c是平板毛坯成形用工作线圈。

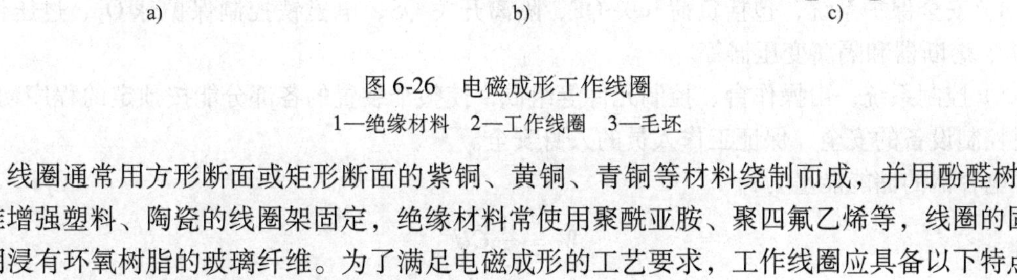

图6-26 电磁成形工作线圈
1—绝缘材料 2—工作线圈 3—毛坯

线圈通常用方形断面或矩形断面的紫铜、黄铜、青铜等材料绕制而成，并用酚醛树脂、纤维增强塑料、陶瓷的线圈架固定，绝缘材料常使用聚酰亚胺、聚四氟乙烯等，线圈的固定使用浸有环氧树脂的玻璃纤维。为了满足电磁成形的工艺要求，工作线圈应具备以下特点：

1）可高效率地把电能转变成毛坯塑性变形功。

2）具有足够的强度及可靠的绝缘性。

3）适宜的放电频率。

4）必要的冷却。

以上几个要求非常重要，特别是电磁成形时，工作线圈既受到工件给予的作用力，又受到线圈各匝之间的作用力，其强度和使用寿命更加突出。一般来说，可采用在线圈骨架上加工下线槽、在导线和骨架之间充填环氧树脂等加固方法。但是，对于螺线管线圈，其径向力可用线圈骨架支撑平衡，而其轴向力往往会造成线圈的变形和破坏。为此，当线圈高于工件时，防破措施是在线圈两端部加保护套；当工件部分插入线圈时，在未插入工件的部分线圈上加保护套；而对于线圈与工件等高且对称放置时，不必采用特殊防破措施

在确定工作线圈的结构尺寸时，应使工作线圈的导线尽量靠近成形毛坯。过大的距离将降低成形效率。

5. 设备能量

电磁成形机给出的能量，应该足以使毛坯变形，完成全部成形过程，得到成品零件。电磁成形机的能量，并不能完全转换成毛坯塑性变形功，而只有很小一部分能量是有效的。电磁成形时能量利用的效率不高，它决定于工艺性质、毛坯的材料、厚度和几何形状、凹模的材料、放电频率等多种因素，目前理论上还不能做出精确计算。一般可采用下式进行设备能量的估算：

$$w = A/\eta$$

式中 w——必需的电磁成形机能量（J）；

A——变形功（J）；

η——效率，其值可查有关手册。

6.4.4 电磁成形设备

电磁成形设备是实施电磁成形的工具，其结构、性能和参数对电磁成形具有决定性的作用，图6-27是电磁成形设备原理图。它基本上是由五部分组成：

1）高压电源系统，由高压变压器（调压器）TR、高压整流桥UR，充电限流电阻 RG_1 或逆变电源组成，其作用是将电压升压、整流后，将电能储存到电容器中。

2）放电回路系统，由储能电容器C、主间隙 Q_3、工作线圈W及毛坯等组成，使预先充电的电容器对负载充电进行电磁加工。

3）触发电路系统，主要是高压脉冲发生器，由其产生高压脉冲电压使主间隙击穿，接通放电电路进行加工。

4）安全保护系统，包括负荷开关QF、隔离开关QS、电磁铁控制保护球 Q_2、过压保护球 Q_1、熔断器和隔离变压器等。

5）控制系统，由操作台、控制元件等组成，使整个装置的各部分能按预定的程序动作，同时控制设备的安全，保证工作人员的人身安全。

电容器的储能能量为：

$$W = \frac{1}{2}CU^2$$

式中 C——储能电容器的电容量（μF）；

U——储能电容器的充电电压（kV）。

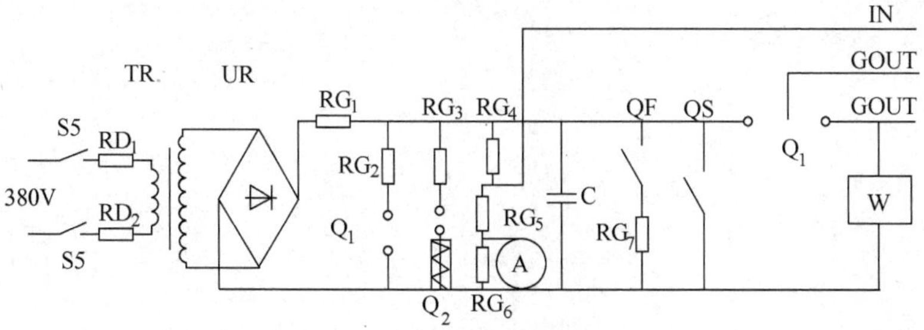

图6-27　电磁成形设备原理图

电磁成形设备的能量与储能电容器的容量及充电电压的平方成正比，提高充电电压对增大设备的储能效果比较明显。但电压越高，绝缘问题越难解决，一般充电电压为5~20kV。

如果放电回路的总电感量为L，总电阻为R，电容器电容为C，那么放电电流波形可能有三种情况，即阻尼、临界阻尼及振荡。而振荡放电时，电流最大值和电流上升梯度都大于其他两种情况，所以成形装置放电回路应具有振荡放电的特性，即电参数满足以下条件：

$$\frac{1}{LC} > \left(\frac{R}{2L}\right)^2$$

变压器常为升压变压器，应该保证对电容器的快速充电，一般采用高脉冲升压变压器。

电容器应该能够承受高压，为了提高设备的效率，应该选用自感小并能承受频繁放电的电容器。如果电容器能够控制在小于额定充电电压95%的条件下使用，可以提高电容器的使用寿命。

电磁成形设备按工作频率和自然频率可分为三种：低频设备、中频设备和高频设备。

电磁成形设备的工作频率（或放电频率）对电磁成形工艺有重要影响，对不同的成形工艺要求，应选用不同工作频率的设备。一般原则是，较高放电频率的设备适用于冲裁、校形、连接或焊接等场合；较低放电频率的设备适用于变形量较大的胀形、缩口及其他成形场合。因此，三种类型的设备基本上可满足不同的电磁加工工艺要求。

电磁成形设备的工作频率与设备的电容值有关，且受设备固有电感及工作线圈电感的影响，其关系为：

$$f = \frac{1}{2\pi\sqrt{LC}}$$

式中　L——放电回路的总电感；

　　　C——设备的总电容。

目前，电磁成形设备的有效储能为0.5~500kJ，作用于工件上的瞬间压力为350~20000MPa，线圈电压为5~50kV，电流为70~400kA，电流上升速度为10^6~10^{12}A/s，上升时间为1~50μs，加工速率为10~1000m/s，磁通密度为1~100T，生产效率可达10800件/h，可加工的最大零件尺寸为1200mm×1000mm×6mm。

第7章 液压成形

与传统的冲压工艺相比，液压成形工艺在减轻重量、减少零件数量和模具数量、提高刚度与强度、降低生产成本等方面具有明显的技术和经济优势，在工业领域尤其是汽车工业中得到了越来越多的应用。

与其他金属塑性成形加工工艺相比，液压成形是一项正处于上升态势且具有良好发展前景的先进制造技术。目前，全球已建成并投产了众多的专业化生产线，形成了相当的生产规模，产品订单持续稳步增长。早在1993年，奔驰公司就建成了液压成形车间，通用、福特、欧宝、宝马等汽车公司也已投资建成了自己的液压成形件生产基地。此外，在汽车上已采用液压成形零件的汽车公司还有奥迪、大众、沃尔沃、戴姆勒—克莱斯勒等。

液压成形技术主要包括板材液压（充液拉深）成形、管材液压成形技术和薄壳球形容器液压成形。

7.1 薄板零件液压成形

充液拉深最早应用于冲压生产中，是1951年美国Cincinnati Milling Machine公司通过橡胶介质将液压作用于板料上的Hydro Form方法。日本1957年、瑞典1963年也相继开发出同样的设备。此方法由于不需要凹模，可大大降低模具成本，缩短模具制造周期。同时，由于凸模与板料之间的摩擦保持作用，使零件侧壁抗破裂能力加强，成形极限得到提高。然而，此方法由于橡胶膜容易损坏，需要经常更换，并且为消除法兰部位起皱需要很大的液压等原因，在实际冲压生产中并未得到广泛应用。

为此，人们开始探索将液体直接作用于板料上的充液拉深方法。其一如1961年荷兰

Daalderop 公司、1973 年美国 Armco Steel 公司和瑞典 Lagan 公司的 Liquid Forming 方法，以及 1975 年日本 Amino 株式会社开发的 Fluid Former 成形方法等，此方法的特点是不但液体直接作用于板料上，而且法兰部位不采取密封，液压室液体强行从板料与凹模之间流出而形成流体润滑状态，从而大幅减小了法兰与凹模面间的摩擦，提高成形极限。随着成形的进行，靠近凹模圆角处的毛坯因变形及压边力的作用自然形成密封状态；另一种方法是 1967 年德国 SMG 公司的 Hydro Mechanical 拉深法，法兰部位采用了相应的密封，液体无法从法兰处稳定流出，不能形成流体润滑，但此时却可用溢流阀在成形初期自由地调节液压室液压。这两种方法除了初期法兰部分的流体润滑效果有差异之外几乎具有同样的成形特点，故实际生产中常采用液体直接作用于板料上且法兰部位无密封的方式。但是，对于曲面压边圈或凹模圆角处难以形成密封状态的情况，往往在法兰部位采取密封措施。

7.1.1 原理及特点

充液拉深是利用油、水（乳化液）等介质代替刚性凸模或刚性凹模，在液体压力的作用下使板料紧贴刚性凹模或刚性凸模而成形所需的制件。它具有如下特点：

1）在拉深成形过程中，液体介质以很大而均匀的压力使板料紧贴凹模模壁或包覆于凸模上，不仅可以提高零件的成形准确性，而且危险断面不断转移，使传力区抗拉强度提高，并因避免了板料与凸模或凹模的相对滑动，从而避免了板料的局部过分变薄，使得所成形的制件壁厚均匀且表面光滑。

2）以液体代替刚性凹模拉深成形时，凹模容框内的液体压力反向作用于板料的下表面，这样不仅增加了板料同刚性凸模间的有利摩擦力，而且凹模有侧向推动凸缘边缘向内流动的作用，使板料的变形处于压应力值较高的应力状态，因而，有效地提高了板料的成形性能。相对于刚性凸凹模拉深，可将多道拉深工序减为一道。

3）以液体代替刚性凹模拉深成形时，凹模圆角半径 r_d 不像刚性凹模那样固定不变，而是在拉深过程中由大变小，在变形初始阶段产生压力峰值时，具有大的 r_d 是有利的，它可以降低材料通过凹模圆角半径时的弯曲变形阻力，也有利于提高了拉深成形性能。

4）可使刚性拉深模具的数量减少 2/3 ~ 1/2，使模具制造费用减少 1/2 甚至更多。

这种成形工艺的缺点是需要采用严密的密封技术，还需配备液压系统，生产效率较低。

这种成形工艺非常适用于大尺寸或大型形状极为复杂的拉深成形零件的中小批量生产。

7.1.2 液压胀形

1. 液压胀形

液体充当拉深凸模，凹模仍采用普通凹模。图 7-1 所示为采用液压凸模拉深厚 0.08mm 的铝箔扬声器音膜。压制零件的操作过程是：将毛坯置于凹模 1 的型腔上，它们之间用橡胶 8 密封，将凸模体 5 通过螺钉 3 和压板 2 与凹模 1 紧固，将液体注入凸模体与毛坯构成的容腔，再将活塞杆 7 及端盖 6 用螺钉 9 紧固于凸模体 5 上。通过手动或机动将活塞杆向下推，活塞杆端部的活塞压缩液体而产生压力，液体压力将平板毛坯压制变形而紧贴在凹模型腔上，至此，得到了所需要的零件。

这种液压凸模拉深主要用于拉深锥形件、半球形件和抛物线形件等。其优点是作用在毛坯上的压力比较均匀，不存在像普通拉深模拉深那样的压力集中现象。其缺点是在拉深过程中，定位比较困难，零件容易拉偏。另外，由于轴向拉伸变形厉害，零件底部变薄比较严重。

图 7-2 所示为最简单的液压胀形装置，5 为平板下模，其上开有进油与排油通道；2 为上模（凹模），其型腔的形状与尺寸按所成形的零件的要求来设计与制造。该装置安装在普通油压机上使用，上、下模分别固定在油压机的滑块与工作台上。工作时，首先将平板毛坯置于下模的上表面，滑块带动上模下行将平板毛坯压紧在下模上，然后将高压油通入板坯与下模之间迫使板坯产生塑性变形，当板坯变形至紧贴上模型腔表面时，卸掉压力油，通过滑块带动上模回程，便可以获得所需制件。

液压胀形时，其单位胀形力的大小主要取决于以下因素：板坯金属的屈服点 σ_s、制件形状的复杂程度、板坯的厚度等。板坯的 σ_s 越大，形状越复杂，尤其是制件上具有小圆角半径的复杂曲面或深腔，且板坯厚度越大单位胀形力也越大。胀形前对板坯进行软化处理可有效地降低单位胀形压力。

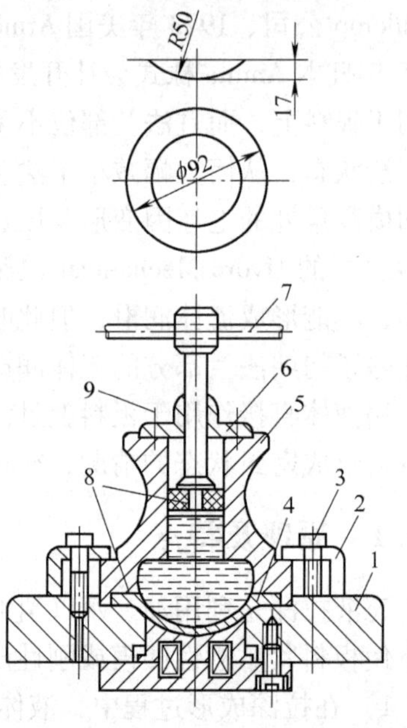

图 7-1　扬声器音膜的液压凸模拉深

1—凹模　2—压板　3、9—螺钉　4—工件　5—凸模体　6—端盖　7—活塞杆　8—橡胶

与刚性凸、凹模成形比较，液压胀形的特点为：变形均匀且不会产生机械损伤，制件内在与表面质量好；平面凸模与液压系统具有通用性，仅需要换凹模便可生产不同的零件；简化了模具制造，降低模具成本；但其生产率比刚性模具低。液压胀形适合于形状比较复杂的、多品种中小批量的薄板零件的生产。

2. 复合成形

对于形状复杂而材料的屈服点 σ_s 又比较高的制件，为了降低其单位胀形压力，同时又便于解决板坯周边同平板凸模间的密封问题，近年来，又出现了液压胀形与刚性凸凹模的复合成形，如图 7-3 所示。

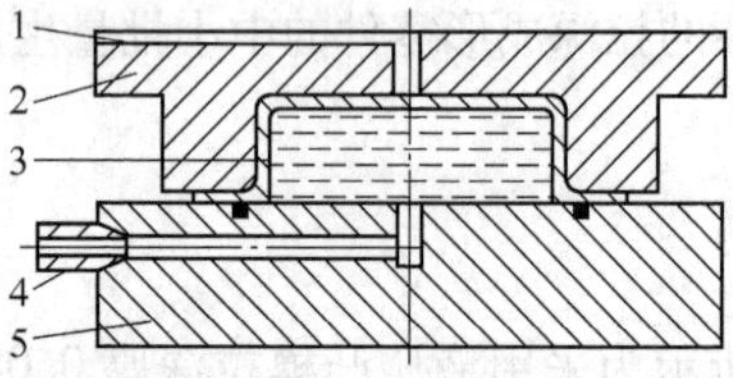

图 7-2　液压胀形装置与胀形原理

1—排气孔　2—上模（凹模）　3—平板毛坯　4—高压油道　5—下模

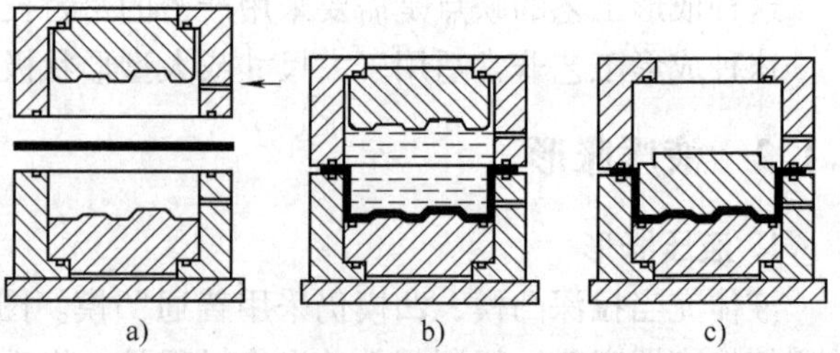

图 7-3　液压胀形与刚性模具复合成形

a）初始状态　b）液压胀形（预成形）　c）刚性模具成形（终成形）

这种复合成形将液压胀形与刚性模具成形两者的优点相结合，一道工序可以完成采用刚性模具二道甚至二道以上的工序才能完成的变形过程，既减少了模具数量，又提高了生产率。

图7-4是另一种采用液体代替凸模的拉深模。当成形力 F 去掉时，弹簧将凹模座及凹模顶起，凹模座的分模面高于液面，取走已拉深成形的制件。将下一个板坯置于凹模座上，再将凹模放在板坯上，在作用力 F 的作用下而压缩弹簧，凹模与凹模座一起向下移动，封闭在板坯下的液体产生压力使板坯变形而紧贴凹模内壁，从而得到所需制件。

复合成形模具结构简单，操作方便，比较适合于拉深成形深度不大的带法兰的筒形零件。

7.1.3　反向液压成形

1. 带法兰筒形件的拉深

与图7-2所示装置相反，图7-5中凸模1的外形和尺寸按被成形零件制造，凹模由凹模圈4与凹模体5组成，凹模圈4的内孔形状与被成形零件外形相似而尺寸稍大，凹模体5为结构简单的液压容器，它通过底部的小孔7与液压系统相连。工作时，当凸模压迫板料毛坯向下发生位移时，被封闭在板坯与凹模间的液体便产生了压力，这个压力以与凸模作用力相反的方向作用在板坯的下表面。使板坯紧贴在凸模上而成形为所需零件，故称为反向压力成形。液体压力随凸模向下位移的增加而增大，其压力的大小通过系统的溢流阀调节。

反向压力成形的优点是：在强大的压应力状态下成形，有利于提高板料的成形极限，因此能够将传统工艺的若干工序合并为一步，简化了成形工艺；板坯在双向作用力下不会发生相对于凸模的自由流动而导致变薄，同时由于流体的润滑作用不易导致破裂；在成形过程中，当压力超过溢流阀的设定压力时，液体就会通过溢流阀和板坯边缘溢出，在板坯和凹模圈的接触面上起到了润滑作用，降低了摩擦阻力，有利于板料金属流动成形。其综合效益是明显地提高了成形件的表面质量和尺寸精度，减少模具数量且简化了模具结构，从而降低了模具成本。

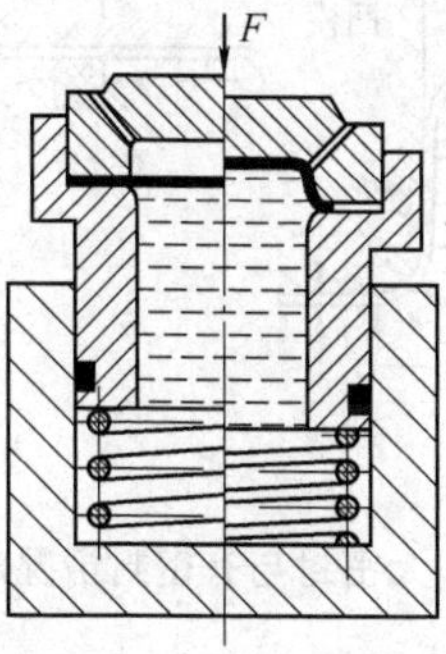

图7-4　简单液压拉深模

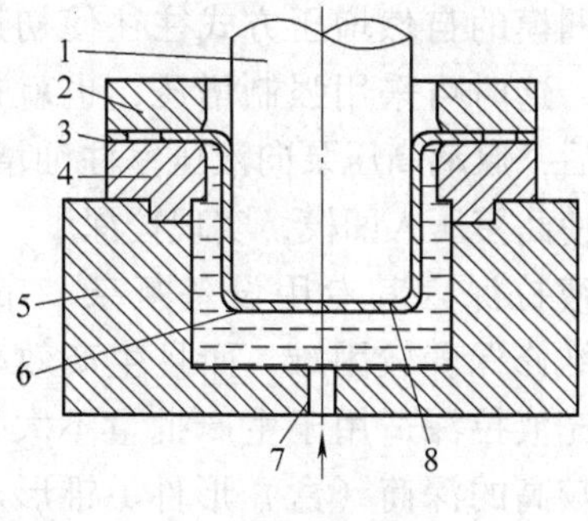

图7-5　反向压力成形原理

1—凸模　2—压边圈　3—密封圈　4—凹模圈　5—凹模体　6—制件　7—小孔　8—板坯

这种工艺方法适合于铝、镁、钛合金和高强度钢板为坯料的复杂薄板件的小批量生产，如运动轿车覆盖件、车门、底板及航空航天飞行器薄板零件等。

图7-6是对拉深件进行第二道液压拉深的方法。开始时（图7-6a），压边圈 N 先将拉深件 L 压在液压腔上的凹模 M 上，最后拉深成更深的工件（图7-6b）。

2. 筒形件充液拉深工艺与模具设计

筒形件充液拉深的过程如图 7-7 所示。首先开启油泵将液体（或油水）一直充至凹模面后停泵，在凹模面上放好板料（图 7-7a），施加压边力（图 7-7b），然后凸模开始压入凹模，使液压室的液体建立起压力，并将板料紧紧压贴在凸模上（图 7-7c），随着成形的进行直至成形结束（图 7-7d）。

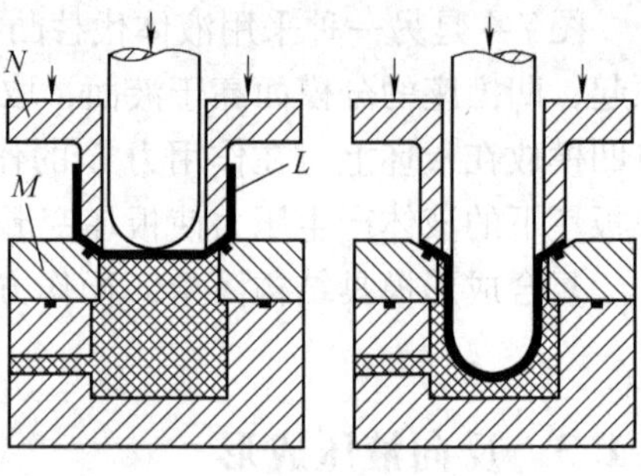

图 7-6　第二道液压拉深模

在图 7-8 a 所示的没有密封的情况下将形成流体润滑状态，即液压室的液体强行从凹模面与板料间流出，从而大大减少了法兰与凹模间的摩擦。如果采用密封（图 7-8b），液体便无法从法兰处稳定流出，也就不能形成流体润滑，但此时却可用溢流阀在成形初期自由地调节液压室液压。完全靠凸模进入凹模的自然增压方式往往使初期液压不足，这时可采用强制增压，也就是在压边之后，启动高压泵向液压室注油增压，然后再使凸模压入凹模，实现拉深。

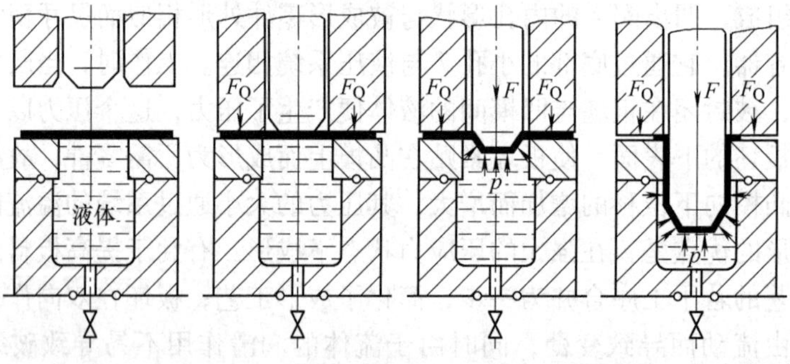

图 7-7　充液拉深成形过程

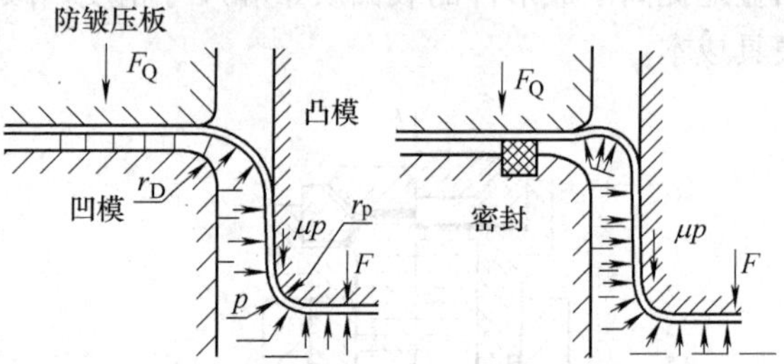

图 7-8　无密封与有密封情况对比

充液拉深因其专用设备复杂、昂贵，使用与维修保养较困难，而且生产效率较低，故充液拉深适用于生产批量不大、质量要求较高的深筒（盒）形件、锥形及抛物线形等复杂曲面的零件。

“江淮 50”拖拉机的油底壳零件（如图 7-9 所示），在国产 Y28-450 双动液压机上采用图 7-9 所示的模具成形，收到了制模周期短、制造成本低等综合经济效益。

7.1.4　橡胶薄膜液压成形

图 7-10 是橡胶薄膜液压成形装置。橡胶薄膜 c 内的液体 a 压力由阀 b 控制。在橡胶薄膜与凸模 f 之间有耐磨橡胶垫 d。凸模 f 通过压边圈 e 进入容框时，将液压提高，由阀 b 控制成形过程中的液压变化。

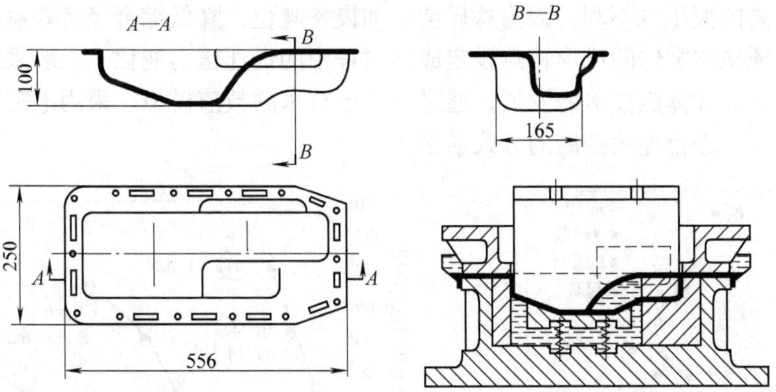

图 7-9　油底壳的充液拉深

图 7-11 是有凹模 k 的橡胶垫成形原理。凸模 g 通过压边圈 h 将板料压向耐磨橡胶垫 e 和起密封作用的橡胶 b，被环 c 和 d 压在容框 a 内，用嵌入块 f 防止凹模 k 等扭转。

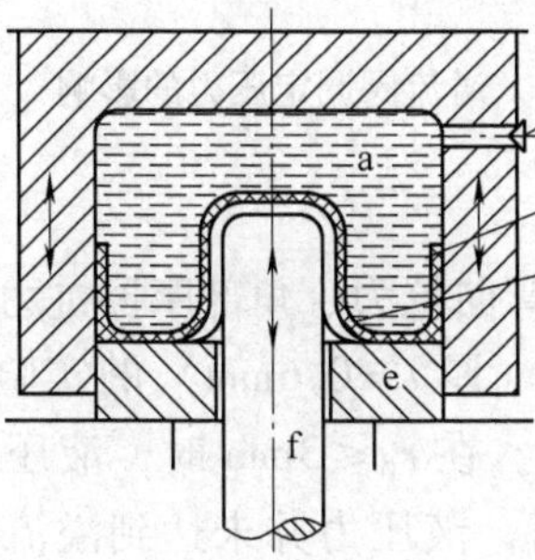

图 7-10　橡胶薄膜液压成形

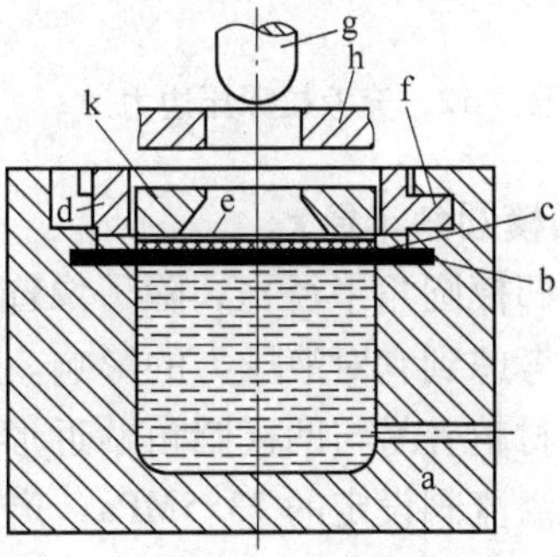

图 7-11　带橡胶垫的液压成形原理

7.1.5　液压成形工艺及模具的主要参数

1. 压边力 F_Q

充液拉深压边力对成形的影响比较复杂。这是因为此时的压边力不仅有普通拉深的压边功能，而且还对液压室的液压建立具有举足轻重的影响。例如，充液拉深压边力过小时，除了可能产生起皱失效之外，有时也会产生断裂失效形式，其原因正是因压边力太小，不能建立起很大的液压，使“摩擦保持效果”不足所致。反之，过高的压边力所引起的液压过大而导致的软材料在凹模圆角的反向胀裂也是充液拉深所常见的一种失效形式。因此，压边力存在一个合理范围（见图 7-12）。生产中要根据零件具体形状反复调整压边力。为了减少调整带来的麻烦，常常采用刚性压边的方式。根据已有的经验，一般取刚性压边和凹模面之间的间隙为 1.1 倍的料厚，便可以取得较好的效果。

2. 溢流阀设定的压力 p

溢流阀设定的液压力对成形有很大的影响，如图 7-13 所示，总的来说，当液压力下降时，对于任何凸模圆角半径 r_p，均使成形极限减小；液压力调高，成形极限增大。但液压力过高多带来负效应，如在凹模圆角处的板料产生反向胀裂而引起破裂等。另外，从工程实际角度出发，过高的液压也不利，因为这样会增加设备吨位，降低综合经济效益。

因此，必须根据零件的成形特点设定成形过程中的最佳压力变化。一般采用分段实时控制方式。最近随着计算机技术的发展，通过对成形技术的数值模拟，采用电磁比例溢流阀对成形过程液体压力进行连续控制的方式增多。

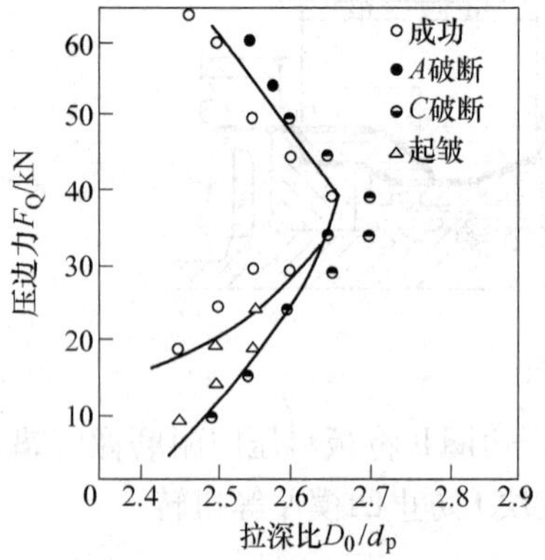

图 7-12　充液拉深压边力

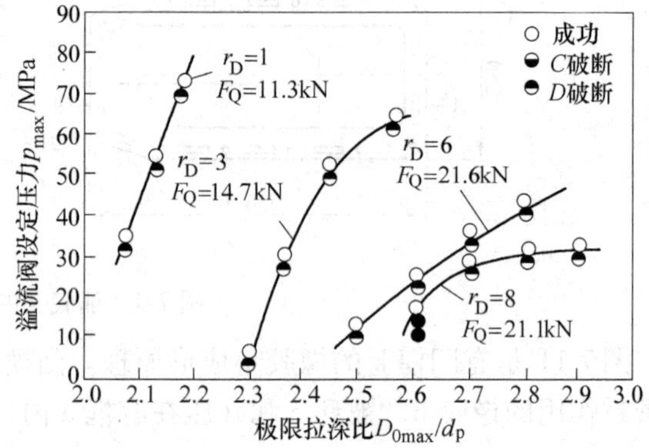

图 7-13　溢流阀调定压力的影响

3. 凹模圆角半径 r_D

对于凹模圆角半径 r_D，除了像普通拉深时要考虑它对弯曲抗力、角部摩擦抗力的影响之外，还应考虑到它对液压力的影响。图 7-14 是 SPCE 钢板（厚 $t=0.6$mm）的实验结果。r_D 越小，板材越容易与凹模圆角贴近形成密封，使液压升高。在 $r_D \leqslant 3$mm 时，液压可以液压可以达到溢流阀设定的 73.5MPa，产生溢流；而 r_D 较大时，液压力并未达到溢流压力，溢流阀也不溢流。此液压值的大小与板材性能等其他因素也有很大的关系。

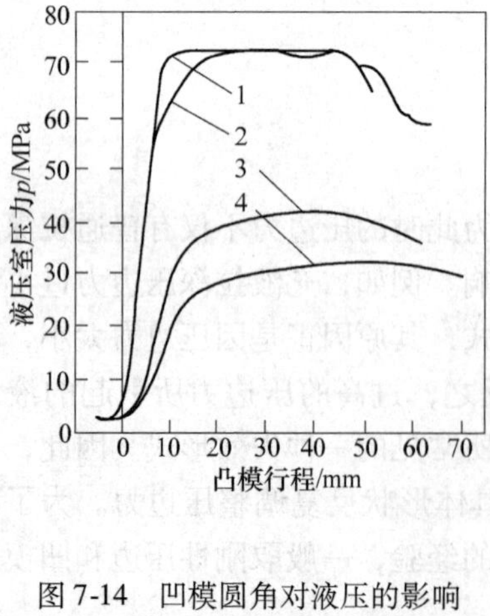

图 7-14　凹模圆角对液压的影响

1—$r_D/t_0=1.7$　$D_0/d_P=2.16$　$F_Q=11.8$kN

2—$r_D/t_0=5.0$　$D_0/d_P=2.60$　$F_Q=16.5$kN

3—$r_D/t_0=10.0$　$D_0/d_P=2.80$　$F_Q=21.6$kN

4—$r_D/t_0=13.3$　$D_0/d_P=2.90$　$F_Q=21.1$kN

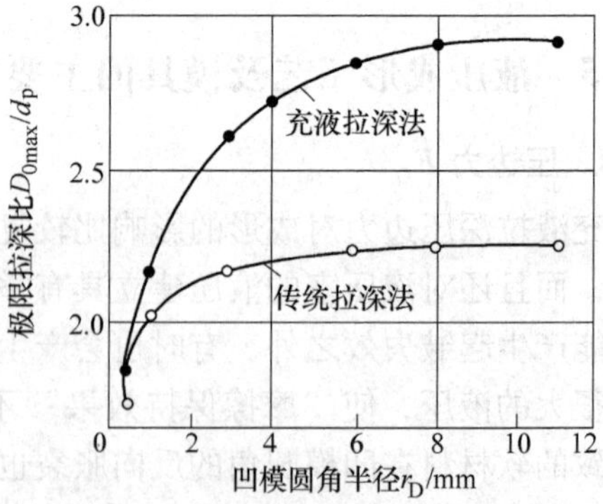

图 7-15　凹模圆角对成形极限的影响

图 7-15 是凹模圆角对成形极限的影响。图中给出了钢板普通拉深与充液拉深情况的比较。随着凹模圆角半径 r_D 的增加，两种方法有同样的趋势，即成形极限提高，并逐渐达到最大值。对于普通拉深钢板，r_D 超过 6 倍料厚以后影响就不大了。而对于充液拉深，钢板材 r_D 大于 13 倍料厚以上，成形极限才达到最大值。

4. 凸模圆角半径 r_p

图 7-16 为 SPCE 普通拉深钢板，采用自然增压方式，凸模圆角半径 r_p 对成形极限的影响。由实验可知，对于钢板材来说，在 r_p = 3mm 以前，随着 r_p 的增加，成形极限也提高。超过 3mm 以后，由于支配成形极限的已不再是凸模圆角处的破裂，而是凹模圆角处的破裂，所以继续加大凸模圆角已不起作用。

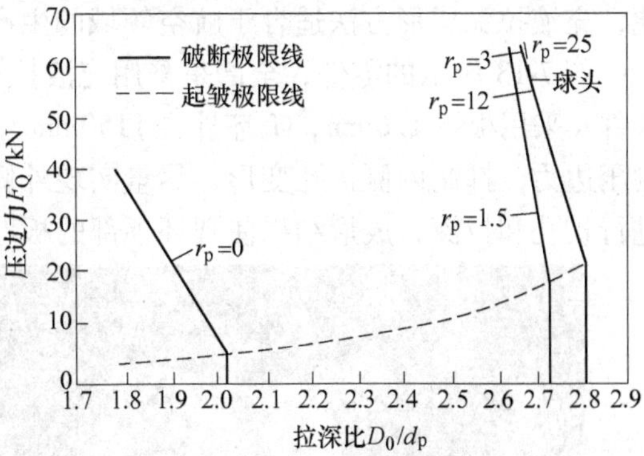

图 7-16 凸模圆角半径对成形极限的影响

7.1.6 液压成形设备及方法的应用

液压成形设备一般采用双动液压机，作为特殊规格有时采用单动液压机也可实现充液拉深功能。目前，比较著名的充液拉深设备生产厂家有德国的 SMG 公司、瑞典的 LAGAN 公司以及日本的 AMINO 珠式会社等，所生产的设备吨位 200kN（内滑块 × 100kN（外滑块）～40000kN × 20000kN，最大台面尺寸 4200mm × 2700mm，最大成形深度 400mm，最大成形速度 70mm/s，液压室最大可控压力 150MPa。

双动液压成形机与普通拉深成形装置有所不同的只是增加了液压室及调节、控制液压室内液体压力的液压控制系统，大部分设备采用电磁比例溢流阀和计算机对成形过程中的液压室液体压力、压边力等进行连续或分段控制。

单动液压成形机分为液压室内藏式和通用模架式两种。

充液拉深方法最早在工业生产上得到应用的是照明灯具，但最近在汽车、航空、家用电器、厨房器具、容器等领域中的应用越来越广泛，主要由于很高的尺寸与形状精度要求、局部板厚减少的控制、模具成本及工序的减少、表面质量的提高以及零件的一体化（省略焊接工作）的要求。下面分类介绍充液拉深方法在各个领域中的应用。

1. 灯罩

灯罩的生产采用充液拉深方法的理由主要为以下两点：因保证聚光性要求很高的内表面精度；多品种小批量生产方式。以往该产品采用旋压的方法，只能加工抛物面、锥形等轴对称的零件。采用充液拉深方法可一次成形图 7-17 所示的灯罩，满足各种设计的要求。

对于此类非轴对称复杂形状零件的成形，主要问题是由于不均匀反向胀形所引起的局部材料多余和板厚减少。特别是屋外照明用的大型灯罩，一般使用相对板厚较薄（t/d = 1/400～1/600）的铝板，成形比较难，必须控制成形过程中的压边力、对向液压，同时在模具结构及拉深筋的布置上，要充分考虑板料的流动和变形特点。

2. 飞机零件

航空领域的生产属于典型的多品种小批量的生产方式。同时，飞机部件大部分使用成形性能差的高强度铝合金，并且从安全角度出发，必须严格限制局部板厚减薄和表面划伤。因此，充液拉深成形方法适合于航空领域的生产。

图 7-18 所示的零件，全部是采用充液拉深方法克服普通拉深材料局部变薄的成形实例。零件 a 采用板厚 1.6mm，毛坯外径 1150mm、内径 590mm 的高强铝合金板，成形初期降低内测压边力，抑制内侧扩孔变形，尽量实现外侧板料的拉深；之后使内外侧压边力相等，同时进行扩孔和拉深，成形结果使圆环顶部的板厚减少控制在 12% 以内。

a) b)

图 7-17 充液拉深方法成形的灯罩

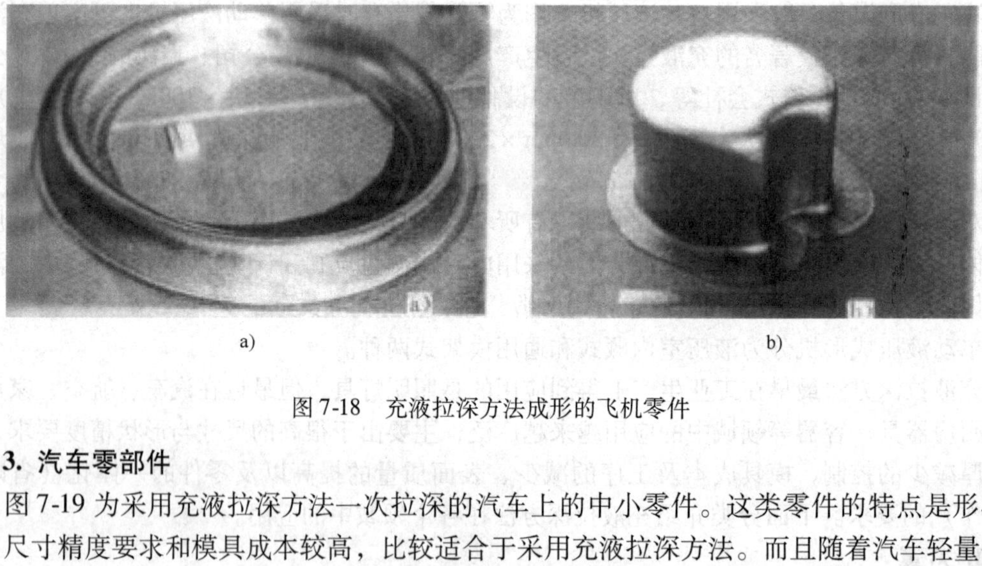

a) b)

图 7-18 充液拉深方法成形的飞机零件

3. 汽车零部件

图 7-19 为采用充液拉深方法一次拉深的汽车上的中小零件。这类零件的特点是形状复杂、尺寸精度要求和模具成本较高，比较适合于采用充液拉深方法。而且随着汽车轻量化及低噪声的要求，铝合金、夹层复合材料等难成形材料的使用不断增多，不得不采用充液拉深方法。

随着人们生活水平的提高，消费者对汽车的要求趋于多样化和个性化，因此多品种小批量生产方式的增加势在必行。然而，在汽车行业中，大型覆盖件模具成本所占整车费用的比例随着批量的减小越来越大。为此，日本丰田汽车公司在月产 1000 台汽车覆盖件生产中（见图 7-20）采用了充液拉深方法，不但消除了普通拉深方法难以解决的面畸变等质量问题，而且由于工序的简化和凹模的省略，模具成本降低大约 60%，取得了巨大的经济效益。

除此之外，充液拉深方法在不锈钢厨具、钛合金照相机壳体、楼房的外装饰板等领域也发挥着巨大的威力。

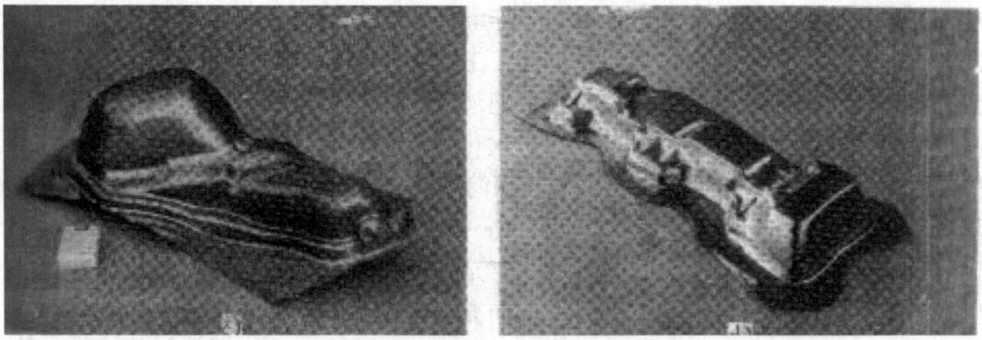

图7-19 充液拉深方法成形的汽车中小零件

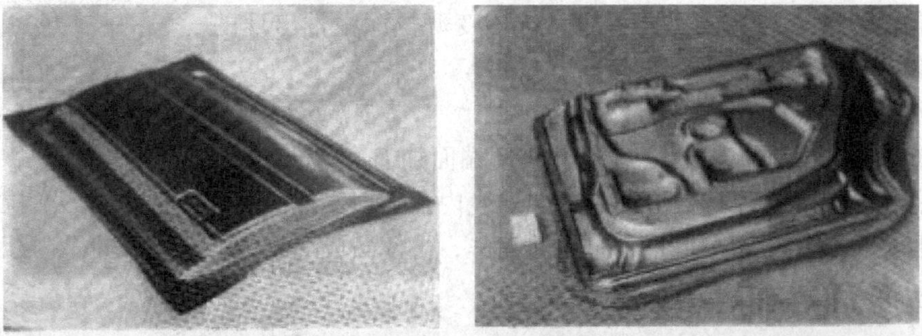

a) b)

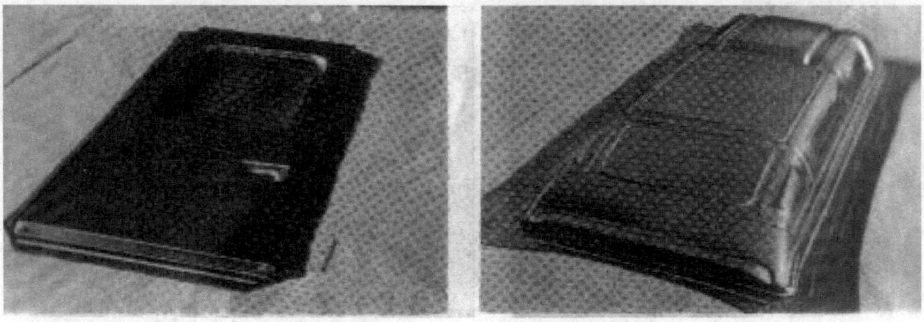

c) d)

图7-20 充液拉深方法成形的汽车覆盖件

7.1.7 充液拉深新工艺

1. 带径向液压的充液拉深方法

此方法只需将充液拉深的工装略加改动，密封住板料外周的敞口，并开通液孔，使液压室的液体液压加到板周边上。这样，在板材外周就多了一层径向压力，改变了变形区受力状态，降低了传力区的负荷，从而增大了允许的变形程度。另外，前述的充液拉深中，液体仅从法兰下方一侧流出，法兰上面没有形成理想的润滑状态，而径向液压的充液拉深法兰部位的板料都有很好的润滑状态，进一步提高了成形极限。

利用同一套工装模具进行普通拉深、充液拉深和带径向液压的充液拉深的实验结果表明：三种方法所得到的极限拉深比分别为2.36、2.61和3.06~3.31，效果颇为明显。

2. 外周带液压的充液反拉深

这种方法的工装如图 7-21 所示，从原理上讲，可以认为它是带径向液压充液拉深向反拉深的延伸和扩展。工装上也仅仅有少许改变，多开了几个侧孔，增加一处密封，把液压室液体压力引到拉深件外周。这样做的效果十分显著，一次行程后得到的拉深件总拉深比高达 4.92。该方法已成为成形超深筒形件的有效手段。

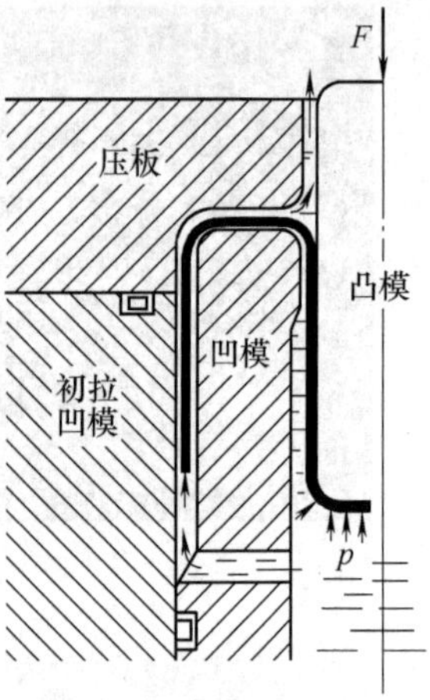

图 7-21　外周带液压的充液反拉深

3. 充液变薄拉深

充液变薄拉深也是充液拉深的新发展。它是把充液有效地应用于变薄拉深。按充液方式不同，可分为反向充液变薄拉深、正向充液变薄拉深和双向充液变薄拉深（图 7-22）。根据实验表明：三种方式均有效地提高了变薄拉深的变形程度，其中尤其以正向和双向更佳。另外，充液变薄拉深对于传统变薄拉深中常出现的热粘着现象有显著的抑制效果。

4. 充液内孔翻边

利用充液使带孔的板料贴紧凸模（凸模端面加 O 形密封圈），凸模下行，由于有摩擦保持效应此时不会发生内孔翻边变形而是充液拉深变形。拉深至希望高度时，将液体放掉，摩擦保持效果也就消失，再使凸模继续下行，便开始了内孔翻边。利用此方法可以直接得到很高的竖边。

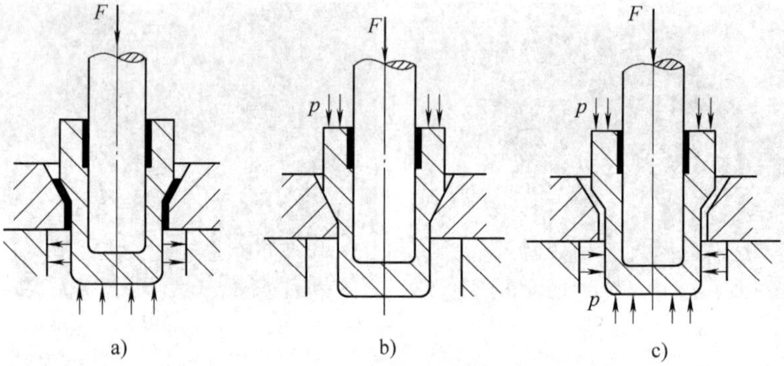

图 7-22　充液变薄拉深

7.2　管料的内高压成形

在航空、航天和汽车工业等领域，减轻结构质量以节约运行中的能量是人们长期追求的目标，也是先进制造技术发展的趋势之一。结构轻量化有两条主要途径：一是材料途径，采用铝合金、镁合金、钛合金和复合材料等轻质材料；二是结构途径，对于承受弯扭载荷为主的结构，采用空心变截面构件，可以减轻质量又可以充分利用材料的强度和刚度。内高压成形（又称管材液压成形、管材水压成形）正是适应这种需求开发出来的一种成形空心变截面轻体构件的先进制造技术。

7.2.1 成形原理

作为弹性介质，聚氨酯橡胶是最理想的介质材料，但因受变形量的限制，当支管长径比超过1以后已不能适应。当支管长径比超过2时，压缩胀形结束后芯棒无法从工件中退出。因此，对于支管长径比大于1的多通管压缩胀形，宜采用液体做介质的内高压成形。

图7-23为三通管液压介质压缩胀形原理。长度$2L_0$，直径$2R$和壁厚S_0的原始管坯置于可分凹模型腔中，压缩胀形时，管坯受内压q、轴向压缩力Q_1和侧向支承力Q_2的作用。两个冲头以相同的速度彼此相对运动，管坯中部金属向支管型腔内作径向流动。开始时形成鼓包。由于材料硬化和连续压缩使塑性变形区扩展到整个毛坯，导致毛坯沿全长管壁增厚。随着两个挤压冲头继续向前移动，支管的长度b不断增加，直到所需长度为止。支管端部的反向支承力Q_2的作用是减少甚至抵消支管部分所产生的拉应力，尽可能造成三向压应力状态，以防止支管发生破裂。

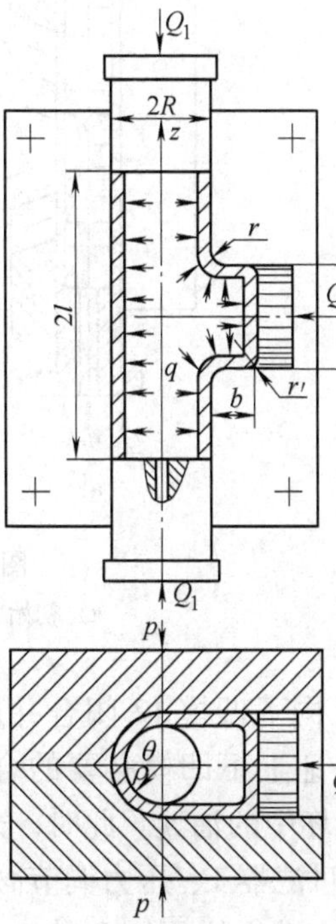

图7-23 三通管液压胀形原理

内高压成形分为三种基本工艺类型：直线零件成形、带凸台或支叉零件成形和曲线零件成形。

7.2.2 成形装置

1. 同侧双支管内高压胀形系统

如图7-24所示，在凹模上设计了可动镶块2和3。工作开始时，管坯1置于凹模型腔中，可动镶块2和3分别被顶向两端，如图7-24a所示；管坯在两个冲头挤压力Q_1和内部液体力q的作用下，在两个支管型腔处形成椭圆形鼓包，椭圆形长轴与主管轴线一致，如图7-24b所示。在两个冲头继续挤压时，迫使镶块2、3一起向前移动，镶块2和3沿椭圆形长轴方向压缩鼓包，支管横向尺寸减少，依靠金属体积的转移而使支管长度增加，如图7-24c所示。利用这种模具结构可使支管长度的极限值增大2~3倍。

在这样的压缩胀形系统中，支管长度极限值可达到支管管径的1~2倍。支管长度的进一步增加将受到管坯起皱等失稳的限制。

镶块移动距离f影响到支管的最终高度，f越大，支管越长。然而f值增大将导致材料失稳。经验表明，镶块移动距离f一般为轴向压缩量Δh的0.6~0.7倍。

2. 异侧双支管内高压胀形系统

图7-25为异侧双支管内高压胀形工作原理及基本模具结构。图7-25a为初始状态，图7-25b为结束状态。

图7-26为包括模具、液压、空气增压器及控制系统在内的整套专用模具装置。该模具与液压机配套使用，其工作原理及过程如下。

管坯置于凹模型腔12中，并由油箱11向管坯内注满油液。当压力机滑块向下行程时，

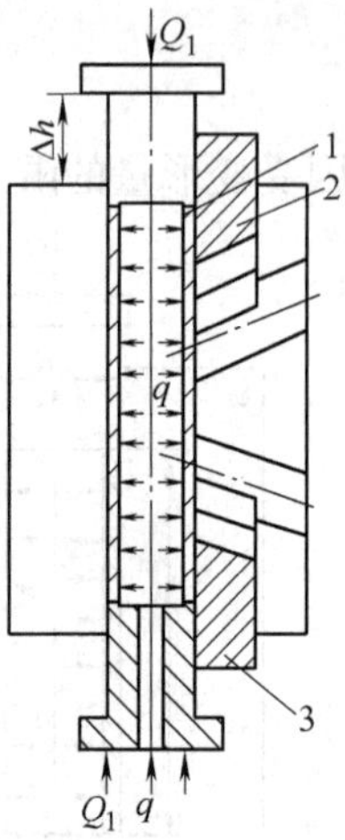

图 7-24 同侧双支管液压压缩胀形系统

a）初始状态 b）开始压缩阶段 c）压缩胀形结束阶段

1—管坯 2、3—镶块

上凹模 13 同下凹模 12 闭合并压缩下面的碟形弹簧 16，保证上下凹模必要的合模力，冲头 10 和 14 密封管坯中的油液。此时，开关 17 动作，压缩空气经过过滤器 1、压力调节阀 2、喷雾器 3 和空气分配器 4 进入增压缸 9 的右腔，推动活塞向左移动，保证管坯内开始的液体压力，压力大小通过阀 2 调节。

当压力机滑块继续向下时，管坯被轴向压缩，使管坯体积减少而导致管坯内排出部分油液，排出的压力油进入增压缸左腔而使活塞右移，使增压缸右腔中的压缩空气被压缩。

液体压缩胀形模具及设备有两种途径，一种是设计专用的模具装置与通用压力机配套使用；另一种是设计专用压力机。前者多用于多品种中小批量生产，后者适合于少品种大批量生产。

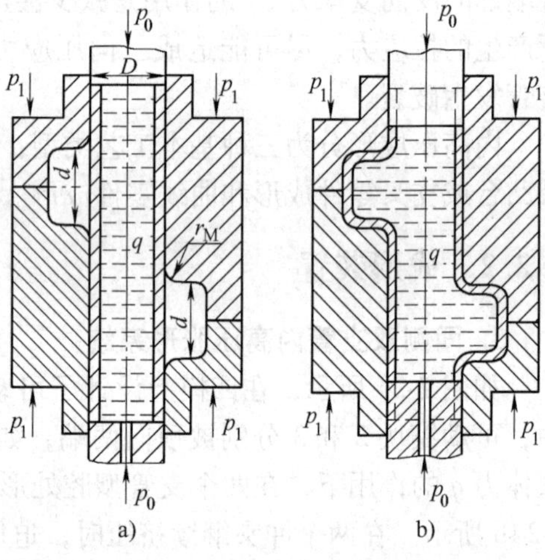

图 7-25 异侧四通液压压缩胀形

a）初始状态 b）结束状态

7.2.3 成形优点

对于空心变截面构件，传统制造工艺一般为先冲压成形二个半片再焊接成整体。内高压成形的特点是可以一次整体成形沿构件轴线截面有变化的空心构件。与冲压焊接工艺相比，内高压成形主要优点：

1）减轻质量，节约材料。对于汽车上副车架、散热器支架等典型产品，内高压成形件比冲压件减轻 20% ~40%。对于空心阶梯轴类可以减轻 40% ~50%。

2）减少零件和模具数量，降低模具费用。内高压件通常仅需要一套模具，而冲压件大多需要多套模具。副车架零件由6个减少到1个；散热器支架零件由17个减少到10个。

3）可减少后续机械加工和组装焊接量。以散热器支架为例，散热面积增加43%，焊点由174个减少到20个，工序由13道减少到6道，生产率提高66%。

4）提高强度与刚度，尤其是疲劳强度。散热器支架刚度垂直方向提高39%；水平方向提高50%。

5）降低生产成本。根据德国某公司对已应用零件的统计分析，内高压件比冲压件平均降低15%～20%，模具费用降低20%～30%。

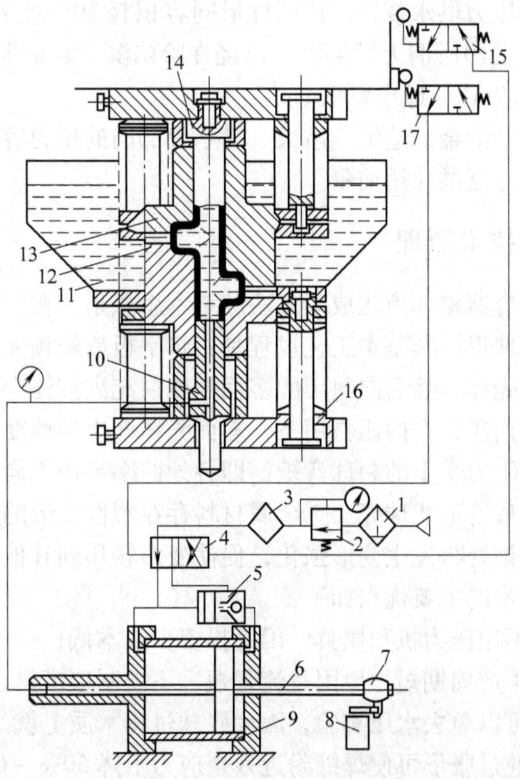

图7-26 模具、液压、空气增压器系统

1—过滤器 2—压力调节阀 3—喷雾器 4—分配器 5—反向阀 6—活塞杆 7—凸轮 8—阀 9—增压缸 10、14—冲头 11—油箱 12—凹模型腔 13—上凹模 15—中断器 16—碟形弹簧 17—开关

7.2.4 适用领域

管料的内高压成形适用于汽车等行业的沿构件轴线变化的圆形、矩形或异型截面空心构件，如汽车的排气系统异型管件、非圆截面空心框架如副车架、仪表盘支架、车身框架（约占汽车总重量的11%～15%）、空心轴类件和复杂管件等。

适用材料包括碳钢、不锈钢、铝合金、铜合金及镍合金等，原则上适用于冷成形的材料均适用于内高压成形工艺。

7.3 无模液压胀球

球形容器的主要优点：外形美；受力均匀承压高，对同直径同厚度的容器，球形比圆柱形高一倍；重量轻，原因之一是由于承压力高，另一个原因是对同一体积而言球形表面积最小。

由于以上原因，球形结构广泛用于建筑业，如深圳西丽湖、青岛信号山、美国迪斯尼乐园中的未来世界、布鲁塞尔的球形游乐厅等处都有球形建筑。

球形水塔在国外很流行，美国高速公路旁的水塔就是球形或椭球形的。球形水箱在日本及韩国等国是标准化的产品，房顶上几乎见不到长方形水箱。哈尔滨工业大学与中国建筑标准研究所制定了30m^{3}以下的球形水箱系列标准，并已制成一些规格的球体。西安已安装这类水箱。

球形压力供水装置，比圆柱形同容积轻30%左右，采用无模胀形工艺制成的球形压力供水装置（即所谓无塔供水）已经在哈尔滨、北京等地正常运行10年以上，最大容积$10m^3$（直径ϕ2.7m）、最小容积$1m^3$。

化工、冶金、造纸、航天、潜水等部门的压力容器特别是高压容器都是球形的，所以球形容器有广泛的应用前景。

7.3.1 技术原理

球形容器整体液压成形方法的基本思想是：在封闭的球内接多面壳体内部施压，壳体将逐渐变成球形。其基本工艺过程是：将平板或经预先辊弯成具有单曲率的壳板组焊成一个封闭的多面壳体，然后向封闭的多面壳体内充满液体介质，并通过一个加压系统向封闭多面壳体内施加内压，在内压作用下，多面壳体产生塑性变形而逐渐成形为一个球壳。其基本理论依据是：①力学上的趋球弯矩，即各处曲率半径不同的壳体随着内压的增大曲率半径逐渐趋于一致，最终形成球壳；②金属材料存在塑性变形的自动调节能力，例如某一部位变形过分集中，则该处将发生变形强化，促使变形转移到其他部位，因而使各处壁厚差不过大。

新技术的主要优点如下：

1）不用压力机和模具，因而投资少成本低；

2）生产周期短，原因是流程短，不需制造模具，因而变更产品尺寸容易；

3）可以免去水压实验，因为胀球过程本质上就是超压试验；

4）通过胀形可使焊缝附近残余应力下降50%～60%；

5）抗疲劳性能增强。

7.3.2 技术特点

传统建球技术是将模压球瓣进行组装焊接，其工序为：初下料——模压瓣片——多次校形——检查修边——预组装——组装焊接——外观检查——校正——无损探伤。其工序决定了该建球技术存在如下问题：工序繁多，成形精度低，模压过程起皱难以避免，双曲率壳体组焊困难，制造周期长；先成形，后焊接，焊接变形残留在最终产品上，无法消除；组装精度难以保证，现场强制装配组焊，影响焊接质量和最终形状；需要大型压力机和大型模具，制造成本高，不适于产品变更的需要。

由于传统制造技术的局限性，其技术经济指标为：最小厚度与直径的比值（t/D）仅为8/1000，无法制造小于等于1/1000的超薄球形壳体；很难制造椭球等曲率有变化的容器，因为不同曲率的分瓣将需要不同的模具进行模压，成本急剧提高。

整体液压成形方法是采用下料——组焊——成形——检验，即“先焊接后成形”的工艺，是对建球工艺的重大变革，为建球技术开辟了一条崭新的途径。其特点：不用内模和外模；不用压力机；成本降低15%～30%；周期缩短2/3；尤其适合品种规格多变的场合。

第 8 章

多点成形与橡胶模成形

8.1 多点成形

多点成形的研究起源于日本。20 世纪 70 年代日本造船协会西冈等人试制了多点压力机，进行船体外板自动成形的研究，但因关键技术未能解决好，多点压力机的制造费用太高，未能实用化。日本三菱重工业株式会社的熊本等人也研制了多点成形设备，由于其整体设计不周，该压力机只适用于变形量很小的船体外板的弯曲加工。另外，东京大学的野本及东京工业大学的井关等人也进行了多点压力机及成形实验方面的研究工作，但未取得重大进展。从 20 世纪 80 年代以来，美国麻省理工学院 D. E. Hardt 的研究室对多点模具成形进行了十多年的研究。麻省理工学院与美国航空航天技术研究部门合作，投入 1400 多万美元的巨额经费开发出多点张力拉深成形机。

由吉林大学承担的国家重点科技攻关项目“大型板材三维曲面的自动无模成形设备”已经通过验收鉴定，并成功开发出多点成形设备。

8.1.1 基本原理

无模多点成形是金属板材三维曲面成形的新技术，是对传统成形方式的重大变革。在传统的整体模具成形中，板材由模具曲面来成形。而在多点成形中，则由基本体群冲头的包络面（或称成形曲面）来完成。

板材无模多点成形系统是以计算机辅助设计与辅助制造技术为主要手段的柔性成形设备，其工作原理（见图 8-1）是把传统的冲压实体模具分解为很多离散的小模具单元（亦称基本体)，利用一系列规则排列的高度可调的基本体，通过对各个基本体运动的实时控制，自由地构造出成形曲面，代替模具实现板材三维曲面的快速无模成形。这种成形方式是对三维曲面板类件传统生产方式的重大创新。

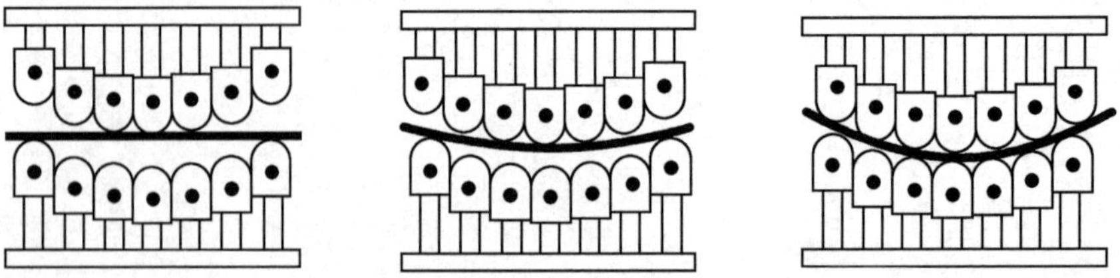

图 8-1 多点成形工作原理

8.1.2 技术特点

多点成形是以计算机为主要手段，实现板料塑性成形的先进智能化制造技术。用这种技术成形板料不需要专用模具，其主要技术特点可以归结为以下几个方面。

1）实现无模成形。取代传统的整体模具，节省模具设计、制造、调试和保存模具所需的人力、物力和财力，显著地缩短产品生产周期，降低生产成本，提高产品的竞争力。与模具成形法相比，不但节省巨额加工、制造模具的费用，而且节省大量的修模与调模时间；与手工成形方法相比，成形的产品精度高、质量好，并且显著提高生产效率。

2）小设备成形大型件。采用分段多点成形新技术，连续逐次成形超过设备工作台尺寸数倍的大型工件。

3）实现无回弹成形。可采用反复成形新技术，消除材料内部的残余应力，并实现少无回弹成形，保证工件的成形精度。

4）优化变形路径。通过基本体调整，实时控制变形曲面，随意改变板材的变形路径和受力状态，提高材料成形极限，实现难加工材料的塑性变形，扩大加工范围。

5）易于实现自动化。曲面造型、工艺计算、压力机控制、工件测试等整个过程全部采用计算机技术，实现 CAD/CAM/CAT 一体化生产，工作效率高，劳动强度小，极大地改善劳动者作业环境。

6）快速调形。采用新的调形系统，使总体调形速度比原来提高 10 倍至 30 倍。每个基本体控制单元由单独的微型电机、减速器、电机控制子系统等构成；调形时各基本体同时运动，使得一次调形时间大大缩短。在几分钟之内就可调出新的成形面，使调形效率大幅度提高。

8.1.3 分类

多点成形可以分为分段成形、多道成形、反复成形、闭环成形等。

（1）分段成形　可使小设备成形大尺寸、大变形量的板类件。分段成形时，多点成形面由有效成形区成形面和过度成形面组成。

（2）多道成形　多道成形的实质是将一个庞大的目标变形量分成多步，逐渐实现，用一步步的小变形，最终积累成所需的大变形。多道成形可提高材料的成形极限。

（3）反复成形　可利用反复成形的方法降低残余应力，消除或减少回弹。首先使板料的变形超过目标形状，第二次是板料产生反向变形并越过目标形状，然后再正向变形，如此以目标形状为中心反复成形，逐渐靠近目标形状。

（4）闭环成形　利用多点成形的柔性特点，结合现代测量技术与数据处理技术，可以实现闭环成形，从而实现完美的数字化与智能化制造。即对成形后的工件进行曲面测量，经过数据处理后，与目标形状进行比较，计算出误差，并将修整量反馈到CAD系统，从新计算并调整多点成形面进行再次成形。这一过程重复若干次，即可得到精确的工件。

一直以来，很多人都以为多点成形只能适用于厚板成形。但现在薄板的多点成形已成为现实，并开始应用于一些领域。

8.1.4　应用范围

板材无模多点成形设备可应用于飞机、航天器、车辆、轮船、舰艇、医学工程、压力容器、建筑装潢城市雕塑等领域。目前，已应用领域如下：

（1）列车流线型车头覆盖件成形　长春轨道客车股份有限公司使用无模多点成形系统生产出44种成形难度大的高速列车车头覆盖件，节省了巨额模具费用；按原工艺方案生产新车型的模具需6~8个月时间，采用多点成形技术后，仅用几天的时间就完成了一台新型高速列车车头覆盖件的成形，大大缩短了新产品的开发周期，提高了成形效率与成形质量；同时，显著地降低了工人的劳动强度，改善了工作环境。

唐山机车车辆厂定制的多点成形系统也已通过验收，并已经投入到300km/h动车组的生产中。

（2）钛合金板成形　我国新一代潜艇的外板用钛合金材料，成形后的回弹极大，用传统的方法很难成形；采用多点成形设备较好地解决了钛合金成形问题。洛阳725所已利用该设备加工了数件潜艇钛合金外板，缩短了生产周期。

（3）医学工程中的钛网板塑形　在医学工程中，人脑受损伤后，颅骨缺损部位需要植入钛网板进行修补。采用多点成形技术，很好地解决了钛板塑性问题。这项技术首先根据CT断层照片完成颅骨修补部位的三维重建，然后进行修复体的数字设计、模拟装配、优化工艺参数，最后将设计好的修复体数据直接传输到无模多点成形设备上制造出修复体。

（4）2008年北京奥运会国家体育场（鸟巢工程）中的弯扭板件　世人瞩目的2008年北京奥运会主体育场——鸟巢工程（见图8-2），被专家们认为“在世界建筑设计史上具有开创性的意义”。但在具体施工方面，面临三大世界技术难题。第一大难题就是鸟巢工程中大量的钢结构部件需要三维曲面成形，而目前在世界上还没有类似鸟巢这种形状的钢结构建筑。而这正是无模多点成形设备所能解决的。

为解决这一难题，鸟巢场馆承建方浙江精工钢结构有限公司应用了日本医学上头颅骨再造的科学技术原理，发挥自己公司加工制造数控机械的优势，再与吉林大学共同研发出用于大吨位、大厚板异形件加工的无模成形技术软件。

（5）薄板件、大曲率件及特殊形状样件成形　无模多点成形技术还解决了利用柔性压边装置实现薄板多点成形的技术难题，成形出了多种曲率大、形状复杂，厚度仅为0.5mm的薄板件，同时实现了大变形量下的无缺陷成形，获得使用模具很难实现的大曲率马鞍形工件，而且加工出总扭曲角度超过360°的扭曲形样件。

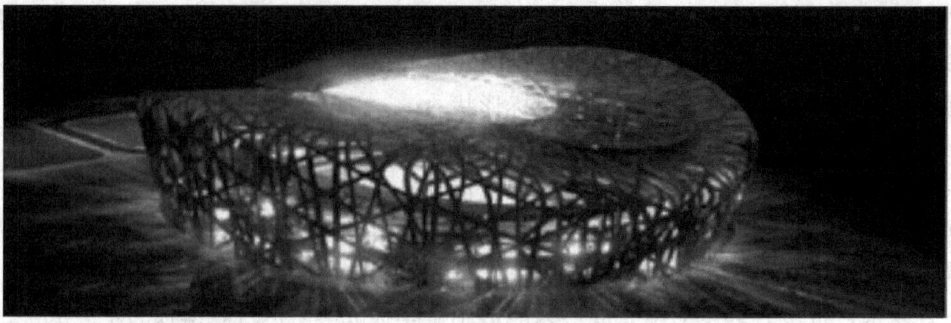

图 8-2 国家体育场

8.2 薄板零件橡胶模成形

8.2.1 聚氨酯橡胶的性能及其选用

聚氨酯橡胶别称“流体钢”，除用作模具工作零件外，还可以作为模具的顶出、卸料、压边等弹性元件。

冲模中不同的零件对聚氨酯橡胶硬度的要求也不相同，例如：冲裁模的凸模要求聚氨酯橡胶邵氏硬度为95A，工作过程中的压缩量不大于10%；成形模及用作弹性元件要求聚氨酯橡胶邵氏硬度为70A~80A，压缩量为10%~35%。具体使用时，可以参考有关资料。

另外，要注意聚氨酯橡胶对温度比较敏感，其耐高温和耐低温的性能较差；冲裁的搭边（3~5mm）较使用普通钢制冲模时生产率低。

8.2.2 聚氨酯橡胶冲裁模具及工艺

1. 工作零件的设计

采用聚氨酯橡胶冲裁模加工的制件，其加工尺寸取决于钢制模具相应部分的尺寸。为使制件平整，落料时应使用钢制凸模，而冲孔时则使用钢制凹模。

2. 结构零件的设计

（1）容框及橡胶块的设计　容框是聚氨酯橡胶冲裁模的重要部件之一，当单位压力不大时，采用45钢，淬火硬度40~45HRC；若单位压力较大，则选用高强度结构钢，如30CrMnSiA等。

用于冲裁模的容框，其内形与冲裁件形状相似，当材料厚度为0.05mm左右时，单边间隙取0.5mm；材料厚度为0.1~0.2mm时，单边间隙取1.0~1.5mm。

容框可制成锥形（见图8-3），以利于聚氨酯橡胶模垫的换装。如果模垫表面磨损，可将磨损的表面切除，调整高度后，再继续使用。

聚氨酯橡胶模垫的高度取12~15mm为宜。

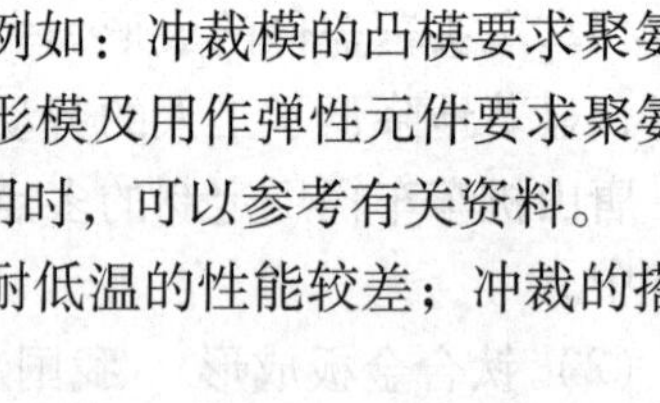

图 8-3 锥形模垫容框

1—模板 2—容框 3—橡胶模垫 4—垫板

（2）压料板与顶杆的设计　使用压料板与顶杆可使聚氨酯橡胶模垫在冲裁过程中处于全封闭状态，能有效地控制橡胶的变形程度和提高刃口处的剪切力，有利于延长模具的使用寿命和优化冲裁件的质量。常用的压料板与顶杆有两种安装型式（见图 8-4），其中活动式压料板与顶杆在正常情况下伸出模具工作零件端面 0.5～1.5mm，起压料和卸料的作用。压料用橡胶采用邵氏硬度为 70A～80A 聚氨酯制成，预压量为 5%～15%；顶件用橡胶为邵氏硬度 80A 聚氨酯，结构形状如图 8-5 所示。压料板与顶杆的结构形式如图 8-6 所示。

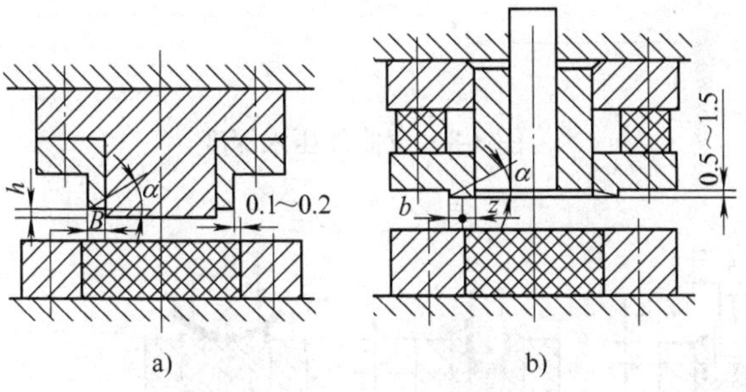

图 8-4　压料板与顶杆的安装形式
a）固定式　b）活动式

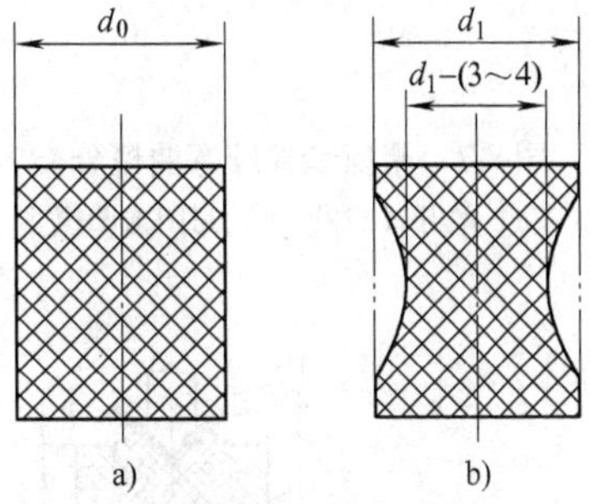

图 8-5　橡胶顶杆的形状

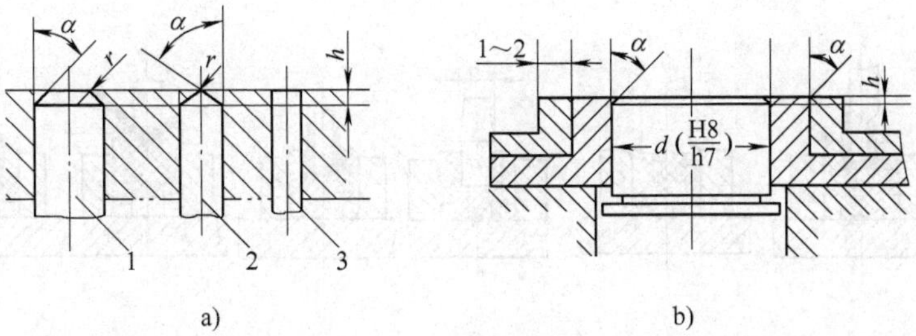

图 8-6　压料板与顶杆的结构形式与几何参数
a）顶杆的形式　b）压料板的几何参数
1 型适用于 $d>5$mm；2 型适用于 5mm $>d>$ 2.5mm；3 型适用于 $d<$ 2.5mm

8.2.3　聚氨酯橡胶弯曲模具及工艺

1. 弯曲模具结构形式

聚氨酯橡胶弯曲模有敞开式弯曲模和闭式弯曲模两种（见图 8-7）。

敞开式弯曲模（见图 8-7a）结构简单，通用性强，尤其适用于变形区不大的弯曲件。弯曲这类制件时，凸模压入聚氨酯橡胶的深度分为贴模深度 h_1 和校形深度 h_2（见图 8-8），前者与材料厚度、性能以及聚氨酯橡胶硬度有关，后者对弯曲件的回弹有直接影响。为保证弯曲件的质量和提高模具寿命，凸模宽度 b 不能超过聚氨酯橡胶模垫宽度 B 的 75%，聚氨酯橡胶模垫的高度 $h \geqslant 3h_3$。实际应用中，还可采取一定的措施改善聚氨酯橡胶垫底部的受力状态，如在橡胶底部放置不同尺寸和形状的成形垫块或圆棒，扩大敞开式弯曲模的使用范围（见图 8-9）。

封闭式弯曲模（见图 8-7b）的凸模与容框之间采用 0.3～0.5mm 的小间隙配合，弯曲过程中橡胶处于封闭受压状态，能够产生较大的三向压力，因而弯曲件精度高、回弹小。当弯曲变形区较大或材料较厚时，最好采用封闭式弯曲模。

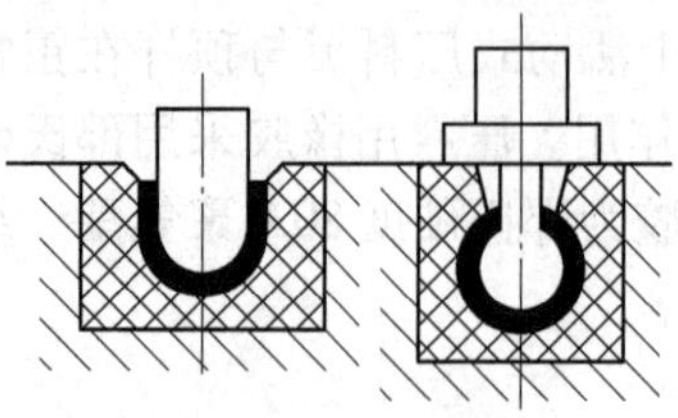

图 8-7　聚氨酯橡胶弯曲模分类
a）敞开式凹模　b）封闭式凹模

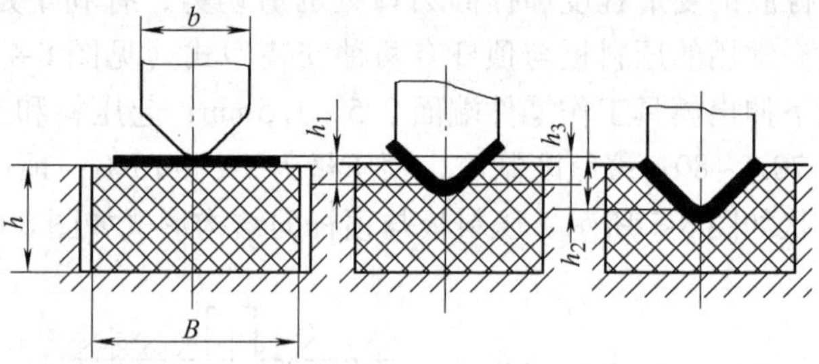

图 8-8　弯曲件压入深度

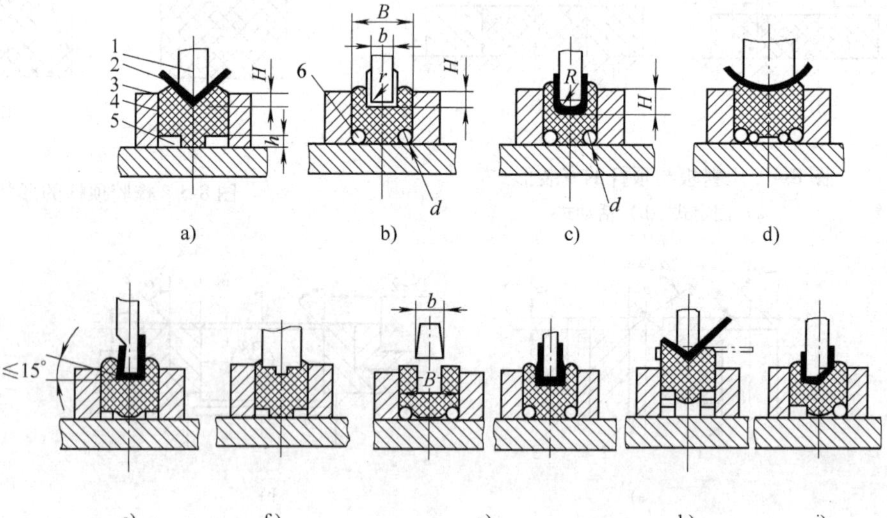

图 8-9　敞开式弯曲模的形式
1—凸模　2—毛坯　3—橡胶垫　4—容框　5—垫块　6—圆棒

2. 弯曲模用橡胶

选用聚氨酯橡胶时应考虑弯曲件的形状与变形区的大小，弯曲变形区比较集中时，需要的变形力也较大，应选用邵氏硬度 70A 以上的橡胶；对变形区较大或较深的弯曲件，可用邵氏硬度 60A 左右的橡胶，也可以不同硬度橡胶混合应用（见图 8-10）。这样不但可以降低模具造价，有时还会使变形更符合弯曲工艺的要求。例如，弯曲大型制件，可在表面层采用

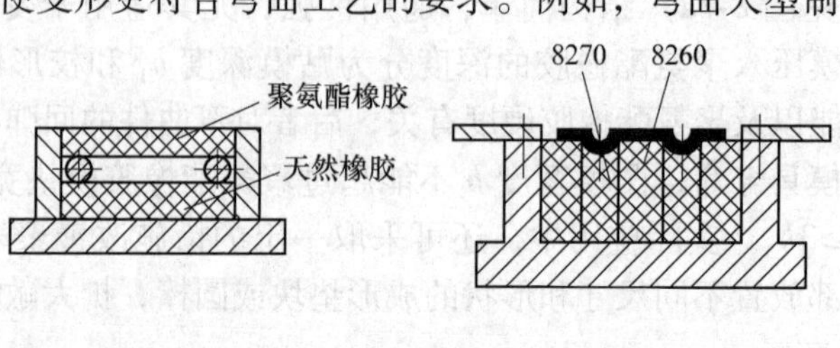

图 8-10　不同硬度橡胶混合结构
a）聚氨酯橡胶与天然橡胶混合结构　b）不同硬度聚氨酯橡胶混合结构

聚氨酯橡胶，而里层则用天然橡胶（见图 8-10a）；有的弯曲件高度并不大，但局部有小圆角、尖角、凸起或孔，在这些部位需要较硬的橡胶，而在不变形的部分可采用较软的橡胶，图 8-10b 所示结构就能满足这样的要求。

在聚氨酯橡胶弯曲模上，还可以采用镶入钢件的办法使压力预先集中于不易成形的部位，如图 8-11 所示。

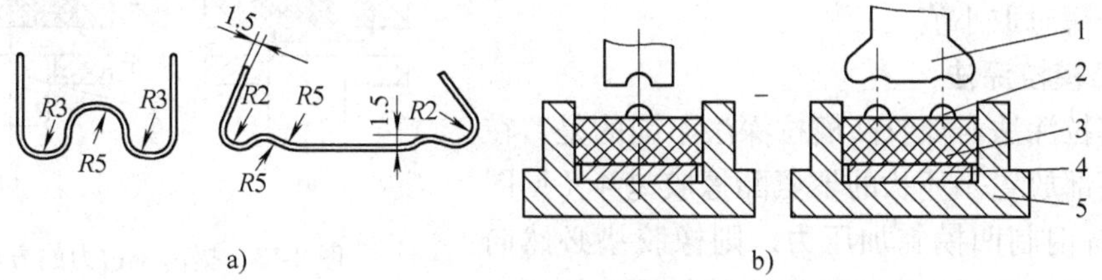

图 8-11　镶钢结构

1—凸模　2— 镶钢件　3—橡胶模垫　4—垫板　5—容框

8.2.4　聚氨酯橡胶拉深模具及工艺

用聚氨酯橡胶做凸模或凹模，可拉深圆筒形件、锥形件、曲面形件和盒形件等，所得到的制件表面质量好、废品率低。一般情况下，聚氨酯橡胶拉深模可拉深 1.2mm 以下的板料。适用于小批量生产和试制用。

聚氨酯橡胶拉深模有用橡胶做凹模、凸模和无凸模三种方法。

1. 橡胶凹模拉深法

橡胶凹模拉深法如图 8-12 所示，是由金属凸模把毛坯挤入橡胶凹模内，在此过程中聚氨酯橡胶模自始至终把毛坯紧紧地压在凸模上，同时拉深毛坯内表面与凸模间、毛坯外表面与橡胶凹模间均存在有益的摩擦，这就减少了拉深件筒部危险断面被拉裂的可能性。

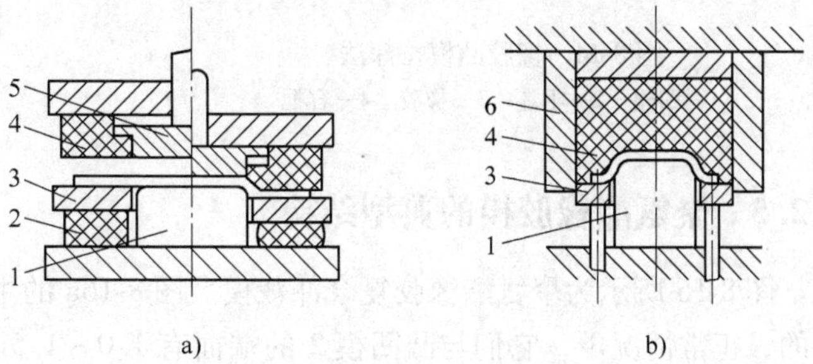

图 8-12　橡胶凹模拉深法

a）型腔式橡胶凹模拉深　b）容框式橡胶凹模拉深

1—凸模　2—橡胶　3—压边圈　4—聚氨酯凹模　5—顶件器　6— 容框

橡胶凹模拉深法有型腔式和容框式两种。图 8-12a 为型腔式，凹模应采用硬度较高的聚氨酯橡胶，其硬度值约为 90A，最大压缩量为 35%。图 8-12b 为容框式，为提高压边力，容框内成形部分采用较软的聚氨酯橡胶（以硬度邵氏 80A 为宜），而在压边部分采用较硬的聚氨酯橡胶（见图 8-13a），或者在压边部分镶一钢环（见图 8-13b），两部分用粘接剂连接起来。

用聚氨酯橡胶做凹模时，应使其内形尺寸略小于钢件凸模的外形尺寸。

2. 橡胶凸模拉深法

图 8-14 所示为橡胶凸模拉深法。拉深过程中，装入容框内的聚氨酯橡胶起到了凸模的作用，将毛坯挤入钢制凹模的型腔内。与此同时，聚氨酯橡胶与凹模端面对毛坯法兰部分施

加压力，自然形成压边作用，起到防皱的目的。拉深件较浅时，采用邵氏 90A 的聚氨酯橡胶，最大压缩量约为 25%，可获得轮廓清晰的拉深件。拉深件较深时，采用邵氏 80A 的聚氨酯橡胶，最大压缩量可达 35%，其抗磨损与抗撕裂性能好。

为便于成形和排出模腔内的空气，需要凹模型腔内开排气孔。孔径一般为 1.0 ~ 3.0mm，毛坯厚时取大值，薄时取小值。

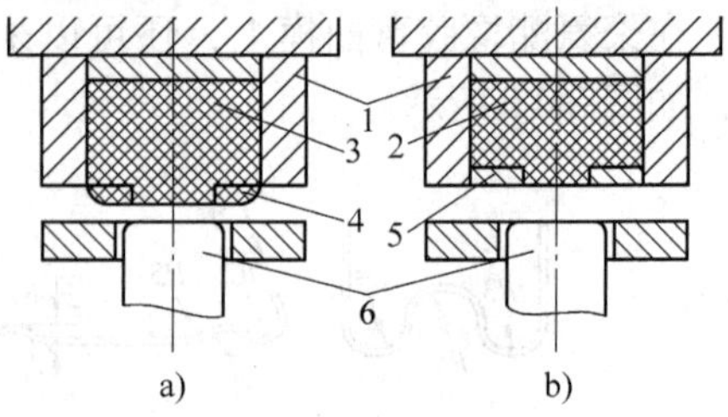

图 8-13 提高压边力的方法

1—容框 2—聚氨酯 3—软聚氨酯 4—硬聚氨酯 5—钢环 6—凸模

3. 无凸模拉深法

无凸模拉深法与橡胶凸模拉深法不同的是，在容框 5 的底部放置一环状的聚氨酯橡胶垫 4（见图 8-15）。如对钢制凹模施加压力，则橡胶垫必然向凹模孔内流动。此时，由于摩擦力的作用，把置于橡胶垫与凹模 2 之间的毛坯 3 拖入凹模孔内而拉深成形。

采用这种方法拉深软质铝板，极限拉深系数可达 0.14 左右。

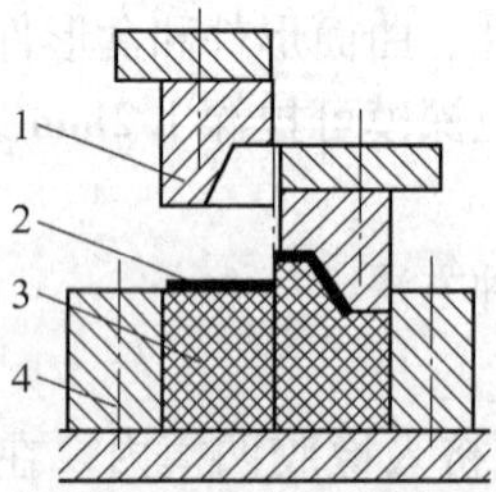

图 8-14 橡胶凸模拉深法

1—凹模 2—毛坯 3—橡胶 4—容框

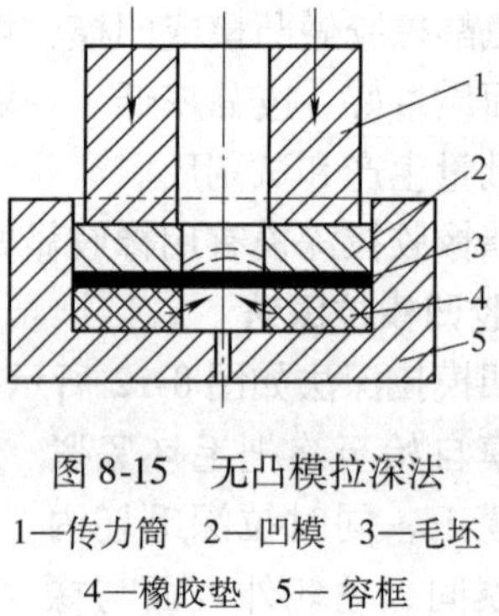

图 8-15 无凸模拉深法

1—传力筒 2—凹模 3—毛坯 4—橡胶垫 5— 容框

8.2.5 聚氨酯橡胶模的典型结构

图 8-16 所示为聚氨酯橡胶复合冲裁模。图 8-16a 的主要特点是压料板 3 和顶杆 1 均是活动的，正常情况下，它们与凸凹模 2 的端面有 1.0 ~ 1.5mm 的阶差。压料板端面为台肩式，冲裁过程中台肩不进入容框的孔型。为此要求压料板、容框和橡胶模垫三者之间有一定的尺寸关系，即凸凹模与容框孔型的单边间隙 $c = 0.5 \sim 1.5\text{mm}$；压料板有效压料宽度 $b \geqslant 12t$（t 是材料厚度）；台肩宽度 $B = b + c$；容框孔口圆角 $R = 0.1 \sim 0.2\text{mm}$。下模的橡胶垫与容框采用 3 ~ 5°的斜角固定，冲裁时不宜发生反胶现象。

图 8-16b 所示为带固定式压料套的聚氨酯橡胶复合冲裁模，它适用于冲裁外形比较复杂的薄板件。工作时，压料板 3 与凸凹模 2 一起进入容框 4 挤压橡胶，从而有效地防止材料滑移。

图 8-17 为组合结构的 U 形封闭式弯曲模，适用于尺寸较大的弯曲件。工作部分主要由橡胶垫 3、金属垫板 4、顶件橡胶 5 和容框 2 组成。凹模型腔的组成宽度 $B_d = B_p + 2t$。

图 8-18 所示弯曲模的凸模 7 安装在下模上，容框 4 和橡胶模垫 3 安装在上模。为保证弯曲件的精度，凸模座 8 两侧的成形面做成 15 ~ 30°的斜面，其几何参数为：

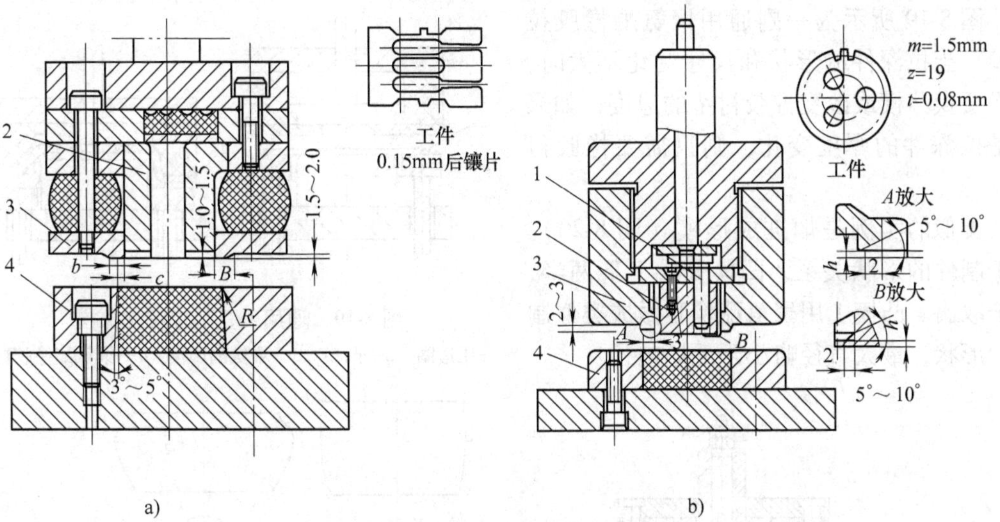

图 8-16　聚氨酯橡胶复合冲裁模

a）活动式压料板　b）固定式压料板

1—顶杆　2—凸凹模　3—压料板（套）　4—容框

凸模座高度　　　　　　$H = h + K$

凸模座底部的长度　　　$L = A + 2h$

式中　h——为弯曲件弯边长度（mm）；

K——为系数，一般取 5～10mm；

A——为弯曲件宽度（mm）。

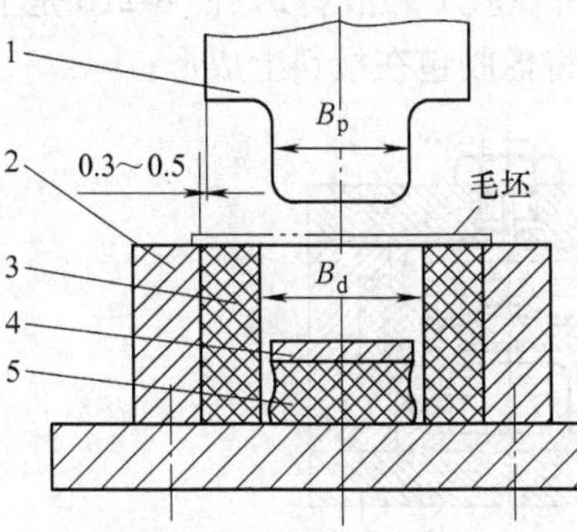

图 8-17　组合结构封闭式弯曲模

1—凸模　2—容框　3—橡胶垫

4—金属垫板　5—顶件橡胶

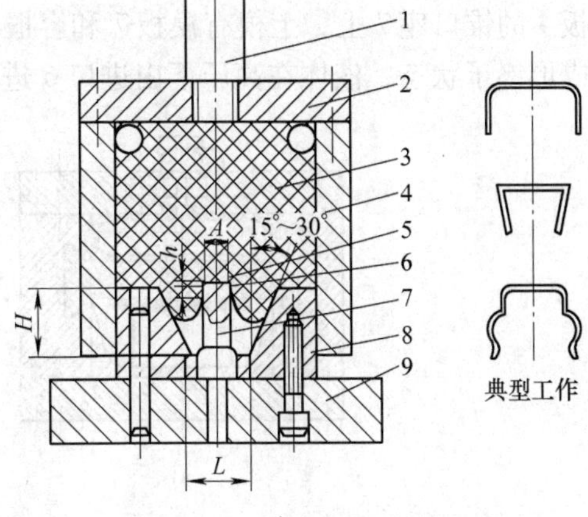

图 8-18　聚氨酯橡胶弯曲模

1—模柄　2—上模板　3—橡胶模垫　4—容框

5—定位板　6—销钉　7—凸模　8—凸模座

9—底板

图 8-18 所示弯曲模也是一副封闭式弯曲模，工作时橡胶在上模的作用下受挤压即向凸模与凸模座之间的空隙转移，从而使毛坯逐渐成形。图 8-18 的右边为几种典型的弯曲件。

图 8-19 所示为一副通用聚氨酯橡胶拉深模。当拉深件的形状和尺寸变化不大时，只需要换凸模或改变橡胶衬垫的厚度；如果仅是拉深件的厚度变化，则只需要橡胶衬垫。

类似的实例是烟缸成形模（图 8-20）。由于制件的形状关系，凹模分成上下两半，便于取出。凸模 1 用聚氨酯橡胶做成类似制件的形状，最大直径略小于毛坯内径。

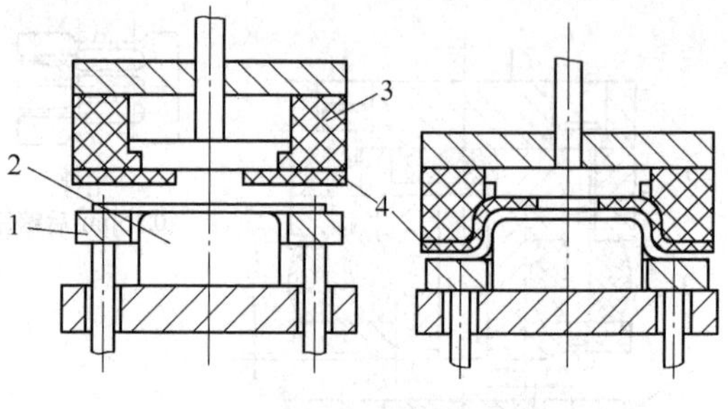

图 8-19　通用聚氨酯橡胶拉深模

1—压边圈　2—凸模　3—聚氨酯凹模　4—聚氨酯橡胶衬垫

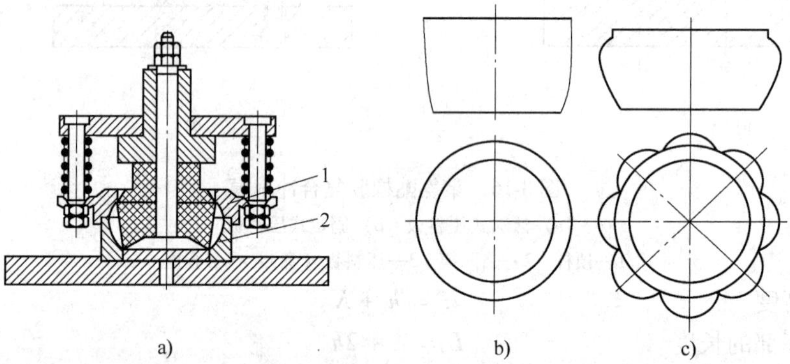

图 8-20　烟缸成形模

a）模具结构　b）毛坯　c）工件

1—橡胶凸模　2—凹模

图 8-21 是液囊橡胶成形装置。图 8-21a 是初始状态，板料置于凸模 8 上，凸模 8 固定于底板 4 的锥口座 7 上，上模有模板 7 和容框 3，容框内有橡胶 1 和液囊 5。图 8-21b 是上模下行成形终了状态，液体在高压下由进口 6 进入液囊 5，将橡胶包在板料上成形。

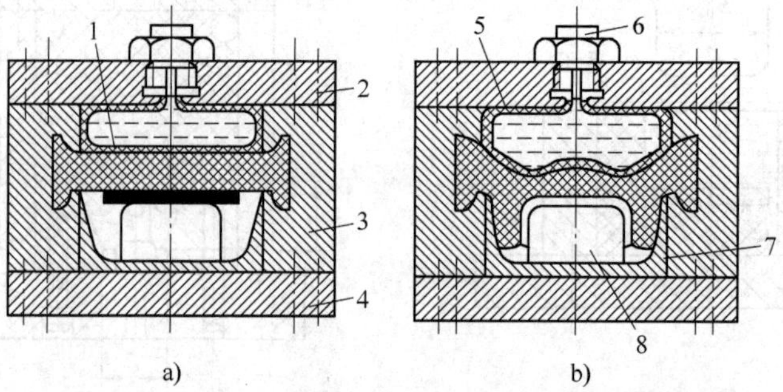

图 8-21　液囊橡胶成形模

1—橡胶　2—模板　3—容框　4—底板　5—液囊　6—进口　7—锥口座　8—凸模

参考文献

[1] 李硕本．锻压手册［M］．北京：机械工业出版社，2001.

[2] 宋美娟，汪凌云，刘饶川，等．镁合金板材超塑性成形极限的实验研究[J]．材料工程,2007(7).

[3] 李英华．超塑性板材气压成形模具的设计与计算［J］．山西科技，2007（5）．

[4] 严红革，刘俊伟，陈振华，等．AZ31 镁合金板材超塑性气胀成形研究［J］．热加工工艺（铸锻版），2006（2）．

[5] 李爱萍，张存信．恒温轧制微细化 Mg-Al 合金 AZ91D 板材的超塑性特性［J］．国外金属热处理，2005（6）．

[6] 丁水，于彦东，张凯锋．MB15 镁合金板材的超塑性能研究［J］．锻压技术，2003（3）．

[7] 张立文，陈磊，王富岗．板材超塑性拉延过程的数值模拟［J］．金属成形工艺，2002（1）．

[8] 张仁鹏，李付国，肖军．基于类等势场的粉末高温合金盘件等温锻造预成形设计［J］．热加工工艺，2007（9）．

[9] 王淑云，李惠曲，杨洪涛．粉末高温合金超塑性等温锻造技术研究[J]．航空材料学报,2007(5).

[10] 王云坤，彭茂公．粉末锻造工艺技术的发展概况［J］．金属材料与冶金工程，2007（5）．

[11] 韩凤麟．粉末锻造汽车连杆发展思考［J］．新材料产业，2005（11）．

[12] 周灿栋，蒋国昌，朱钰如，等．粉末锻造制备含氮奥氏体不锈钢[J]．粉末冶金技术,2004(1).

[13] 罗守靖，陈炳光，齐丕骧．液态模锻与挤压铸造技术［M］．北京：化学工业出版社，2007.

[14] 毛卫民，钟雪友．半固态金属成形技术［M］．北京：机械工业出版社，2004.

[15] 房敏，杨志，渠聚鑫，等．工艺参数对液态模锻 ZL102 合金组织及力学性能的影响［J］．塑性工程学报，2007（5）．

[16] 刘好增，余爱香，胡瑞玲．液态模锻镁合金汽车零件的经济分析［J］．农业装备与车辆工程，2006（9）．

[17] 张屹林，闫汝辉，王秀金．铝活塞液态模锻常见缺陷分析［J］．铸造技术，2006（12）．

[18] 赵晓举，陶海，黄有成．液态模锻不锈钢制品研究［J］．四川有色金属，2004（1）．

[19] 韦丽君，马风雷，李任江．液态模锻在铸铝合金中的应用研究［J］．材料工程，2003（7）．

[20] 王仲仁．特种塑性成形［M］．北京：机械工业出版社，1995.

[21] 夏巨谌．金属材料精密塑性加工方法［M］．北京：国防工业出版社，2007.

[22] 张驰，徐博．金属粉末注射成形技术在汽车工业中的应用［J］．汽车技术，2005（4）：38-41.

[23] 李流军，李益民，邓忠勇．金属粉末注射成形生产设备现状及其发展趋势［J］．2004，14（6）：24-29.

[24] 郭世柏，曲选辉．金属注射成形粘结剂的研究进展［J］．粉末冶金技术，2004，22（3）：178-182.

[25] 黄诗君，张宏超，章争荣．金属粉末注射成形工艺［J］．现代塑料加工应用，2005，17（6）：58-60.

[26] 刘漫．金属注射成形技术的应用研究［J］．粉末冶金技术，2006，24（1）：49-51.

[27] 李益民，李云平．金属注射成形原理与应用［M］．长沙：中南大学出版社，2004.

[28] Eric Nyberg，Megan Miller，Kevin Simmon，et al. Microstructure and mechanical properties of titanium component sfabricated by a new powder injection moulding technique［J］. Mater Sci Eng C，2005（25）：336-349.

[29] 祝宝军，曲选辉，陶颖，等．硬质合金注射成形脱脂过程中的碳含量控制［J］．中国有色金属学

报，2002，12（4）：791-796.
[30] 郭剑锋，曲选辉，李云卿，等．复杂零件金属注射成形3D充模模拟［J］．中国有色金属学报，2004，14（15）：777-785.
[31] German R M. 粉末注射成形［M］．曲选辉译．长沙：中南大学出版社，2001.
[32] 胡亚民，何怀波，牟小云，等．摆动辗压工艺及模具设计［J］．重庆：重庆大学，2001.
[33] 张猛，黄尚宇，孙世为，等．摆动辗压运动学与摆辗机结构优化［J］．锻压机械，1999（6）：19-21.
[34] 王广春，黄晓慧，吴向红，等．摆动辗压工艺因素对环形坯料辗压变形的影响规律［J］．航空制造技术，2002（5）：26-28.
[35] Grive D G，Standing P M. Computer Simulation of Rotary Forging［C］//Rotary Forming-Proceedings of International Conference. Beijing，1999：45-51.
[36] Chou D C，Hou H X. Engineering Calculation of the Pressure Distribution in the Contact Deformation Area during Rotary Forging of Cylinder［C］//Rotary Forming-Proceedings of International Conference. 2001：197-202.
[37] 叶宏，汪裕扬，张津．摆动辗压模具材料的选择［J］．金属成形工艺，2001，19（6）：31-33.
[38] 冯玮，赵玉明．提高行星齿轮冷摆辗模具寿命［J］．锻压机械，2002（2）：36-3.
[39] 程培元，刘浩．摆动辗压接触面积率的精确计算及其简化表达［J］．锻压技术，2003（4）：32-34.
[40] 左治江，华林．环件冷辗扩技术现状和发展［J］．锻压技术，2005（4）：101-105.
[41] 杨文琳，林和荣，蔡改贫．振动摆动辗压运动学分析［J］．锻压技术，2004，29（6）：30-33.
[42] 李春峰．高能率成形技术［M］．北京：国防工业出版社，2001.
[43] 叶宏克，周照耀，邵明．粉末液压成形设备框架机身的有限元分析与结构改进［J］．机床与液压，2007（3）.
[44] Peter Mett. 液压成形的未来：对内高压成形的新的工艺方法应用可能性的展望［J］．现代制造，2006（11）.
[45] 郭烈恩，涂文斌．金属管、板材液压成形工艺［J］．新技术新工艺，2004（11）.
[46] 直妍，阳林，吴道建．液压成形技术在汽车工业中的应用［J］．CMET. 锻压装备与制造技术，2004（5）.
[47] 吴有生，夏巨谌，胡国安．板料液压成形技术的发展动态及应用[J]．金属成形工艺，2002（4）.
[48] 付文智．李明哲，隋振，等．200kN快速调形多点成形压力机的研制［J］．塑性工程学报，2003（5）.
[49] 汪华，周贤宾．飞机蒙皮多点成形用复合柔性垫层的结构参数优化［J］．航空学报，2007（6）.
[50] 李明哲，崔相吉，邓玉山，等．多点成形技术的现状与发展趋势［J］．锻压装备与制造技术，2007（5）.
[51] 高树栋，李久林，董海，等．国家体育场钢结构工程箱形弯扭构件制作技术及应用研究［J］．建筑技术，2007（7）.
[52] 付文智，李明哲，李东平，等．多点成形压力机及成形工艺的最新进展［J］．机械科学与技术，2004（12）.
[53] 李成武，仇奎强．橡胶冲模在薄板冲压中的应用和探讨［J］．煤炭技术，2007（12）.
[54] 罗锋，邱克．电器定位座聚氨酯橡胶模设计［J］．模具工业，2007（1）.
[55] 周钢，陈建山，曾旭辉，等．聚氨酯橡胶胀形模设计［J］．中南林学院学报，2005（6）.
[56] 游汝豪，游广晨．聚氨酯橡胶辅助压筋复合模设计［J］．模具工业，2005（3）.